Hermann Link

Schneiden und Veredeln von Obstgehölzen

Hermann Link

Schneiden und Veredeln von Obstgehölzen

40 Farbfotos
86 Zeichnungen
10 Tabellen

Dr. Hermann Link, geb. 1935 in Ulm/Donau. Ab 1954 Studium an der Landwirtschaftlichen Hochschule Hohenheim. Promotion 1961 im Fach Obstbau. Danach wissenschaftlicher Mitarbeiter am Institut für Obstbau und Gemüsebau Hohenheim, Außenstelle Bavendorf. Leiter der Abteilung Ertragsphysiologie bis zum Ruhestand. Spezialgebiete: Anwendung von Bioregulatoren zur Wachstumssteuerung und zur Fruchtausdünnung, Optimierung des Wachstums zur Förderung regelmäßiger Erträge bei hoher Fruchtqualität. Wissenschaftliche und populärwissenschaftliche Veröffentlichungen über die Forschungsergebnisse.

Umschlagfoto: 'Discovery', eine schöne, pflegeleichte Frühapfelsorte; saftig, knackig und wohlschmeckend.

Bibliografische Information der Deutschen Nationalbibliothek
Die Deutsche Nationalbibliothek verzeichnet diese Publikation in der Deutschen Nationalbibliografie; detaillierte bibliografische Daten sind im Internet über http://dnb.d-nb.de abrufbar.

Wollgrasweg 41, 70599 Stuttgart (Hohenheim)
E-Mail: info@ulmer.de
Internet: www.ulmer.de
Umschlaggestaltung: Atelier Reichert, Stuttgart
Lektorat: Dr. Angelika Eckhard
Herstellung: Thomas Eisele
Satz: BUCHFLINK Rüdiger Wagner, Nördlingen
Reproduktion: BRK Repro, Stuttgart
Druck und Bindung: Friedrich Pustet, Regensburg
Printed in Germany

ISBN 978-3-8001-4671-0

Inhalt

Vorwort

Obstbäume und Beerensträucher sind sensible Wesen. Sie können leistungswillig, pflegeleicht und schön anzusehen sein. In diesem Zustand sind sie für ihre Besitzer und Pfleger ein Quell der Freude. Zuweilen finden wir sie jedoch widerspenstig und anstrengend, so gar nicht unseren Wünschen und Vorstellungen entsprechend. Trotzdem kann man ihnen aber nicht nachsagen, launisch zu sein. Jede ihrer Lebensäußerungen ist vielmehr als Reaktion auf die an sie herangetragenen Herausforderungen durch den Menschen und die Umwelt zu betrachten. Sie sind in weitem Rahmen berechenbar, man muss sie nur verstehen wollen, sich in sie hinein versetzen und sie je nach unseren an sie gestellten Wünschen behandeln.

Obstpflanzen können also Reize aufnehmen, verarbeiten und in „Handlungen" umsetzen. Dazu befähigt sie ein ihnen innewohnendes System der Selbstregulation. Wir können uns dieses als ein kompliziertes Regelwerk von pflanzeneigenen Hormonen betrachten. Mit Hilfe von Erziehungs- und Schnittmaßnahmen, aber auch mit einer Reihe anderer Pflegemaßnahmen können wir auf dieses Regelsystem Einfluss nehmen. Allerdings erfordert das nicht nur guten Willen, sondern setzt gewisse Fertigkeiten und Kenntnisse voraus.

Dieses Buch soll Sie, liebe Leser, mit diesen Erfordernissen vertraut machen, sei es als Einführung in die Materie des Schneidens und Erziehens von Obstgehölzen, sei es auch als Vertiefung Ihrer bereits vorliegenden Fähigkeiten. Sie werden auf diesem Weg mit der handwerklichen Seite des Schneidens, mit der Entwicklung der Obstgehölze und auch kurz mit ihrem Energiegewinn und der Energieumsetzung in Wachstum und Fruchtbarkeit bekannt gemacht. Der umfangreichste Teil des Buches ist der Beschreibung von verschiedenen Baum- und Strauchformen gewidmet, gefolgt von der Darstellung, wie man sie erfolgreich erziehen kann. Zahlreiche Zeichnungen und Fotos sollen Ihnen dazu eine Hilfe sein.

Im Laufe einer langen beruflichen Auseinandersetzung mit dem Thema „Regulierung von Wachstum und Ertrag der Obstgehölze" haben mir verschiedene Fachleute zugearbeitet und damit zu diesem Buch beigetragen. Dafür danke ich allen, besonders den Helfern vergangener Jahre im Versuchsgelände des Kompetenzzentrum Obstbau – Bodensee, vormals Institut für Obstbau – Bavendorf der Universität Hohenheim. Wertvolle Anregungen bekam ich darüber hinaus von Fachkollegen, Obstbauberatern und Praktikern des Bodenseegebiets bei mancher lebhaften Erörterung von Schnittfragen. Sehr gern erinnere ich mich auch an entsprechende Treffen mit Obstbaufreunden aus Südtirol.

Mein besonderer Dank gilt Herrn Roland Ulmer, der dieses Buch ermöglichte. Seinen Mitarbeitern danke ich für die gelungene Gestaltung und besonders Frau Dr. Angelika Eckhard im Lektorat und ihrer Mitarbeiterin, Frau Birgit Schüller, für die angenehme Zusammenarbeit.

Ravensburg, im Sommer 2007
Hermann Link

1 Das Bäumeschneiden hat viele Facetten

Das Schneiden der Obstbäume und -sträucher in Obstanlagen und Gärten ist in erster Linie eine zweckorientierte Aufbau- und Pflegemaßnahme. Sie musste sich den Zeitbedingungen immer wieder anpassen, ist jedoch nach wie vor gleichbleibenden Naturgesetzen unterworfen. Diese wurden von unseren sich mit dem Obstbau beschäftigenden Vorfahren zunächst durch Beobachtung erfasst und angewendet. In zunehmendem Maße haben sich jedoch auch die Naturwissenschaften dieser Gesetze angenommen, sie erforscht, beschrieben und den Praktiker befähigt, einen zeitgemäßen Obstbau zu betreiben.

Beim Schneiden der Obstgehölze stehen vor allem zweckmäßig oder auch schön geformte Pflanzen, ein tragfähiges Astgerüst sowie frühe, regelmäßige und reiche Fruchtbarkeit bei hoher Fruchtqualität im Vordergrund des Interesses. Unter dem Einfluss wirtschaftlicher Zwänge, des Gesundheitsbewusstseins der Verbraucher und der Umweltschonung gewannen deshalb kleine, pflegeleichte Baumformen und die Förderung der Pflanzenabwehrkräfte gegen Krankheiten und tierische Schaderreger zunehmend an Bedeutung.

Abb. 1.
Für den professionellen Anbau ist es unbedingt notwendig, ertragreiche Bäume zu erziehen und eine hohe Fruchtqualität bei niedrigen Kosten zu erzielen.

Das Schneiden der Obstgehölze dürfte jedoch noch einen weiteren beachtlichen, wenn auch weniger bewussten Anreiz bieten. Es geht dabei hauptsächlich um den Begriff „Freude am Schneiden“. Dieser ist verbunden mit schöpferischem Gestalten in der Natur nach eigenen An- und Einsichten und mit der Befriedigung, sichtbar etwas „Eigenes“ geschaffen zu haben. Er stellt eine wichtige Triebkraft dar, aus der heraus Praktiker neue Baum- und Anbauformen sowie Schnittmethoden entwickelt und damit einen Namen in der Obstbaupraxis erlangt haben. Es kann jedoch um die Freude am Schneiden auch recht schnell getan sein, wenn der Zeitaufwand zu hoch ist und die Arbeit sich nicht mehr rechnet.

Gespräche mit Gartenliebhabern rufen nicht selten den Eindruck hervor, das Schneiden an sich sei wichtig. Sehr viele von ihnen stufen es als bedeutsam ein, ohne substanzielle Kenntnisse über die natürliche Entwicklung ihrer Schützlinge zu haben. Das hält manchen Obstbaufreund jedoch nicht davon ab, seine Bäume voller Stolz selbst zu (ver)schneiden.

Kaum eine andere obstbauliche Maßnahme eignet sich so für ausführliche, auch kontroverse Diskussionen wie der Obstbaumschnitt. Es können daraus fachliche Verbundenheit, Freundschaften, Missverständnisse bis hin zu persönlichen Anfeindungen hervorgehen. Dabei übersieht man leicht, dass uns die Bäume viel verzeihen und dass es keine absoluten „Schnittwahrheiten“ gibt. Wer sich bewusst ist, dass die Reaktionen der Obstgehölze sich immer aus dem Zusammenwirken „Schnitt + Um-

Abb. 2.
Für den Gartenliebhaber steht die Tätigkeit in der Natur im Vordergrund.

welteinflüsse" ergeben, wird sich auch nicht wundern, wenn lehrbuchmäßige Schnittmaßnahmen in dem einen oder anderen Fall zu unterschiedlichen Ergebnissen führen.

Schnitt kann also weit mehr sein als nur zweckorientierte obstbauliche Aktivität. Der aufgeschlossene Gartenfreund erlebt fortwährend die positiven und negativen Auswirkungen seines Handelns. Unbewusst bildet er sich fachlich fort und setzt sich mit Umweltfragen auseinander. Entscheidender ist jedoch die tiefe Freude, die sich mit seinem Tun in der Natur einstellen kann. Der Grund für einen freudigen und verständnisvollen Umgang mit der Natur wird möglicherweise schon mit Kindheitserinnerungen an den Garten der Eltern oder Großeltern gelegt.

All diese Empfindungen sind auch dem Profi nicht fremd. Für ihn zählt jedoch in erster Linie der wirtschaftliche Erfolg. Dafür ist heute wissenschaftlich begründetes Handeln, eine ständige Auseinandersetzung mit den vorliegenden Verhältnissen und die Anpassung der Baumformen und Schnittmaßnahmen an sie mehr denn je erforderlich. Über einen längeren Zeitraum betrachtet, gewinnt der Profi beinahe unbemerkt interessante Einsichten über wichtige oder weniger wichtige Schnittentwicklungen.

2 Begriffe der Schnitt- und Erziehungsmaßnahmen

Sie stellen gewissermaßen das handwerkliche Rüstzeug beim Schneiden dar. Leider werden unter den selben Begriffen gelegentlich unterschiedliche Sachverhalte verstanden, was zu Missverständnissen führen kann, wenn man die Fachliteratur liest oder mit Kollegen Fragen des Obstbaumschnittes diskutiert. Um solchen Missverständnissen vorzubeugen, werden im vorliegenden Buch weitestgehend die von LIEBSTER und PESSERL 1982 zusammengestellten Fachausdrücke verwendet. Wer die entsprechenden Begriffe in englischer, französischer, italienischer oder niederländischer Sprache nachschlagen will, findet sie in der genannten Originalveröffentlichung.

Grundsätzlich unterscheidet man beim Schneiden zwei Vorgehensweisen, das Zurückschneiden, Einkürzen oder Anschneiden von Trieben und das Auslichten (Wegschneiden) von Trieben, Zweigen oder Ästen. Beide sollen den Pflanzen eine dem Anbausystem angemessene Form und Größe geben, die Wuchsstärke regulieren, ein tragfähiges Astgerüst bewirken, für eine gute Belichtung sorgen und kranke oder beschädigte Sprossteile beseitigen.

Rückschnitt kann in Form von Entspitzen (Pinzieren), mäßigem Einkürzen oder Schnitt auf Stummel oder Zapfen erfolgen. Damit wird gleichzeitig die Schnittstärke und die Möglichkeit gekennzeichnet, mit dem Schnitt auf die individuellen Ansprüche der Pflanzen nach Art, Alter, Pflegezustand, Kondition usw. einzugehen. Beim Zurückschneiden im Winter werden immer Spitzenknospen und unterschiedlich viele Seitenknospen an Trieben entfernt. Rückschnitt im Sommer führt zum Verlust von Wachstumspunkten und wachsenden Blättern. Jede Art von Rückschnitt beeinflusst spezifisch die hormonelle Situation der Triebe und verursacht entsprechende Reaktionen der Pflanze.

Beim **Auslichten** werden Triebe, Zweige oder Äste vollständig entfernt, an ihrer Basis abgeschnitten. Das verändert die Be-

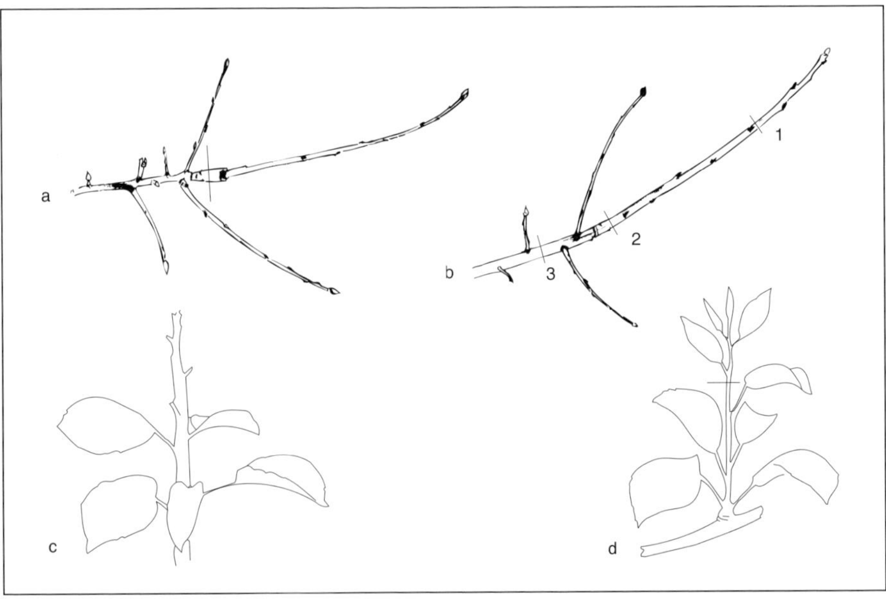

Abb. 3. An- und Zurückschneiden von Trieben: a = Fruchtkuchenschnitt, wuchshemmend; b = Anschnitt auf starke Knospen (1), wuchsfördernd; Rückschnitt auf Basisknospen (2) und Schnitt auf Blütenknospe (3), wuchshemmend; c = Pinzieren, d.h. Abkneifen der jüngsten Blätter an einer Triebspitze unter Schonung der Spitzenknospe zwecks Förderung des Austriebs von Seitenknospen; d = Entfernen der Triebspitze samt Blättern zur Umwandlung von unfruchtbaren Langtrieben in Fruchtholz.

ziehungen der Triebe oder Äste aber nicht, weil ganze Triebe, Zweige, Äste vollständig weggeschnitten oder überhaupt nicht angetastet werden. Diesem Schnitttypus entspricht auch das **Ab-** bzw. **Aufleiten** (Zurücksetzen eines Astes) auf eine tiefer liegende und flach streichende bzw. steil stehende Verzweigung zwecks Verkleinerung oder Verjüngung einer Baumkrone oder eines Strauches.

Schneiden und Reißen. Der Rückschnitt und das Auslichten erfolgen weitestgehend mit Schere und Säge. Die Schnittführung an Trieben erfolgt allgemein über einer Knospe an Zweigen und Ästen nahe dem Astring. Vordringlich dabei ist, auf eine gute Wundverheilung und zweckdienliche Wuchsrichtung des nachfolgenden Knospenaustriebs hinzuarbeiten.

Ein gewisser Nachteil des Schneidens besteht darin, dass mitunter schlafende Augen unmittelbar unter einer Schnitt- oder Sägestelle zum Austrieb angeregt werden. Dem kann durch das (Ab)reißen von Trieben oder Ästen vorgebeugt werden. Bei diesem Vorgehen entstehen zwar größere Wunden als beim Schneiden, man beseitigt jedoch auch die schlafenden Augen an der Triebbasis und am Astring. Diese können also nicht mehr austreiben. Die Wunden verheilen meist besser und schneller als beim Schneiden.

Gerissen wird hauptsächlich während der Vegetation. Zuerst nimmt man sich dabei vor allem der jungen, noch nicht verholzten, starken und nicht benötigten Austriebe an. Nach Triebabschluss im August/September und selbst im Winter kann man auch mehrjährige, den Kronenbau störende Zweige oder Äste reißen. Letztere Maßnahme ist allerdings recht Kräfte zehrend und hat schon manche Blase an den Händen verursacht.

Triebe brechen. Wenn stark wachsende Bäume wenig Fruchtholz, dafür jedoch viele steil stehende, starke Triebe aufweisen und man den Arbeitsaufwand scheut, die ungünstigen Holztriebe durch Waagerechtbinden in Fruchtholz umzuwandeln, kann man zum Brechen oder Abknicken der Triebe greifen. Man knickt die Triebe entweder schon an der Basis oder weiter spitzenwärts ab. Die beste Zeit dafür ist ausgangs des Winters. Wartet man damit bis zum Saftsteigen, so brechen die Triebe häufig durch. Als Folge des Brechens lässt die Wuchsstärke über dem Knick nach und die Blütenbildung wird gefördert.

Äste oder Stämme einsägen. Eine Alternative zum Brechen von Trieben stellt das Einsägen von Ästen oder Baumstämmen dar. Es wirkt sich auf das gesamte behandelte System aus. Die Sägeschnitte auf ein Drittel bis zur Hälfte des Ast-/Stammdurchmessers werden zum Vegetationsbeginn vorgenommen. Diese doch etwas rigorose Maßnahme erscheint jedoch nur in den letzten Standjahren einer zu wüchsigen Anlage zur Verbesserung der Fruchtbarkeit und Fruchthaltbarkeit angebracht.

Knospen blenden. Im Bereich der Triebspitzen kann man gut ausgebildete Augen entfernen, wenn zu erwarten ist, dass sie sich auf Kosten der darunter liegenden zu stark entwickeln. Beim Kernobst ist das vom Herbst an möglich. Beim Steinobst wartet man damit besser bis zum Frühjahr, weil insbesondere bei Aprikose und Pfirsich im Winter auch Augen absterben können.

Ergänzt werden die Schnittvarianten durch verschiedene **Schnitthilfen**. Diese werden angewendet, wenn Obstbäume sich nicht wunschgemäß entwickeln und durch die üblichen Schnittmaßnahmen kaum in den Griff zu bekommen sind.

Triebe und Äste formieren. Durch waagerechtes Formieren von Trieben und Ästen lassen sich Wuchsstärke und Kronenausdehnung reduzieren und die Blühfreudigkeit ohne Spross-Massenverluste fördern. Bei Jungbäumen können Langtriebe, die zum Aufbau des Astgerüsts nicht benötigt werden, den Leittrieben durch Waagerechtbinden oder das Anbringen von geeigneten Formierhilfen (z. B. Beschweren mit Gewichten, Formierklammern usw.) untergeordnet werden. Steil stehende Zweige und Äste lassen sich mittels Spreizhölzern in eine flachere Stellung bringen. Besonders steil stehende Äste

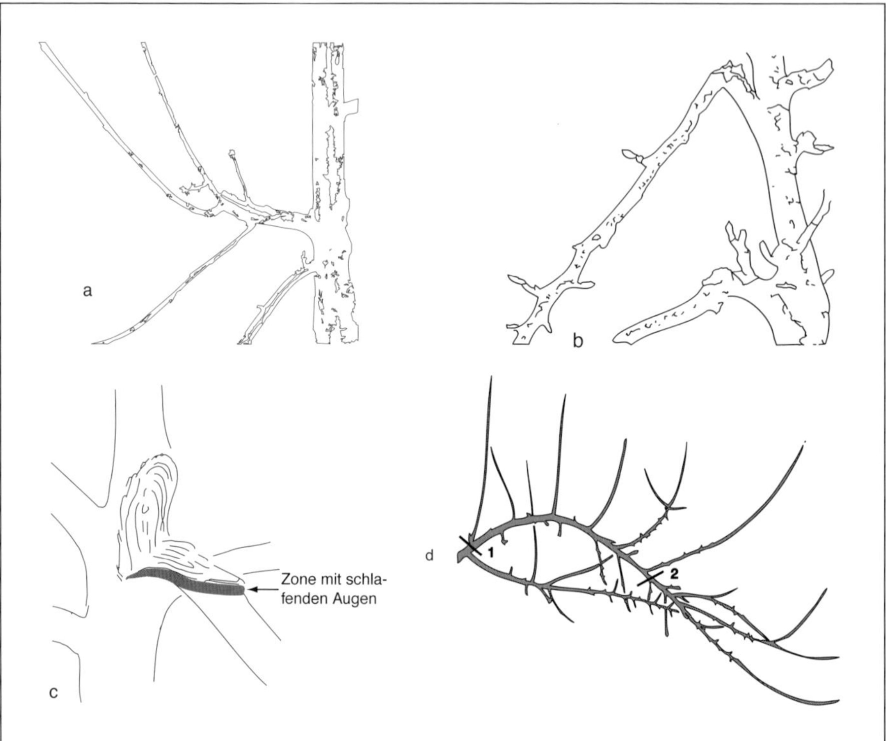

Abb. 4. Schnitteingriffe zur Lenkung der Kronenentwicklung: a = Verjüngen eines zu starken Fruchtastes durch Rückschnitt auf einen ca. 20 cm langen Zapfen; b = starke, steil stehende Triebe kann man zur Wuchshemmung und Blühförderung anbrechen; c = anstatt Triebe oder Zweige abzuschneiden, kann man sie auch „reißen", das hemmt die Neutriebbildung, weil die schlafenden Augen der Triebbasis mit ausgerissen werden; d = Zweige/Äste ableiten (1) bzw. aufleiten (2).

(Schlitzäste) brechen bei Abspreizversuchen allerdings häufig an ihrer Ansatzstelle aus.

Zu schwach entwickelte Zweige kann man durch Hochbinden kräftigen. Bei starkem Fruchtbehang werden Äste gestützt oder am Unterstützungsgerüst angebunden, um Astbruch zu vermeiden.

Bäume auf nicht standfesten Unterlagen und verschiedene Beerenobstarten benötigen einen Halt durch **Unterstützungsgerüste**. Imprägnierte Einzelpfähle aus Holz (Zopfstärke mindestens 4 cm) geben den Bäumen Halt, schützen die Stammverlängerung bei hoher Fruchtlast vor dem Umbiegen oder Abbrechen und beugen bei schwachen Unterlagen-Sortenkombinationen einem Bruch an der Veredlungsstelle vor.

Für engere Pflanzabstände empfehlen sich schwächere Pfähle an einem Drahtrahmen. Für das Gerüst des Drahtrahmens verwendet man Holz- oder Betonpfähle. Die Endpfähle einer Reihe stehen meist schräg und sind mit Erdankern gesichert. Die Anzahl der Drähte richtet sich hauptsächlich nach der Obstart und Wüchsigkeit der Unterlagen-Sortenkombination. Ist die Erstellung eines Hagelnetzes oder eines Regendaches beabsichtigt, so können ihre Gerüststangen in das Gerüstsystem der Obstanlage integriert werden. Spezielle Gerüste sind auch für die Formierung von Spalierformen Voraussetzung. Nähere Angaben über Pfahlmaterial, Abstände von Pfählen und Spalierstäben samt Zubehör sind in den Abschnitten der Erziehung von Baumformen für den Erwerbs- und Liebhaberobstbau zu finden.

Vorspann geben. Bei zu schwachem Wachstum können Bäume schon vergreisen, bevor sie ihren Standraum ausfüllen. In diesem Fall werden Ertrag und Fruchtqualität stark beeinträchtigt. Das zu schwache Wachstum kann auf die Wahl einer zu schwachen Unterlage, auf Fraßschäden durch Feld- und Wühlmäuse oder anderweitigen Verletzungen des Wurzelkörpers beruhen. In solchen Fällen gibt man den zu schwachen Kandidaten einen Vorspann. Je nach Stammstärke pflanzt man am Stammgrund eine oder mehrere stärker wachsende Unterlagen. Diese werden nach der Methode des seitlichen Einspitzens (siehe „Rindenpfropfen", Seite 147) in den Standbaum einveredelt. In den folgenden Jahren fördert der relativ stark wachsende Vorspann das Wachstum des Standbaumes. Man kann ihn nach einigen Jahren, je nach der erzielten Wuchsstärke, entweder an der Erdoberfläche absägen oder auch auf Dauer belassen.

Schröpfen. Wenn Bäume schlecht an- und nicht zügig weiterwachsen, ist die Rinde nur eingeschränkt dehnfähig. Ein späterer Wachstumsschub lässt sie dann oft aufplatzen. Senkrecht geführte, etwa 20 cm lange Schröpfschnitte durch die Rinde bis aufs Kambium können das verhindern. Auf einen Meter Stammlänge rechnet man etwa drei Schnitte und auf 15 bis 20 cm Stammumfang einen Schnitt. In der Zeit zwischen Anfang April und Ende Juni vorgenommen, verheilen die Schnitte schnell und verhelfen den Bäumen zu einem besseren Dickenwachstum. Schröpfen fördert auch deutlich die Wundverheilung.

Einkerben. Kahle Zweigpartien kann man zur Seitenholzbildung bringen, indem man vor dem Austrieb über den Augen einen halbmondförmigen Kerbschnitt durch die Rinde und 1 bis 2 mm in den Holzteil macht. Praktiker verwenden dazu heute ein feingezahntes Sägeblatt, z. B. von einer Metallsäge. Man zieht dieses entgegen der Schnittrichtung der Zähne über einem Auge durch Rinde und oberste Holzschicht. Nach geläufiger Ansicht stauen sich an dieser Stelle bis zur Verheilung der Wunde die Saftströme der Pflanze. Die Knospe treibt zu einem Trieb aus.

Ringeln, Strangulieren. Wenn die Bäume zu stark wachsen, ist die Blütenbildung häufig unbefriedigend. Ringelt oder stranguliert man stark wachsende Bäume, so werden die Bäume ruhig und fruchten besser.

Beim Strangulieren legt man im zeitigen Frühjahr eine Drahtschlinge um den

Abb. 5.
Knospen kerben, um sie sicher zum Austreiben zu bringen:
a oben = Kerben mit einem Messer, a unten = Kerben mit einer Säge;
b = Ringeln zur Wachstumshemmung und Blühförderung;
c = Vorspann geben = schwachen Bäumen zur Kräftigung eine stark wachsende Unterlage einveredeln;
d = Wurzelschnitt zwecks Wuchshemmung der Kronen;
e = Wunden durch Einveredeln von Reisern zum raschen Heilen verhelfen;
f = Wundpflege: Sanierung infizierter Wunden mit Messer, Säge oder Stemmeisen bis in gesundes Holz.

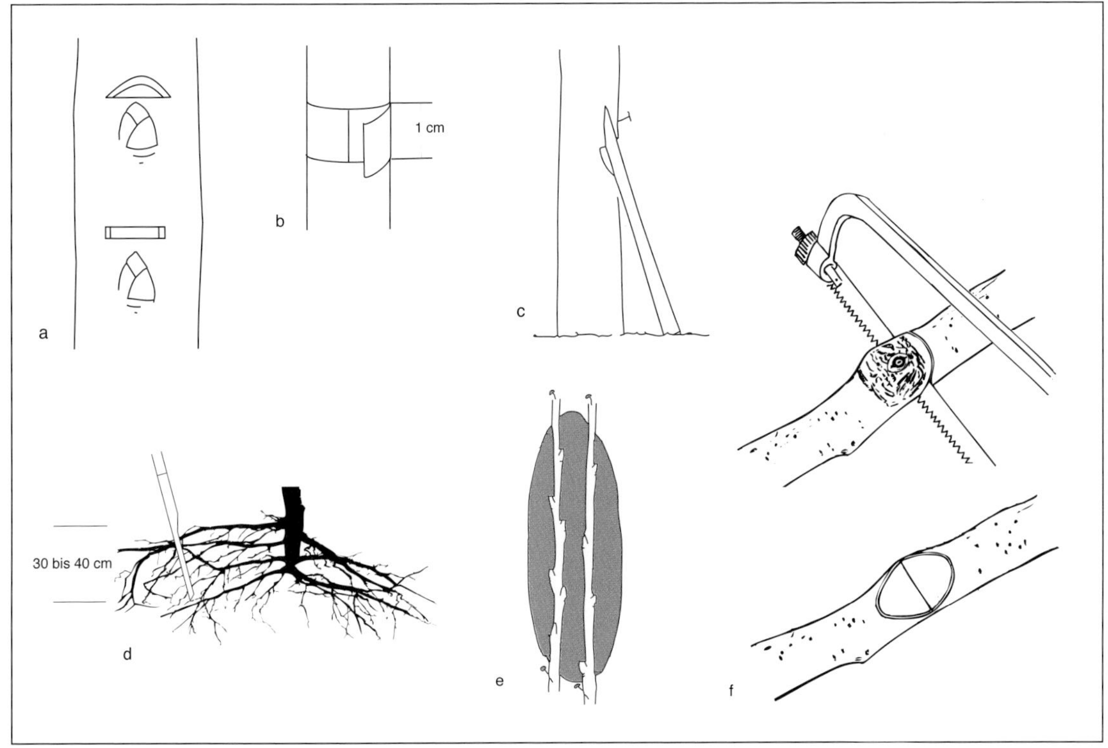

Stamm. Sie soll in den kommenden Monaten die Rinde einschnüren, um den Transport der Assimilate aus den Blättern zur Wurzel einzuschränken. Zur Vorbeugung gegen das Einwachsen des Drahtes kann man ihm einen schmalen Blechstreifen unterlegen. Im Hochsommer muss die Drahtschlinge wieder abgenommen werden.

Geringelt wird, indem man Anfang Juni die Rinde rings um den Stamm mit zwei parallelen, etwa 1 cm voneinander entfernten Schnitten bis aufs Kambium durchtrennt und den dazwischen liegenden Rindenstreifen vorsichtig vom Holz abhebt. Der Abtransport der Kohlenhydrate von oben nach unten wird damit schlagartig unterbrochen. Die Wunde verheilt in wenigen Wochen. Ein Wundverschlussmittel muss nicht aufgebracht werden.

Wurzelschnitt. Zwischen der Wurzel und der Krone bestehen enge Verflechtungen. Schneidet man z. B. eine Baumkrone stark zurück, so wird das Verhältnis Kronen- zu Wurzelmasse schlagartig verändert. Die Folge ist verstärktes Wachstum. Schränkt man dagegen den Wurzelkörper ein, ohne den Umfang der Baumkrone zu verändern, wird das Triebwachstum geschwächt. Wurzelschnitt wirkt umso stärker, je mehr Wurzelmasse man unwirksam macht. Im kleinen Rahmen kann man Wurzelschnitt mit dem Spaten vornehmen. Für Obstanlagen gibt es eigens konstruierte Geräte. Der mögliche Zeitraum für den Wurzelschnitt liegt zwischen den Monaten März und Juni.

Wundpflege. Vom Pflanzen bis zur Rodung der Obstgehölze ergeben sich immer wieder Wunden. Diese können natürlich, z. B. durch Astbruch, Hagel, Frost, Hitze oder starke Sonneneinstrahlung, entstehen, und auch jeder Schnitt am Obstgehölz ist eine Verwundung. Alle Wunden bilden Eintrittspforten für die verschiedensten Schadorganismen, wie Pilze, Viren, Bakterien. Gesunde, lebenskräftige Pflanzen können sich gegen eine frische Verwundung, sei es durch Schnitt an einem Trieb oder durch das Absägen eines Astes in gewissem Umfang schützen. Zuerst erfolgt dabei eine Abschottung der Wunde: Gefäße und Holzzellen im Wundbereich lagern gummiähnliche Substanzen und Phenole ein. Es entwickelt sich eine Barriere gegen Infektionen durch Krankheitserreger, deren Entwicklung und Ausbreitung im Holz man an einer Braunverfärbung des Holzes erkennen kann. Das freigelegte Holz wird zusätzlich vom Wundrand her durch das vom Kambium (siehe Kap. 6.2) gebildete Kallusgewebe eingeschlossen, überwallt. Der Obstbauer kann im Rahmen seiner Pflegemaßnahmen, beispielsweise harmonische Ernährung, Gesunderhaltung durch Pflanzenschutzmaßnahmen, die Kondition seiner Pfleglinge stärken. Er kann außerdem durch mäßigen, jedoch regelmäßigen Schnitt darauf hinarbeiten, dass nur relativ kleine, schnell verheilende Wunden entstehen.

Größere Wunden sollte man nach älteren Empfehlungen mit einem Wundverschlussmittel abdecken, vor allem bei empfindlichen Obstarten, z. B. Aprikosen. Im Widerspruch dazu stehen neuere Untersuchungen (Shigo 1990), wonach die Verwendung von Wundverschlussmitteln überwiegend nicht nötig und langfristig betrachtet nutzlos sei.

Weil die Lebensprozesse der laubabwerfenden Obstgehölze während des Winters ruhen, ist in dieser Zeit eine rasche Abschottung frischer Schnittwunden nicht möglich. Holz zerstörende Pilze sind jedoch auch im Winter aktiv und für Entrittspforten dankbar. Entgegen der derzeitigen Lehrmeinung dürfte deshalb im Winter das flächige Verstreichen von größeren Schnitten mit einem zugelassenen Wundverschlussmittel doch angebracht sein.

Aus physiologischer Sicht ist die Zeit starken Wachstums die sinnvollste zum Schneiden der Gehölze, wenn man nur auf die rasche Abschottung und Überwallung von Wunden Wert legt. Obstbauliche Auswirkungen des Schnitttermins werden später behandelt.

Schnittführung. Das sorglose Anschneiden einjähriger Triebe kann zu vertrockneten Zapfen oder zum Verlust der Knospe, auf die zurückgeschnitten wird, führen. Für einen idealen Schnitt setzt man die

Schere in halber Höhe hinter der Knospe an und durchschneidet den Trieb in Richtung Knospenspitze. Derart geschaffene Triebwunden verheilen schnell.

Die Wertschätzung eines korrekten Schnitts über den Knospen hat jedoch im Vergleich zu früheren Zeiten sehr nachgelassen. Im Erwerbsanbau ist Zeit Geld. Alles muss schnell gehen. Mit Geräten, wie Ambossschere, Stangenschere oder pneumatischer Schere, kann man auch gar nicht exakt schneiden, ganz zu schweigen von maschinellem Vollschnitt. Und die Praxis lehrt, dass es auch so geht.

Einschneidender wirkt sich die Art und Weise, wie Zweige und Äste abgesägt werden, auf die Gesundheit der Bäume aus. Man weiß heute, dass bündiges Absägen von Ästen an ihrer Ansatzstelle falsch ist, weil es Ausgangspunkt für Fäulnis, Höhlen und Bruchschäden ist, auch wenn die Wunde mit fäulnishemmenden Mitteln abgedeckt wird. Entscheidend ist dabei, dass mit dem bündigen Absägen das natürliche Abwehrsystem eines Baumes beseitigt wird. Sägt man einen Ast hingegen nahe am Astring ab, so bleibt das genannte Abwehrsystem erhalten und es können viele Probleme vermieden werden. Der Astring ist deutlich als Verdickung an der Ansatzstelle eines Astes zu erkennen. Zahlreiche schlafende Augen in dieser Zone tragen zu gutem Kalluswachstum rings um die Schnittstelle bei.

Auf das häufig empfohlene **Glattschneiden der Wundränder** kann man verzichten ohne Nachteile in Kauf nehmen zu müssen. Unverzichtbar ist dagegen das gründliche **Ausschneiden von Wunden**, die durch Infektionen mit Holz bewohnenden Pilzen zustande kamen, deren wichtigste beim Kernobst der Obstbaumkrebs und beim Steinobst die Gummifluss- oder *Valsa*-Krankheit sind. Die für sie charakteristischen Befallsstellen müssen im Interesse der Gesundheit der befallenen Bäume und zur Verhinderung einer weiteren Verbreitung der Krankheiten durch die auf den Befallstellen stattfindende Sporenbildung beseitigt werden. Soweit sich die befallenen Partien auf schwächerem

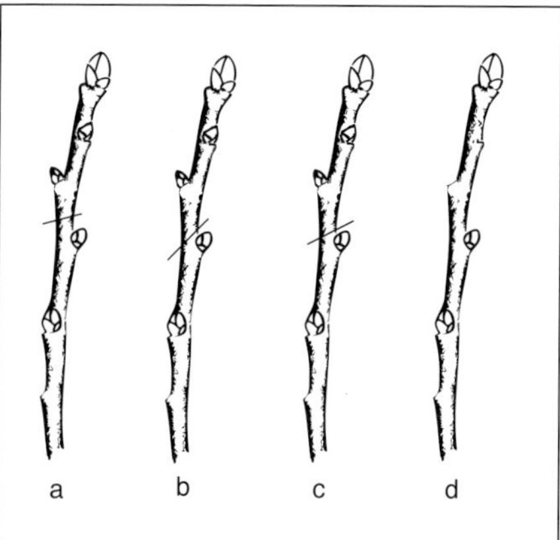

Abb. 6.
Triebe korrekt anschneiden, Knospen blenden:
a = zu hoher Anschnitt über einer Knospe;
b = zu knapper Anschnitt;
c = korrekter Anschnitt;
d = Knospen unter der Spitzenknospe blenden (ausbrechen), damit die übrigen in flachem Winkel austreiben.

Holz befinden, sind sie auf gesundes Holz, etwa 20 cm unter der Befallsstelle, abzuschneiden oder abzusägen.

Von Obstbaumkrebs befallenes Gewebe an Gerüstästen muss sorgfältig ausgeschnitten, ausgesägt oder mit einem Stemmeisen entfernt werden. Im Erwerbsanbau wird zur Arbeitsbeschleunigung meistens die Motorsäge verwendet. Auch Krebsfräsen sind im Einsatz. Es dürfen bei dieser Arbeit auch keine kleinsten braunen Stellen übrig bleiben, weil sie Ausgangspunkt für eine erneute Ausbreitung der Krankheit sind. Unerlässlich ist es, Neuinfektionen frühzeitig zu lokalisieren und zu behandeln sowie behandelte Wunden langfristig zu überwachen.

Natürliche Gummiabsonderungen an Steinobstbäumen können durch Nässe, Frost, oder starken Schnitt verursacht werden. Streng davon zu trennen ist der vom *Valsa*-Pilz (*Leucostoma personii*) hervorgerufene massive Gummifluss, dem häufig rasches Blattwelken und Absterben ganzer Äste folgen. Verbreitet findet man auch mehrjährige krebsartige Wunden an Zweigen, Ästen und Stämmen. Wenn nichts gegen sie unternommen wird, vergrößern sich die Wunden fortlaufend. Auf der befallenen Rinde findet man im Frühjahr und Sommer zahlreiche kleine Erhebungen, unter denen sich die Fruchtkörper der *Valsa*-Krankheit bilden. Die kranke Rinde erinnert an eine Krötenhaut, deshalb auch der weitere Namen Krötenhaut-Krankheit. Vor einer Behandlung steht die Kontrolle der Gerüstäste und Stämme auf Befallsstellen. Abgestorbene Rindenareale und krebsige Stellen sind wie bei Befall mit Obstbaumkrebs nach Möglichkeit auf gesundes Holz zurückzusetzen. Gerüstäste mit brandigen Stellen kann man versuchen zu retten, sofern etwa die Hälfte des Rindenumfangs noch gesund ist. Die abgestorbene Rinde wird vom Zentrum der Wunde aus mit einem Messer oder Stemmeisen bis 2 cm in die umgebende gesunde Rinde hinein entfernt und die Wunde mit einem Wundverschlussmittel abgedeckt. Die gesunde Rinde kann zusätzlich geschröpft werden, um die Wundkallusbildung zu fördern. Die behandelten Wunden müssen auch weiterhin kontrolliert und eventuell nachbehandelt werden. Nicht vergessen darf man, abgeschnittene Zweig- und Astteile samt kleinem Holzabfall sorgfältig einzusammeln und zu verbrennen. Zur eigenen Sicherheit sollten selbstverständlich auch abgestorbene, hohle und morsche Äste aus den Kronen genommen werden.

Wunden überbrücken. Große Wunden am Stamm oder an Gerüstästen durch Wildverbiss, Krankheitsbefall, Frost usw. schränken den Stofftransport von der Wurzel zur Krone und umgekehrt stark ein. Durch eine oder mehrere Brücken kann man die Funktion der ausgefallenen Rindenbezirke ersetzen und ein schnelleres Verheilen der Wunden fördern. Je nach Größe der Wunden veredelt man im Frühjahr eines oder mehrere Reiser ober- und unterhalb der Wunde hinter die gesunde Rinde (siehe „Rindenpfropfen“, Seite 147). Bei stärkeren Stämmen oder Ästen presst man die Reiser nicht mit einem Bastverband ans Holz der Unterlage, sondern schlägt besser einen Nagel durch Rinde und Reis. Wunde und Veredlungsstelle werden mit Baumwachs verstrichen.

3 Termin der Schnittarbeiten

Der überwiegende Teil der **Schnittarbeiten** wird **im Winter** erledigt. Das hat vor allem arbeitswirtschaftliche Gründe. Grundsätzlich kann man vom Blattfall bis zum Wiederaustrieb im Frühjahr schneiden, sofern die Temperatur −6 bis −7 °C nicht unterschreitet. Praktische Erfahrungen sprechen dafür, den Schnitttermin nach der Reaktion der Obstarten auf Frost zu richten. Man machte nämlich die Erfahrung, dass ungeschnittene Bäume tiefe Temperaturen besser überstehen als vor dem Frost geschnittene, was damit zu erklären ist, dass das Schneiden anscheinend den Stoffwechsel aktiviert und die Frosthärte herabsetzt.

Johannis- und Stachelbeerpflanzen können schon im Zeitraum zwischen Blattfall und den Monaten Januar/Februar geschnitten werden, Brombeeren und Himbeeren dagegen erst ab Ende März. Das Baumobst sollte erst nach den strengen Frösten geschnitten werden. Weil man im Obstbaubetrieb jedoch nicht so lange warten kann, die Arbeitsspitze wäre dann nicht mehr zu bewältigen, schneidet man die robusteren Apfelsorten vor den empfindlichen. Dazu zählen z. B. 'Boskoop', 'Elstar' und 'Jonagold'. Auch werden Altbäume vor den empfindlicheren Jungbäumen geschnitten. Im Anschluss geht es ans Schneiden von Birne, Pflaume und Kirsche. Pfirsiche und Aprikosen schneidet man erst um die Zeit der Blüte. Walnussbäume sollten nach einhelliger Literaturansicht erst im Sommer geschnitten werden, weil die Bäume früh in Saft kommen und Schnitt ausgang des Winters stark blutende Wunden ergeben kann. Es sind jedoch keine Fälle bekannt, dass Nussbäume durch starken Saftverlust eingegangen wären, vielmehr konnte die Erfahrung gemacht werden,

Abb. 7. Früher Sommerschnitt: a = unbehandelt; b = steil stehende Konkurrenztriebe zeitig ausbrechen; c = Zweigspitze auf flach angesetztes Fruchtholz absetzen.

dass im Spätwinter oder zum Frühjahrsanfang gesetzte Schnittwunden besonders rasch und gut verheilen.

Das **Schneiden im Sommer** hat schon eine lange Tradition. Besonders die klassische Erziehung von Formobstbäumen war ohne konsequenten Sommerschnitt nicht möglich. Im Plantagenobstbau gewann der Sommerschnitt infolge einiger biologischer und arbeitswirtschaftlicher Vorteile auch einen festen Platz im Schnittgeschehen.

Der **Frühsommerschnitt** fällt in die Zeit von Ende Mai bis Mitte Juli während des stärksten Triebwachstums. Seine Domäne ist die Regulierung des Wuchses von jungen Bäumen und Sträuchern. Zum Kronenaufbau ungeeignete oder nicht benötigte Langtriebe können durch Sommerriss oder Wegschneiden frühzeitig entfernt werden. Man fördert so den Aufbau der Kronen, kräftigt die wertvollen Triebe und Zweige und verbessert den Lichteintritt in die Kronen. In besonderen Fällen schneidet man Triebe auf Blattrosette oder entspitzt sie. Steil stehende Triebe können abgespreizt oder heruntergebunden werden.

Dem **Spätsommerschnitt** fallen andere Aufgaben zu. Es gilt jetzt, die Kronen licht zu halten und Überbauungen zu beseitigen. Die Früchte werden frei geschnitten, um sie dem Sonnenlicht auszusetzen. Fruchtholzpartien mit zurückgebliebenen Früchten können eingekürzt werden. Die Schnittintensität ist unbedingt auf den Fruchtbehang auszurichten: Spätsommerschnitt darf im Interesse einer guten Fruchtgröße und -qualität keinesfalls das Blatt-Frucht-Verhältnis übermäßig einengen. Ein Wiederaustreiben der Knospen ist normalerweise nicht gegeben. Deshalb ermöglicht der Spätsommerschnitt eine Reduzierung von Kronenhöhe und Kronenbreite. Er führt auch zu einer gewissen Beruhigung der Wuchsintensität.

Weil all diese Maßnahmen im voll belaubten Zustand erfolgen, kann man die Belichtung der Kronen viel besser beurteilen als beim Schneiden in der blattlosen Vegetationsruhe. Im Gegensatz zum Frühsommerschnitt treiben im Spätsommer geschnittene Bäume danach nur noch geringfügig aus und müssen nicht mehr nachbehandelt werden.

Der **Augustschnitt** ist eine besondere Form des Spätsommerschnitts. Er wird an Stelle des Winterschnittes vorgenommen. Sein Grundgedanke ist die Rückführung von starkem Wachstum auf ein Normalmaß, und zwar ohne Einsatz von Bioregulatoren. Dazu wird das pflanzeneigene System der Wachstumsregulierung genutzt. Der Selbstregulation stark wachsender Bäume wird vorübergehend nachgegeben, das heißt, alle Neuwuchstriebe werden eine gewisse Zeit geschont, unabhängig von ihrer Zahl, ihrer Stellung in der Baumkrone und von ihrer Länge oder Stärke. Regulierende Schnitteingriffe werden erst wieder vorgenommen, wenn der Wuchscharakter der Bäume grundlegend verändert ist. Überraschenderweise tritt diese physiologische Umstimmung innerhalb kurzer Zeit und mit sehr hoher Sicherheit ein. Diese Methode eignet sich jedoch nur für besonders stark wachsende Bäume und

Tab. 1. Auswirkungen des Schnitttermins auf Ertrag und einige Fruchteigenschaften bei stark wachsenden Bäumen der Sorte 'Cox Orange'

Termin	kg Früchte/Baum	kg Früchte über 70 mm	% Früchte gesund
Mittelwerte der Jahre 1976 bis 1982			
Winter	19,9	10,3	71,0
Winter + Juli	17,2	9,6	75,0
Winter + August	20,7	11,3	73,0
Mittelwerte der Jahre 1978 bis 1984			
Winter	20,0	12,6	44,0
August	27,0	11,8	74,0

fordert vom Anwender teilweise ein grundsätzliches Umdenken.

Jeder Trieb ist für die angestrebte Kronenumstimmung wichtig. Das Schneiden im Winter fällt ein oder mehrere Jahre gänzlich aus. Wer sich in diese Situation versetzt kann ermessen, was das für einen professionellen Obsterzeuger bedeutet. Eine scheinbar nicht mehr beherrschbare Apfelanlage solch lange Zeit ertragen zu müssen und den Augen der Kollegen auszusetzen, das erfordert Mut und Durchhaltevermögen. Wer in dieser Zeit des anfänglich „traurigen“ Zustandes der Anlage die Augen offen hält, stellt jedoch fest, dass das Wachstum der Bäume schon nach dem ersten Auslassen des Winterschnitts wesentlich nachlässt und früh abschließt. Die Blätter bleiben relativ klein, und das Blattwerk nimmt so einen anderen Charakter an als in den Vorjahren. Infolgedessen bleiben die Kronen trotz ihrer vielen Triebe licht- und luftdurchlässig und bereiten keine (befürchteten) Pflanzenschutzprobleme durch ungenügendes Eindringen der Spritzbrühe in die Baumkronen.

Ab Mitte August müssen unbedingt Korrekturen an den Bäumen vorgenommen werden. Dabei ist eine weitere Hürde zu überwinden. Jetzt muss der Schnitt vorgenommen werden, den man im vorausgegangenen Winter absichtlich ausließ. Das bedeutet, es sind auch Zweige und Äste mit beinahe ausgewachsenen Früchten herauszunehmen und das kostet wahrlich Überwindung. Unsere Versuchsergebnisse belegen aber, dass auch im Umstellungsjahr nicht weniger geerntet wird als bei „normalem Schneiden im Winter“.

Die wichtigsten Schritte bei diesem für die weitere Kronenentwicklung notwendigen Korrekturschnitt sind:

- Die Wegnahme der stärksten, meist steil stehenden Zweige bis auf den Tragast. Sie wären sonst eine zu starke Konkurrenz für das verbleibende, schwächer ausgebildete Holz, und auch die Belichtung der Kronen würde in Zukunft unter ihnen leiden. Überbauende Partien müssen unbedingt entfernt werden. Ande-

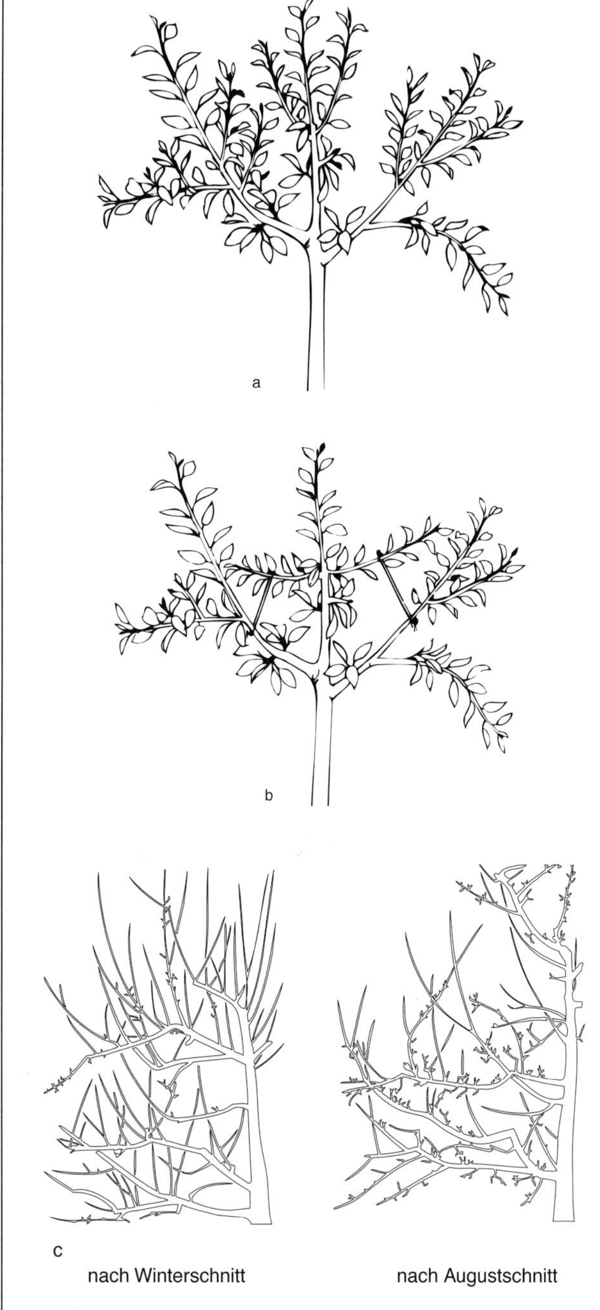

Abb. 8.
Später Sommerschnitt:
a = unbehandelt;
b = störende Triebe beseitigen, steile Triebe waagerecht formieren;
c = Fruchtholzbesatz von Bäumen mit Winterschnitt bzw. Augustschnitt.

renfalls kann die Blütenbildung im unteren Kronenbereich leiden.

- Der Neuwuchs an der Spitze der Vorjahrestriebe kann in den zweijährigen Abschnitt (jetzt mit Fruchtspießen besetzt) zurückgenommen werden. Das bringt wieder mehr „System“ und Licht in die Bäume.

Gelegentlich wird man schon viel „schwaches“ Fruchtholz feststellen. Dieses darf nicht rigoros weggeschnitten werden. Erlaubt ist nur ein mäßiges Verjüngen. Ein wesentliches Moment beim Augustschnitt ist, dass nicht jede Knospe eine kräftige Blütenknospe sein kann. Zur Beherrschung des Wachstums sind auch schwächere Blatt- oder Blütenknospen nötig. Wer mit dem Blick auf große Früchte alle hierfür ungeeigneten schwachen Knospen wegschneidet, könnte einen Rückfall in starken Wuchs und erneute Alternanz verursachen.

Nach erfolgter Beruhigung des Wachstums scheint es im Übrigen ziemlich gleichgültig zu sein, wie und wo abgeschnitten wird, wenn nur genügend viele Verzweigungen übrig bleiben.

Die **Schnittbehandlung in den Folgejahren** ist beträchtlich einfacher als im Umstellungsjahr, weil die Bäume nun nur noch mäßig wachsen. Sie beschränkt sich auf das Wegnehmen von einigen Langtrieben und das Einkürzen von zu schwachem Fruchtholz. Man ist immer wieder überrascht, wie wenig Schnittarbeit nach ein bis zwei Jahren Augustschnitt anfällt. In nicht wenigen Fällen fragt man sich unwillkürlich, wo überhaupt noch zu schneiden ist. Im Übrigen soll ganz deutlich hervorgehoben werden, dass alle Wirkungen des Augustschnittes weniger auf das Schneiden im August, als vor allem auf das Nichtschneiden im Winter zurückzuführen sind.

Früher oder später wird es sich zeigen, dass die Vitalität der Bäume zu sehr nachlässt. Anzeichen hierfür sind sehr hohe Fruchtbarkeit und ungenügende Fruchtgröße sowie eine auffallend helle Blattfar-

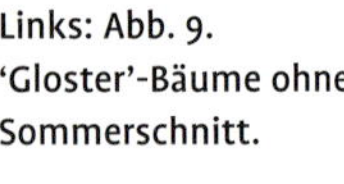

Links: Abb. 9. 'Gloster'-Bäume ohne Sommerschnitt.

Rechts: Abb. 10. Dieselben Bäume mit einem Belichtungsschnitt im August.

be. Spätestens jetzt kann wieder zu Winterschnitt übergegangen werden. Größere Korrekturen sollte man jedoch auf mehrere Jahre verteilen. Eine Vitalisierung der Bäume ergibt sich durch vorsichtige Fruchtholzverjüngung.

Die arbeitswirtschaftliche Seite der Sommerarbeit im Umstellungsjahr ist ein gewisses Argument gegen eine weitere Verbreitung des Augustschnitts, stehen doch dafür nur eineinhalb bis zwei Monate zur Verfügung. Da er jedoch in erster Linie eine Sondermaßnahme für Problemanlagen ist und nicht den Winterschnitt generell ersetzen soll, sind nicht alle Anlagen eines Betriebs entsprechend zu behandeln, die „bedürftigen" können schrittweise in aufeinanderfolgenden Jahren umgestellt werden. Stark wachsende Bäume und alternierend tragende Sorten können mit Hilfe des Augustschnitts rasch und sicher physiologisch umgestimmt werden. Sie erblühen verhältnismäßig früh und ihre Blühzeit ist zeitlich gerafft. Ihr hoher Ertrag beruht sowohl auf einer stärkeren Verzweigung als auch auf einer höheren Behangdichte der Bäume. Insbesondere für die Fruchtgröße kann das problematisch werden. Relativ viele Früchte erreichen ohne intensives Ausdünnen nicht die vom Markt geforderte Größe. Die Regulierung eines durch Augustschnitt überreichen Fruchtansatzes kann deshalb eher noch wichtiger und aufwendiger sein als vorher. Qualifizierte Ausdünnung vorausgesetzt, ergibt Augustschnitt kurzes, kräftiges Fruchtholz mit dicken Blütenknospen und Früchte von ansprechender Größe, hervorragender Farbe und guter Lagerfähigkeit.

4 Schnittstärke

Obstgehölze reagieren umso heftiger mit gesteigertem Triebwachstum, je stärker die Schnitteingriffe sind. Es ergibt sich ein Verjüngungseffekt, der die Entwicklung junger Bäume in verzögerten Triebabschluss, geringere Blütenbildung, verstärkten Blüten- und Fruchtfall, geringere Fruchtqualität und Fruchthaltbarkeit zurückwirft, vergleichbar mit dem Wuchs- und Fruchtbarkeitsverhalten von Bäumen im einsetzenden Ertragsstadium. Ältere, nicht mehr ausreichend vitale Bäume reagieren dagegen auf die physiologische Verjüngung weitgehend positiv.

Gar nicht so einfach fällt die Antwort auf die Frage, wie starkes bzw. schwaches Schneiden zu definieren ist. Wir wollen uns dabei nicht, wie vielfach üblich, auf die Stärke des Rückschnitts von Langtrieben, wie Stammverlängerung und Leitästen, beschränken, sondern alle beim Schneiden gebräuchlichen Eingriffe in die Betrachtungen einbeziehen, wie das auch der Obstbauer tut. Die Schnittstärke wird dabei der Reaktion der Bäume auf die Schnittbehandlung gleichgesetzt.

- Beim Rückschnitt von Langtrieben werden dominante Spitzenknospen weggeschnitten. An ihrer Stelle treiben einige tiefer gelegene Knospen zu starken, spitz angesetzten Langtrieben aus. Darunter gelegene Knospen entwickeln sich zu Fruchtspießen. Je stärker der Rückschnitt erfolgt, um so stärker entwickeln sich die neuen Spitzentriebe und um so weniger Fruchtspieße werden angelegt. Die wenigsten Langtriebe und die meisten Kurztriebe erhält man, wenn das Anschneiden von Trieben ganz unterbleibt.
- Viele kleine Schnittwunden durch „Schnippeln" regen das Triebwachstum wesentlich stärker an als wenige große, z. B. beim Herausnehmen ganzer Astpartien. Das gilt auch für den kurzen und den langen Fruchtholzschnitt.
- Übergangslose Korrekturen von Kronenhöhe, Kronenbreite und Kronendichte provozieren meist eine Wuchsexplosion. Wer dabei zu mechanistisch vorgeht, d.h. alle Korrekturen auf ein Mal und umfassend macht, darf sich über die nachfolgend einsetzende Alternanz der Erträge nicht wundern.

Nichtschneiden und das Formieren von Langtrieben in die Waagerechte fangen negative Auswirkungen vorheriger zu starker Schnitteingriffe auf. Mit der zweckdienlichen Nutzung der aufgeführten Möglichkeiten kann die Entwicklung der Obstgehölze je nach Bedarf in Richtung Förderung des Wachstums oder der Fruchtbarkeit gelenkt werden.

Wie sich starkes bzw. schwaches Schneiden in der Praxis darbieten kann, sei an ei-

Tab. 2. Trockengewichte verschiedener Baumteile nach unterschiedlich scharfem Schneiden bei der Sorte 'Cox Orange'; Versuchszeit 9 Jahre (nach Tromp et al. 1976)

Unterlage	Schnitt	Trockengewicht (in kg)					Fruchtgewicht in % vom Gesamtgewicht
		Stamm, Zweige, Wurzeln	Blätter	Schnittholz	Früchte	Gesamtgewicht	
M 26	schwach	12,9	8,9	2,5	21,0	45,3	46,0
	stark	13,6	8,3	4,9	15,2	42,0	35,7
MM 104	schwach	36,5	16,6	5,3	27,2	85,6	31,8
	stark	32,3	12,6	9,6	2,3	56,2	4,1

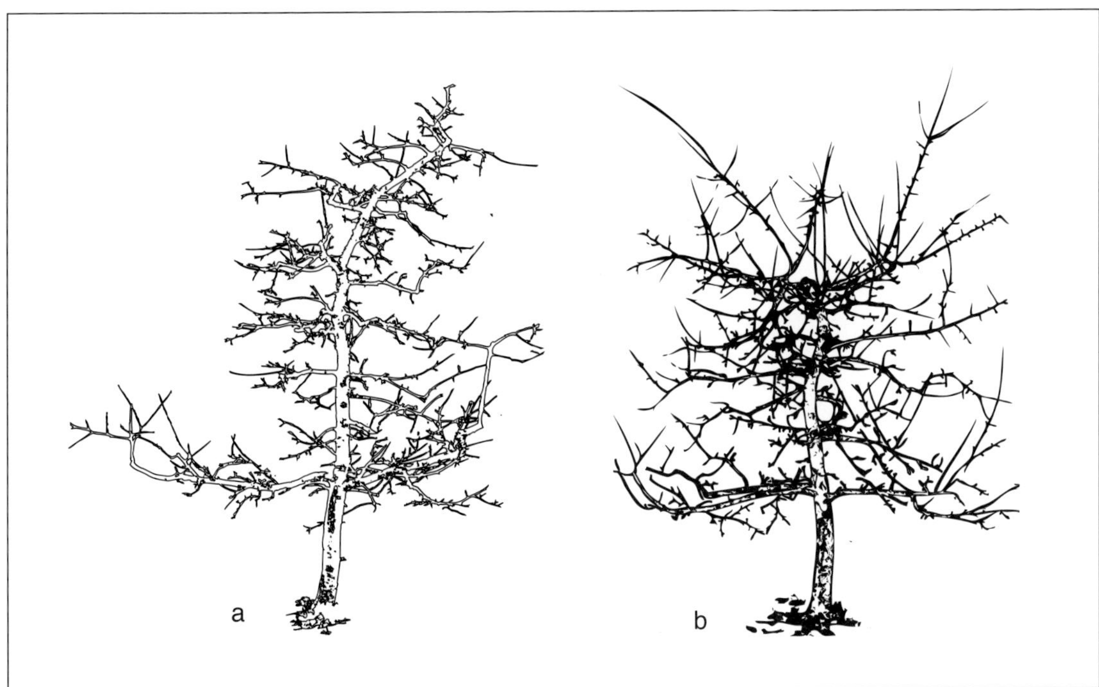

Abb. 11. Schnittstärke und Baumgestalt: a = nach langjährig intensivem Schnitt; b = langjährig extensiv geschnitten.

nem Schnittversuch mit drei Schnittintensitäten gezeigt. Die drei zehn Jahre lang praktizierten Behandlungen der Schlanken Spindeln waren wie folgt definiert:

- **Schnitt 1.** Die Stammverlängerung sollte nur flach angesetzte, kurze Basisäste tragen. Das Fruchtholz an ihnen und an der Stammverlängerung wurde verhältnismäßig kurz gehalten, starke einjährige Triebe wurden konsequent weggeschnitten.
- **Schnitt 2.** An der Stammverlängerung wurden in begrenztem Maße Langtriebe belassen und waagerecht formiert, um den Ertragsbeginn zu fördern. Die seitlichen Fruchtäste durften sich länger entwickeln als in Behandlung 1. Die Baumform sollte konisch, jedoch etwas breiter sein als in Variante 1.
- **Schnitt 3.** Zur noch weiter reichenden Ertragsförderung sollte vor allem in den Anfangsjahren der Jungwuchs noch stärker geschont werden. Lange Basisäste in größerer Anzahl wurden favorisiert. Ein Schlankschneiden fand nicht statt. Im oberen Kronenbereich durfte sich auch längeres Holz entwickeln. Überbauungen wurden jedoch rechtzeitig entfernt. Die Kronen waren eher kastenförmig als konisch und relativ dicht gebaut.
- Die Stammverlängerung in allen Versuchsgliedern wurde jedes Jahr einheitlich auf einen geeigneten Seitentrieb umgesetzt.

5 Schnitttechnik

Schnittarbeiten, die von Hand erfolgen und im Erwerbsanbau wochenlang anfallen, sind mit einem hohen Kraftaufwand verbunden. Beim Laien stellen sich möglicherweise schon nach wenigen Arbeitsstunden Blasen an der Handinnenseite ein, lang anhaltende Belastungen können sogar Sehnenscheiden-Entzündungen hervorrufen. Um nicht schon nach kurzer Zeit die Freude am Schneiden zu verlieren, ist es aus den genannten Gründen sehr ratsam, nur Qualitätsgeräte anzuschaffen und zu nutzen. Für den ersten Augenblick erscheinen sie zwar teuer. Wer jedoch auf Billigangebote hereinfällt, wird diese in der Regel schon nach kurzer Zeit verwünschen.

Zu einer Grundausstattung gehören eine stabile, gut schneidende und nicht klemmende Schere und eine scharfe Baumsäge mit verstellbarem Sägeblatt sowie ein Abziehstein zum Schärfen der Schere.

5.1 Scheren

Einschneidige Leichtmetallscheren haben die früher üblichen Stahlscheren weitgehend verdrängt. Sie sind handlich und leicht, besitzen einen (hoffentlich) zuverlässigen, leicht mit der Schnitthand bedienbaren Hebelverschluss und auswechselbare kreisbogenförmige Klingen. Farbkräftige Kunststoffüberzüge der Griffe

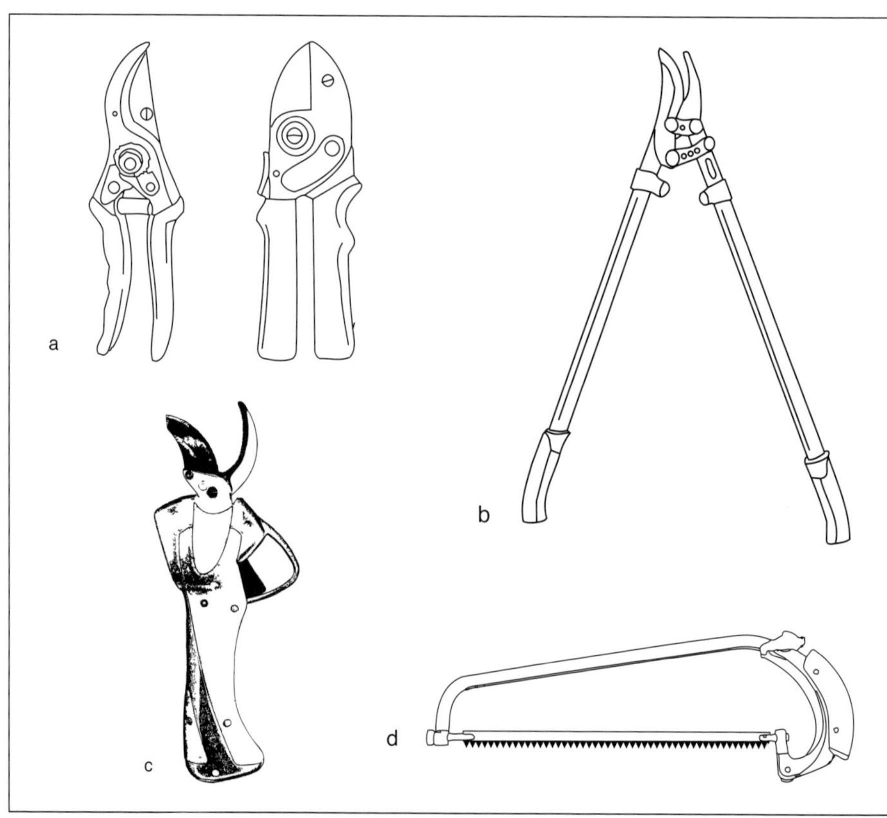

Abb. 12. Die wichtigsten Schnittwerkzeuge: a = zweischneidige Schere bzw. einschneidige Ambossschere; b = Astschere; c = Akkuschere; d = Baumsäge.

machen die Arbeit im Winter erträglicher und erleichtern die Suche, wenn man die Schere einmal abgelegt hat. Eine besonders günstige Kraftübertragung ermöglicht die Rollgriffschere, die zwar zunächst etwas ungewohnt in der Hand liegt, nach einer gewissen Eingewöhnungszeit jedoch wochenlanges Schneiden angenehmer macht. Von beiden Formen gibt es Ausführungen für Rechts- und Linkshänder.

Die Amboss-Schere (Löwe-Schere) hat eine gerade Klinge und ein flächiges Gegenlager aus Messing oder Aluminium. Mit ihr können stärkere Äste geschnitten werden als mit der einschneidigen Schere. Die erzielten Schnitte sind jedoch ungenauer.

Weil die Schnittarbeiten in Obstbaubetrieben zügig von der Hand gehen müssen, setzen sich pneumatische Schnittanlagen bzw. elektrisch betriebene Akku-Baumscheren gegenüber den handbetätigten immer mehr durch. Mit ihnen kann man Äste bis 40 bzw. 30 mm schneiden. Wichtige Auswahlkriterien sind Gewicht, Haltbarkeit, Schließgeschwindigkeit und Preis der Scheren. Die mit Pneumatikanlagen verbundene Lärmbelastung lässt sich durch Verwendung einer Anlage mit Druckspeicher vermeiden. Mit einer elektrischen Schere kann man sich freier bewegen als mit einer pneumatischen, weil man an keinem Luftschlauch hängt. Das wieder aufladbare Batterieset zum Betreiben des Elektromotors trägt man entweder in einer Gürteltasche oder auf dem Rücken in einem Köfferchen mit Rucksackträgern.

Für handgeführte und pneumatisch oder elektrisch betriebene Scheren gibt es auch Verlängerungen. Kleinere Baumformen lassen sich damit vom Boden aus schneiden. Die mit einer Verlängerung verbundene Zweihandbedienung reduziert die von Pneumatikanlagen ausgehende Verletzungsgefahr bei unachtsamem Arbeiten beachtlich.

Mit Geräten für eine vollständige Mechanisierung des Schnittes kann man Triebe, Zweige oder Äste nicht mehr individuell schneiden. Ihre rotierenden oder hin und her gehenden Schnittwerkzeuge an horizontal und vertikal verstellbaren Armen schneiden wie eine Heckenschere alle Zweige außerhalb der eingestellten Schnittebene ab.

Abb. 13. Schnittmaschine im Einsatz.

Zur Begrenzung der Wurzelkrone eignen sich Wurzelschnittmaschinen mit scheibenförmigen oder messerartigen Werkzeugen. Neben kommerziellen Geräten werden auch Eigenkonstruktionen eingesetzt.

5.2 Sägen

Äste, die für eine Schere zu dick sind, werden mit einer Säge entfernt. Zur Auswahl stehen Bügel- und Schwertsägen. Beide sind handlich und leicht. Die Bügelsäge hat ein vielseitig verstellbares Sägeblatt, das mit einem Spannhebel gespannt wird. Die heutigen Sägeblätter sind gehärtet und können/brauchen deshalb nicht mehr geschränkt und geschärft zu werden. Schwertsägen werden als Griff- oder Stielsägen angeboten. Ihre Zähne sind auf Zug ausgerichtet, gehärtet und meist ausgesprochen scharf. Mit Hochentastern kann man Hochstämme bis in beträchtliche Höhen vom Boden aus auslichten.

Abb. 14.
Arbeitsbühne für das Schneiden, Ausdünnen und Abernten von hohen Bäumen, horizontal und vertikal verstellbar.

Motorsägen werden zum Baumschnitt weniger eingesetzt, allenfalls zum Heraus- oder Absägen sehr starker Äste. Bedeutung haben sie auch beim Aussägen von Krankheitsherden, z. B. Krebsstellen, vor allem jedoch beim Roden von Bäumen.

5.3 Steighilfen

Solange es noch großkronige Obstbäume gibt, sind beim Schneiden Steighilfen unentbehrlich. Das wichtigste und klassische Gerät sind Leitern aus Holz oder Aluminium in den unterschiedlichsten Längen. Davon gibt es selbst stehende Bockleitern und Anlehnleitern mit einem oder zwei Holmen. Welche Bauart auch immer verwendet wird, auf beste Qualität und Standfestigkeit kann nicht verzichtet werden. Die mit dem Arbeiten in mehr oder weniger großer Höhe verbundene Unfall- und Verletzungsgefahr ist eng an die Qualität der Leitern gebunden, jedoch auch an ihre sachgemäße Handhabung.

Rationeller als mit Leitern lässt sich das Schneiden in 2,00 bis 3,00 m Höhe mit selbst fahrenden Arbeitsplattformen, wie dem Südtiroler Erntewagen, ausführen. Die obere, vom Boden aus nicht mehr erreichbare Zone von geschlossenen Fruchtwänden lässt sich mit ihrer Hilfe schneiden, ausdünnen und abernten. Die Verfügbarkeit gut konstruierter und erschwinglicher Maschinen verleiht der Frage nach der optimalen Baumhöhe einen ganz neuen Aspekt.

6 Gestalt, Bau und Entwicklung von Bäumen und Sträuchern

Wer in Sachen Schnitt mitreden und sich verständlich machen will, sollte das einschlägige obstbauliche Vokabular beherrschen. Noch wichtiger ist es, die Sprache der Obstgehölze zu verstehen, zu erkennen, was sie durch Wuchs und Ertragsverhalten zum Ausdruck bringen, z. B. ob sie sich aus der Sicht eines Obsterzeugers wohlfühlen oder nicht. Nur so können geeignete Maßnahmen ergriffen werden, um die Entwicklung der Obstpflanzen entsprechend den Vorstellungen der Erzeuger zu lenken.

Obstgehölze gliedern sich in den oberirdischen Spross und die unterirdische Wurzel. Im obstbaulichen Sprachgebrauch treten jedoch an die Stelle des Begriffs „Spross" Ausdrücke wie Baum, Baumkrone, Strauch oder Busch in vielfältiger Variation. Ihre Bausteine sind Knospen und Triebe, die in vielfältiger Gestalt (Morphologie) anzutreffen sind. In der Umgangssprache werden sie häufig nach ihrem Aussehen oder ihrer Funktion bezeichnet. Diese Bausteine verwendet die Obstpflanze nach allgemein gültigen Prinzipien immer wieder, um art- und sortentypische Wuchsbilder, man sagt, den Habitus der Obstbäume und -sträucher, im Laufe eines Gehölzlebens zu realisieren.

Das vorliegende Kapitel behandelt die zur Darstellung von Schnittthemen unentbehrliche Namensgebung und Entwicklung der Kronenbauteile. Dabei fließen auch Grundlagen und Gesetzmäßigkeiten zu Wachstum, Entwicklung und Fruchtbarkeit der Obstgewächse – also Inhalte der Pflanzenphysiologie – ein.

6.1 Wie Baumkronen und Sträucher aufgebaut sind

Konsequent erzogene Baumkronen bestehen aus einem Stamm mit der Stammverlängerung und ihren Verzweigungen. Je nach Rang und Funktion werden starke Seitenäste als Leit- oder Gerüstäste (= Seitenäste erster Ordnung) bezeichnet. An ihnen setzen Fruchtäste (Seitenäste zweiter Ordnung) an. Diese können sich bei fehlender Erziehung von Leitästen auch direkt an der Stammverlängerung befinden. In diesem Fall stellen sie Seitenäste erster Ordnung dar. An Stammverlängerung, Leitästen und Fruchtästen entspringt das Fruchtholz. Unter den angeführten Bauelementen wird im Allgemeinen eine strenge Rangordnung eingehalten: Am stärksten sind Stamm und Stammverlängerung ausgebildet. Ihnen werden Leitäste, Fruchtäste und das Fruchtholz untergeordnet. Naturkronen folgen zwar auch diesem Prinzip, jedoch weniger streng. An Stelle einer Stammverlängerung können sich auch mehrere entwickeln.

Mit der Anzucht unterschiedlicher Stammhöhen ergeben sich die Baumformen Niederstamm (Spindel und Busch, 40 bis 60 cm), Halbstamm (100 bis 120 cm) sowie Hochstamm (160 bis 180 bzw. 200 cm).

Je nach dem Vorliegen oder Fehlen einer Stammverlängerung unterscheidet man Pyramidenkronen und Hohlkronen. Wird die Stammverlängerung zunächst beibehalten, in späterer Zeit jedoch in einer bestimmten Höhe entfernt, sodass nur der untere Teil der Stammverlängerung erhalten bleibt, so erhält man die kombinierte Kronenform.

Die horizontale Astentfaltung kann einen runden oder ovalen Kronengrundriss, also eine Rundkrone oder Ovalkrone (Flachkrone) ergeben. Mehr oder weniger extreme Flachkronen stellen frei stehende und Wandspalierformen dar.

Nach der Art der Anordnung der Leitäste an der Stammverlängerung unterscheidet man das Leitastpaar (zwei auf gleicher Höhe einander gegenüber stehende Leitäste), den Astquirl (mehrere Leit-

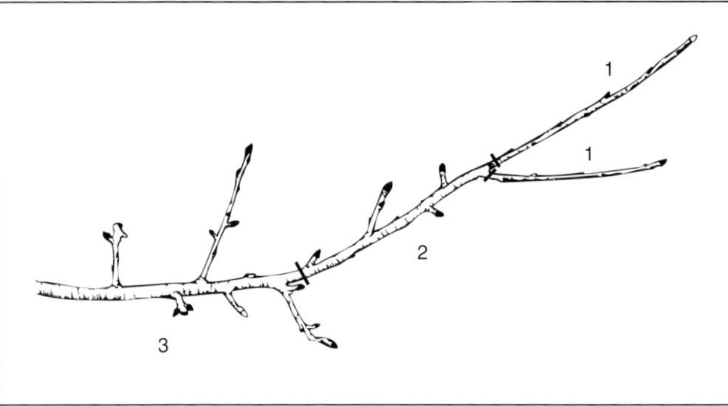

Abb. 15. Bezeichnung der Partien eines Fruchtastes: 1 = einjährige Langtriebe; 2 = zweijähriger Abschnitt mit einjährigen Fruchtspießen; 3 = drei- und mehrjähriger Abschnitt mit alterndem Fruchtholz; 1 + 2 = Zweig; 1 + 2 + 3 = Ast.

äste in gleicher Höhe), die Astgruppe (mehrere Leitäste in etwas größeren Abständen als beim Astquirl) und die Aststreuung = zwanglose Folge der Leitäste in mehr oder weniger großem Abstand.

6.2 Die Entwicklung von Baumkronen und Sträuchern

Jeder Baum hat seinen Ursprung in einem Trieb. Triebe sind aus obstbaulicher Sicht von besonderer Bedeutung, weil sie das Höhen- und Breitenwachstum der Kronen ermöglichen und weil ihre Knospen unter bestimmten Voraussetzungen in Blütenknospen umgewandelt werden können.

Das Längenwachstum der Triebe geht ausschließlich von den Spitzen- und Seitenknospen der Triebe aus. Alle Knospen stellen einen stark gestauchten, beblätterten Trieb dar, der beim Austreiben im Frühjahr Blätter und Achselknospen hervorbringt, aus denen sich Seitentriebe entwickeln können. Wenn Seitenknospen schon im Jahr ihrer Entstehung austreiben, entwickeln sich daraus sogenannte **vorzeitige Triebe**. Sie treten bei den Obstarten Aprikose, Pfirsich, Sauerkirsche und Pflaume beinahe regelmäßig auf, bei Kernobst nur unter wüchsigen Bedingungen. In der Baumschule sind sie für die Anzucht gut garnierter Bäume wertvoll.

Am Ansatz der Blattstiele sind die Triebe leicht angeschwollen. Man bezeichnet diese Stellen deshalb als Blattknoten (Nodien). Die Triebabschnitte zwischen zwei Blattknoten werden **Internodien** genannt.

Die Entwicklungsintensität der Triebe ist im Sinne einer Arbeitsteilung unterschiedlich. Der kleinere Anteil wächst zu **Langtrieben** mit langen Internodien und austriebsfähigen, gut ausgebildeten Knospen heran. Bei der Mehrzahl der Jahrestriebe unterbleibt die Streckung der Internodien und die Blätter sitzen rosettenartig zusammen. Bei diesen **Kurztrieben** sind nur die Spitzenknospen austriebsfähig. Besonders eng gedrängt sind die Blattknoten von Spurtypen, Zwergformen und Säulenbäumen. Letztere bilden beinahe gar keine Langtriebe mehr aus.

An Kurztrieben wird bei vielen Obstarten, vor allem beim Kernobst, die Mehrzahl der Blütenknospen gebildet. Langtriebe sind weniger blühfreudig. Im Einzelfall kommt es jedoch sehr auf die Obstart und auf die Sorte an, wo die Blütenbildung erfolgt. Grundsätzliche Unterschiede in Bau und Funktion des Fruchtholzes der verschiedenen Obstarten sind in Kapitel 12 „Artgerechte Kronenbehandlung der Baumobstarten“ sowie Kapitel 13 „Erziehungssysteme und Schnitt des Beerenobstes“ nachzulesen.

Nicht alle Knospen eines Baumes oder Strauches sind gleich stark ausgebildet und funktionell ebenbürtig. Das gilt für vegetative Knospen (Blattknospen) und generative (Blütenknospen) gleichermaßen. Entscheidenden Einfluss üben in dieser Hinsicht die Knospenstellung in der Baumkrone bzw. am Trieb selbst sowie dessen Wuchskraft aus. **Endknospen** sind besser ausgebildet und daher dicker als **Seitenknospen**. Sie treiben auch im Gegensatz zu Seitenknospen im Frühjahr annähernd vollständig aus. Seitenknospen im mittleren Drittel von Langtrieben sind am besten ausgebildet, die Knospen des unteren Drittels umso schwächer, je näher sie bei der Triebbasis liegen. Knospen im oberen Triebdrittel sind relativ schwach bei spätem Triebabschluss und umgekehrt. Starke Knospen ergeben auch stark wachsende Triebe. Man verwendet deshalb starke Knospen und geförderte Triebabschnitte bei der Okulation und beim Pfropfen.

Verschiedene Obstarten können neben oder über den Seitenknospen noch **Nebenknospen** (Beiaugen) bilden, die bei Bedarf Hauptknospen ersetzen oder auch zu Blütenknospen umgebildet werden.

Obstbäume und Beerensträucher weisen außerdem viele sehr schwach ausgebildete Knospenanlagen auf, die sogenannten **schlafenden Augen** in der Grenzzone zwischen dem Zuwachs zweier Vegetationsperioden, dem **Astring**. Auch an den verholzten Fruchtständen (Fruchtkuchen) sind sie zu finden. Sie verharren meist viele Jahre in Ruhe, bis ein Rückschnitt in den Astring oder in den Fruchtkuchen (Fruchtkuchenschnitt) die schlafenden Augen zum Austrieb bringt.

Adventivknospen entstehen an beliebiger Stelle nach starkem Schnitt, Verjüngung oder Verwundung. Im Gegensatz zu allen übrigen Knospenarten gehen sie nicht aus ehemaligen Blattachseln hervor und haben am Anfang ihrer Entwicklung keine Verbindung zu Leitelementen. Sie sind der Ausgangspunkt der **Wasserschosse**.

Die art- und sortentypischen Wuchsbilder der Bäume und Sträucher gehorchen einem erblich fixierten Muster. Dieses ist dafür verantwortlich, dass die Knospen entweder an der Basis (**Basitonie**), in der Mitte (**Mesotonie**) oder an der Spitze (**Akrotonie**) eines Triebs gefördert werden. Diese genetische Prägung regelt über Pflanzenhormone weitgehend die Wuchsrichtung, Wuchsstärke und Verzweigungsdichte. Bei Bäumen treiben immer die höchst gelegenen Knospen (Augen) der Triebe aus, vor allem die Spitzenknospen. Sie hemmen die tiefer liegenden Knospen und Triebe umso mehr, je näher diese der Triebbasis liegen (siehe Kap. 7.3).

Langtriebe lassen im Jahresablauf überwiegend zwei **Hauptwachstumsphasen** erkennen. Die erste beginnt mit dem grünen Knospenstadium und reicht bis zum Beginn des Junifruchtfalls. In der Zeit zwischen Fruchtansatz und rund vier Wochen später ist der Längenzuwachs infolge lebhafter Zellteilung im Vegetationskegel besonders hoch. Der ersten Wachstumsphase folgt nach einer drei- bis vierwöchigen Ruhezeit häufig ein zweiter Wachstumsschub, der sich zunehmend abflacht, unter günstigen Wachstumsbedingungen jedoch bis Mitte September anhalten kann. – Bei Kurztrieben ist die erste Wachstumsperiode im Vergleich zu Langtrieben verkürzt. Einen weiteren Wachstumsimpuls erfahren sie nicht.

Die Wachstumsintensität der Triebe und vor allem der Triebabschluss stehen in engem Zusammenhang mit der Blütenbildung, der Fruchtqualität und der Fruchthaltbarkeit (siehe Kap. 8). Die Periodizität des Triebwachstums ist deshalb von großer obstbaulicher Bedeutung.

Das **Längenwachstum** der Triebe erfolgt im Frühjahr durch Austrieb der Ruheknospen, in denen sich die schon im Vorjahr gebildeten Blattanlagen entfalten. In der Hauptwachstumsperiode strecken sich die **Internodien**, die Gewebepartien zwischen den Blattknoten. Erst danach werden neue Blattanlagen gebildet und das Längenwachstum wird fortgesetzt. Die jedes Jahr erneut vor sich gehende Verlängerung und Verstärkung der Triebe ergibt mehrjährige Gerüsteinheiten, die Zweige und Äste. Verholzte Triebe können nicht mehr in die Länge wachsen, sondern nur noch dicker werden.

Das **Dickenwachstum** geht vom Kambium aus, einem zylindrischen Mantel zwischen dem Bast- und Holzteil aller Triebe, Zweige und Äste. Das Kambium bildet nach innen Holz und nach außen Rinde. Seine hohe Aktivität im Frühjahr und eine geringere im späteren Jahresverlauf führt zur Bildung von Jahresringen. Eine wichtige Rolle erfüllt das Kambium auch beim Überwallen von Wunden und beim Anwachsen von Augen und Reisern nach dem Veredeln.

Wie die Triebe im Jahreslauf erfahren Baumkronen und Sträucher langjährig betrachtet eine fortschreitende Änderung hinsichtlich der Gestalt und der Funktion ihres Astgerüsts. Zur Kennzeichnung der Veränderungen hat sich im Obstbau eine Einteilung in die Lebensabschnitte Jugend-,

Ertrags- und Altersstadium eingebürgert. Diese gehen fließend ineinander über. Die erblich fixierte Entwicklung der Bäume und Sträucher kann durch Standort, Unterlage, Ernährung usw., vor allem auch durch den Schnitt zeitlich beschleunigt oder hinausgezögert werden.

Im **Jugendstadium** füllen die Obstgehölze den ihnen zugedachten Standraum noch nicht aus. Die jungen Kronen bestehen überwiegend aus stark wachsenden, relativ steil stehenden Langtrieben. Kurztriebe bilden nur eine Minderheit. Die Blütenbildung ist schwach. Ganzheitlich betrachtet sind die Kronen vegetativ geprägt. Dieser Zustand dauert umso länger an, je mehr auf Wuchs hingearbeitet wird, wie es bei der Erziehung von Bäumen und Sträuchern bei weiten Pflanzabständen sinnvoll ist. Frühes Einsetzen hoher Erträge, ein Muss im erwerbsmäßigen Anbau, erfordert dagegen mäßige Wuchskraft, kleine Bäume und enge Pflanzabstände. Aus dieser Sicht könnte man beinahe sagen, die Jugendphase der Bäume für höchst intensive Anbausysteme endet schon weitgehend mit ihrer Anzucht in der Baumschule.

Im **Ertragsstadium** erlangen die Bäume einen Ausgleich zwischen Triebwachstum und Ertrag. Gerüst- und Fruchtäste neigen sich durch ihr eigenes und das Gewicht der Früchte nach außen. Ihre Spitzen sinken mit zunehmendem Alter unter die Waagerechte: Die Kronen wachsen in die Breite. Die Langtriebbildung lässt nach zugunsten einer stärkeren Fruchtholzbildung. Längenwachstum erfolgt vorzugsweise an der Peripherie und in der Spitzenregion der Kronen. Das Ertragsstadium charakterisiert die Zeitspanne, in der Obstbäume mehr oder weniger ein ausgewogenes Verhältnis zwischen Triebwachstum und Ertrag bei hoher Fruchtqualität aufweisen. Es ist jedoch auch die Zeit, in der Erwerbsanlagen Probleme mit zu starkem Wachstum und alternierenden Erträgen bekommen können, wenn die mögliche oder erwünschte Seiten- und Höhenausdehnung der Kronen überschritten wird und durch Schnittmaßnahmen eingegrenzt werden muss.

Im **Altersstadium** lassen Wuchskraft und Fruchtqualität zunehmend nach. Die Bäume reagieren auf Schnitt und weitere stärkende Kulturmaßnahmen nur noch schwach. Im Erwerbsanbau kommt bald der Zeitpunkt, an dem gerodet werden sollte. Im Garten- und Streuobstbau erlangen die Kronen jedoch ihre Reife und die art- und sortenbedingte „Altersschönheit“.

Abb. 16. Entwicklungsstadien der Obstgehölze: a = Jugendstadium; b = Ertragsstadium; c = Altersstadium.

Sträucher entstehen durch basisnahe (basitone) Verzweigung. Dabei treiben Knospen aus der unteren Region älterer Zweige und Adventivknospen zu Langtrieben aus. Die Verzweigung dieser Langtriebe ist nur wenige Jahre an der Spitze (akroton) gefördert. Später neigen sich die Zweigsysteme unter der Last von Früchten, Trieben und Blättern bogenförmig nach außen und unten. Astspitzen, die unter die Horizontale geraten, vergreisen. Ihre akrotone Förderung macht einer mesotonen oder basitonen Förderung Platz. In diesem Zustand können neue Bodentriebe (Erneuerungstriebe) mit langen Internodien und vorwiegend vegetativen Knospen gebildet werden. Blütenknospen finden sich hauptsächlich an den seitenständigen Kurztrieben der Langtriebe.

Abb. 17.
Viel Fruchtholz und wenig Langtriebe – das Wunschbild eines leistungsfähigen Baumes, unabhängig davon, ob groß oder klein.

6.3 Bau, Wachstum und Funktion der Wurzel

Bei oberflächlicher Betrachtung könnte man fragen, was ein Kapitel über die Wurzel in einem Schnittbuch soll. Eine erste Verbindung zum Thema stellt der Wurzelschnitt her. Es geht jedoch um mehr. Vielfältige Wurzel-Spross-Beziehungen nehmen auf das Wachstum der Kronen, ihre Fruchtbarkeit, die Fruchtqualität und die Haltbarkeit der Früchte im Lager Einfluss. Der Schnitt seinerseits berührt die Entwicklung der Wurzel und ihre Funktion. Die augenfälligste Wirkung der Wurzel besteht in der Möglichkeit, Baumkronen der unterschiedlichsten Größe anzuziehen. Deshalb folgt also jetzt auch ein kurzes Kapitel über die Wurzel.

Man kennt die Wurzel der Sämlinge und vegetativ vermehrte Wurzeln. Im obstbaulichen Sprachgebrauch fallen beide unter den Begriff „**Unterlage**“. Sämlinge haben anfänglich eine Pfahlwurzel mit seitlichen Verzweigungen. Die Pfahlwurzel wird jedoch schon früh durch starke Seitenwurzeln ersetzt. Vegetativ vermehrte Unterlagen besitzen von Anfang an keine Pfahlwurzel. Ihr Wurzelsystem wird aus einigen verhältnismäßig starken Seitenwurzeln gebildet. Die Seitenwurzeln verzweigen sich sehr fein, streichen im Boden ziemlich flach und erreichen im Allgemeinen eine größere Seitenausdehnung als die Baumkronen. Einige stärkere Wurzeln dringen auch in tiefere Bodenschichten ein. Sie sichern die Wasserversorgung der Gehölze selbst in Trockenzeiten.

Wurzeln weisen in ihrer Längsrichtung vier Zonen auf, den Bereich des Längenwachstums – bestehend aus einer Zellteilungszone und der Zellstreckungszone – sowie der Wurzelhaarzone und der Seitenwurzelzone. In der Wurzelhaarzone findet man viele feine weiße Wurzelhaare, die Wasser und Nährstoffe aufnehmen. Einige wichtige Aufgaben der Seitenwurzeln sind die Verankerung der Pflanzen im Boden, die Speicherung von Wasser, Nährstoffen und Reservestoffen sowie die Synthese von lebensnotwendigen Verbindungen, wie Aminosäuren und Pflanzenhormonen.

Die besonders augenscheinliche Einflussnahme der Wurzel, die Verringerung der Wuchsleistung, ermöglicht es, kleine, pflegeleichte Bäume heranzuziehen. Damit ist häufig der weniger bewusste Effekt verbunden, die Produktionsleistung der Obstbäu-

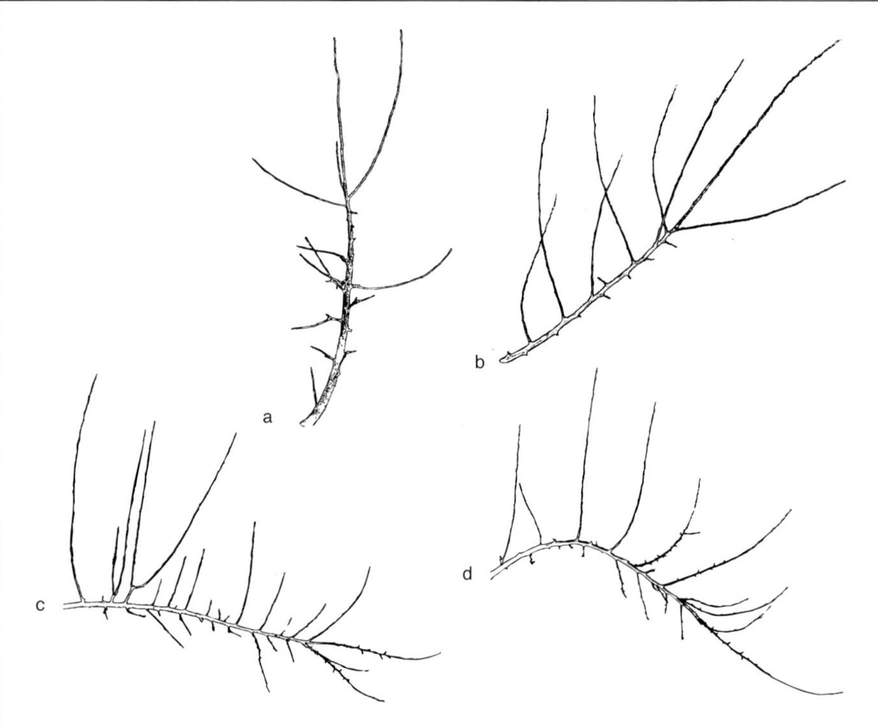

Abb. 18. Neuwuchs bei unterschiedlicher Aststellung: a = Spitzenförderung bei senkrechtem Altwuchs; b = Oberseitenförderung bei ansteigendem Altwuchs; c = Oberseitenförderung mit abnehmender Triebstärke von der Basis bis zur Spitze bei waagerechtem Altwuchs; d = Scheitelpunktförderung, stärkstes Wachstum am Scheitelpunkt von bogenförmigem Altwuchs.

me durch eine Verengung des Verhältnisses „Holzproduktion zu Fruchtproduktion" entscheidend zu erhöhen. Eine Auswirkung der gegenseitigen Beeinflussung der Wurzeln in einem Bestand ist, dass die Wurzelsysteme nicht ineinander wachsen, und um so mehr von der Baumreihe weg und in die Tiefe streben, je enger die Bäume stehen.

Wurzeln beginnen im Frühjahr vor den Kronentrieben zu wachsen und schließen im Herbst später als diese ab. Ihr Wuchsmaximum erreichen sie erst nach den Sprossen. Wurzel und Baumkrone entwickeln sich jedoch nicht unabhängig voneinander. Die Laubkrone bezieht aus der Wurzel Wasser, Mineralstoffe und Pflanzenhormone, die Wurzel von den Blättern Assimilate. Zwischen Wurzel- und Kronenausdehnung stellt sich ein Gleichgewicht ein, das auf Dauer nicht verschoben werden kann. Einige Beispiele aus der Praxis sollen das verdeutlichen:

- schwachwüchsige Unterlagen reduzieren das Wachstum stark wachsender Edelsorten,
- Wurzelschnitt schränkt das Triebwachstum mehr oder weniger stark ein und
- extremer Sommerschnitt erzeugt über eine verminderte Zufuhr von Assimilaten schwächeres Wurzelwachstum.

In der Steuerung des dargestellten Kronen-Wurzel-Gleichgewichts scheint die Krone das bedeutendere Gewicht zu haben, denn bei der Verteilung der Photosyntheseprodukte werden zuerst die Triebe und Früchte, dann das Kronengerüst und erst danach die Wurzeln bedient.

6.4 Obstgehölze regulieren das Wachsen und Fruchten auf ihre Weise

Allen Wachstumsvorgängen liegen im Wesentlichen zwei Ursachenkomplexe zugrunde: Umweltfaktoren und ein pflanzeneigenes Regulationssystem. Die Wuchsrichtung wird im Wesentlichen dadurch bestimmt, der Schwerkraft und dem Licht entgegenzuwachsen. Hinzukommen Konkurrenzerscheinungen an Trieben, Zweigen und Ästen und untereinander sowie das Erbgut hinsichtlich der Ausprägung einer art- und sortentypischen Wuchsform.

Ausgangspunkt für eine physiologische Erklärung der Regelung von Wachstumsvorgängen sollen einige dem Praktiker wohlbekannte Wuchsbilder sein, wie die Natur sie schafft, oder die sich nach Schnitteingriffen ergeben:

- Bei senkrecht stehendem Altwuchs ist die Jungtriebbildung an der Spitze am stärksten und wird zur Basis hin immer schwächer (**Spitzenförderung**). Die Spitzenknospe ergibt den stärksten Trieb am System. Einige darunter liegende Knospen entwickeln sich zu etwas schwächeren Langtrieben. Im mittleren Triebabschnitt werden Kurztriebe gebildet. Die unteren Knospen verharren in Ruhe.
- Seitwärts gerichteter Altwuchs bildet auf seiner Oberseite die stärksten Triebe (**Oberseitenförderung**). Bei schräg nach oben gerichtetem Altwuchs ist der Neuwuchs von der Basis bis zur Spitze annähernd gleichstark. Bei waagerechter Stellung des Altwuchses nimmt die Länge des Neuwuchses von der Triebbasis zur Spitze hin ab.
- Bei bogenförmigem Altwuchs erfolgt die stärkste Jungtriebbildung in der Zone des Scheitelpunktes (**Scheitelpunktförderung**).

Allen angeführten Fällen ist gemeinsam: **Die am höchsten und am günstigsten zum Saftstrom stehenden Knospen werden am stärksten gefördert.**

Scheitelpunktförderung tritt insbesondere bei schon etwas älteren Bäumen auf. Unter der Last der Früchte neigen sich Gerüstäste und langes Fruchtholz nach unten und bilden sogenannte **Fruchtbogen**. Die Verlängerungstriebe stellen ihr Längenwachstum weitgehend ein. Das Fruchtholz am Fruchtbogen verzweigt sich immer mehr, es wird auch zunehmend schwächer und ergibt zwar viele, jedoch relativ kleine Früchte. Vor einer anhaltenden Vergreisung schützen sich die Bäume selbst, indem sie auf den Fruchtbogen Ständertriebe entwickeln.

Einer von ihnen übernimmt dann die Führung und entwickelt sich kräftig. Schon im zweiten Jahr setzt auch er Blütenknospen an und fruchtet ab dem darauffolgenden Jahr. Seine Spitze senkt sich wieder unter der Last der Früchte. Diese zyklische Entwicklung wiederholt sich fortlaufend und führt zur Ausbildung von sogenannten **Scheinachsen**.

Fruchtbogen finden sich an Stammverlängerung, Leit- und Fruchtästen sowie an langem Fruchtholz. Abgesenkte Partien kann man durch Aufleiten auf einen Ständertrieb einfach verjüngen, wieder leistungsfähig machen.

Eine andere Möglichkeit gezielter Nutzung der Scheitelpunktförderung ergibt sich bei der Höhenbegrenzung der Bäume. Wenn man eine Stammverlängerung bei erreichter Endhöhe abkippen lässt – ein Anbrechen dabei ist eher ein Schönheitsfehler – und entstehende Ständertriebe rechtzeitig reißt, kann man einer Überbauung besser vorbeugen als durch immer wiederkehrendes Wegschneiden starker Triebe im Kopfbereich nach einer rigorosen Höhenbegrenzung.

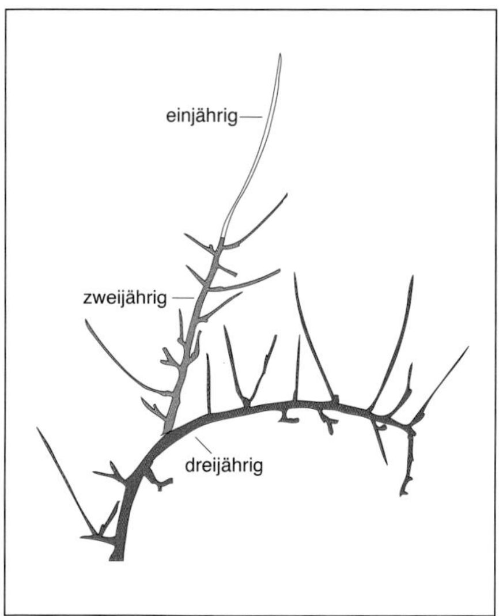

Abb. 19. Fruchtbogen- und Scheinachsenbildung aus ein-, zwei- und dreijährigem Astabschnitt.

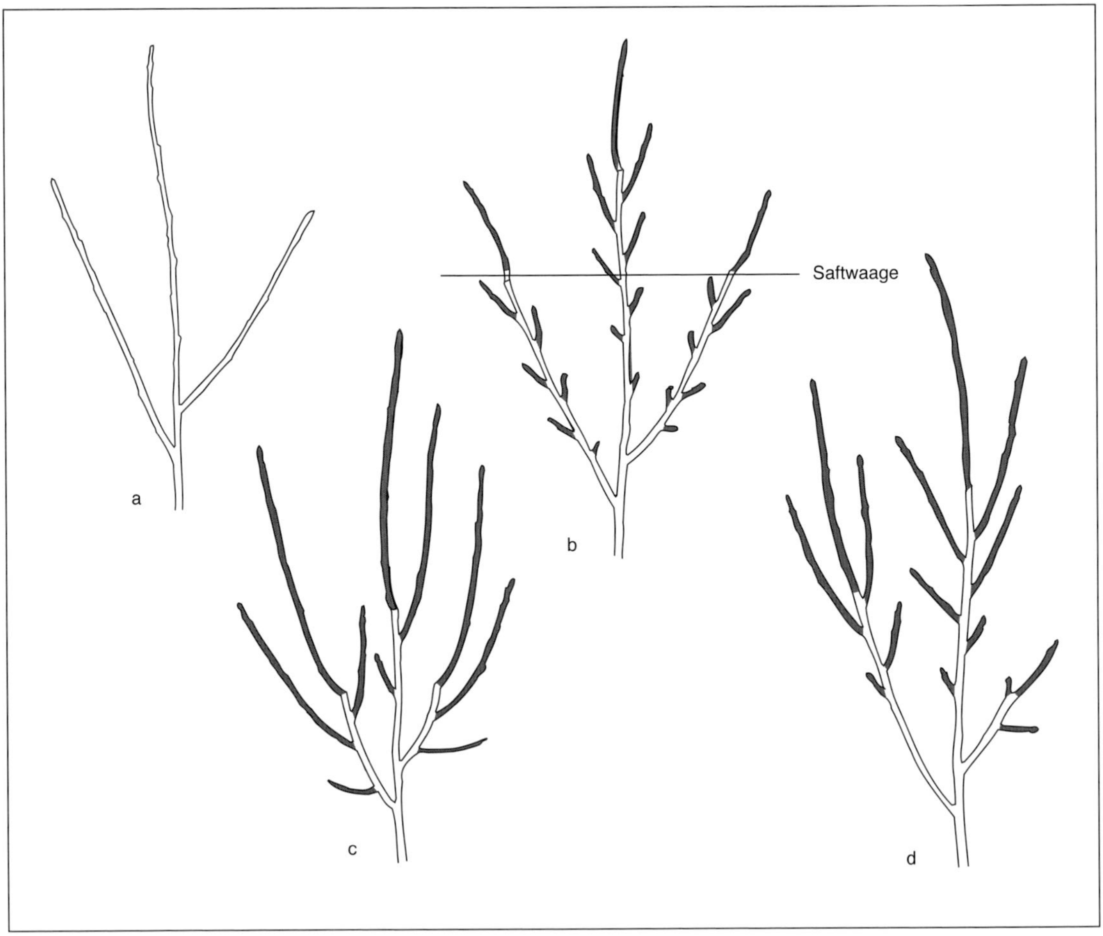

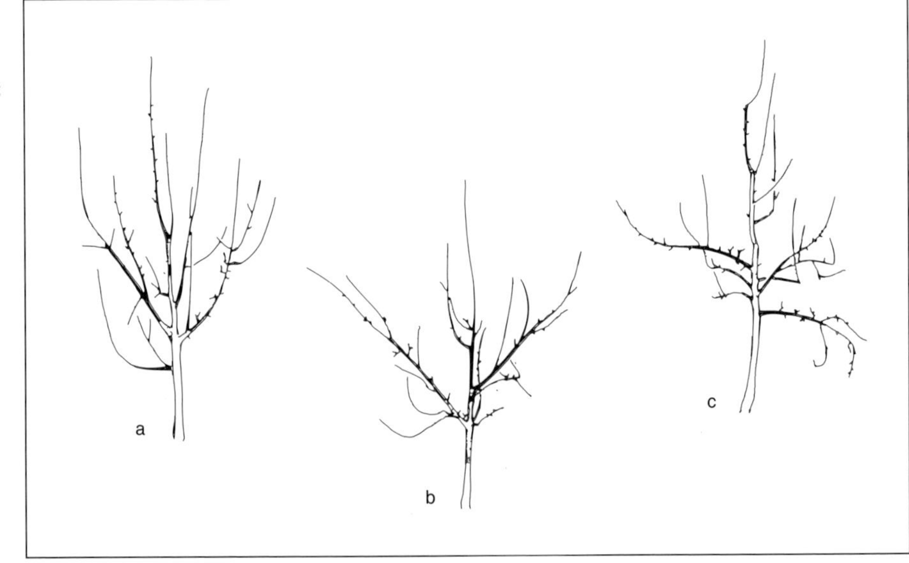

Abb. 20
Neuwuchs eines Sprosssystems:
a = Ausgangssituation;
b = nach gleichmäßig schwachem Rückschnitt;
c = nach gleichmäßig starkem Rückschnitt;
d = nach ungleichmäßig starkem bzw. schwachem Rückschnitt.

Abb. 21
Wuchsstärke bei
a = steiler,
b = mäßig aufstrebender,
c = waagerechter Aststellung.

Eine weitere Möglichkeit zur Schwächung des Höhenwuchses bietet die Verwendung von Basisästen als Gegenspieler der Spitzenförderung, d.h. des Höhenwachstums der Stammverlängerung. Von ihr macht man bei der Erziehung bodennaher Kronen, z. B. der Tellerkrone, Gebrauch.

6.5 Wachstumsgesetze und Schnittregeln

Das Schneiden und Formieren soll den Obstgehölzen eine günstige Form, Größe und Stabilität geben, für guten Lichtzutritt in alle Kronenteile und ein ausgeglichenes Wuchs-/Ertragsverhalten sorgen. Schnitt- und Formierungsmaßnahmen wirken sich in erster Linie auf die behandelten Triebe selbst aus. Sie besitzen jedoch auch eine „Fernwirkung" auf entfernte Kronenteile.

Schneidet man Triebe ab (an), so treiben unter den Schnittstellen Knospen aus. Länge und Stärke der Neutriebe nehmen von der Spitze aus zur Basis ab und der Triebansatzwinkel öffnet sich. Es können auch Knospen austreiben, die sich ohne Anschnitt nicht öffnen. Wie Triebe auf starken bzw. schwachen Rückschnitt reagieren, hat Koopmann schon 1896 in Schnittregeln gekleidet. Für den Rückschnitt gilt:

- Die Gesamtlänge eines Zweiges wird durch fehlenden oder schwachen Anschnitt seiner Verlängerung kaum beeinflusst. Starker Rückschnitt vermindert sie.
- Der neue Spitzentrieb wächst um so kräftiger, je stärker zurückgeschnitten wurde, sofern nicht in die Zone der schlafenden Augen geschnitten wurde.
- Durch kurzes Anschneiden entwickeln sich wenige, jedoch starke Triebe. Der Gesamtzuwachs steigt meistens mit der Schnittstärke an.
- Die mittlere Blattgröße nimmt mit ansteigender Schnittstärke zu.
- Langes Anschneiden fördert die Bildung von Kurztrieben und von Blütenknospen. Starker Rückschnitt ergibt weniger Langtriebe und besonders wenige Kurztriebe.
- Wenn man als Maßstab für die Schnittintensität die Masse an erzieltem Schnittholz heranzieht, sind bei gleicher Schnittintensität zwei grundsätzlich unterschiedliche Wuchsreaktionen möglich. Viele kleine Schnitte provozieren mehr Wuchs als wenige große.

Eine „Fernwirkung" des Zurückschneidens von Trieben besteht darin, dass angeschnittene Triebe in der Umgebung von nicht geschnittenen weniger stark wachsen als bei gleichmäßigem Anschnitt aller Triebe. Hinzu kommt eine Abhängigkeit der Wuchsstärke von der Triebstellung im Raum und in den Kronen. Vöchting (1884) formulierte für diese Gegebenheiten einige Wuchsregeln:

- Triebe, die gleich lang und gleich dick sind, denselben Ansatzwinkel haben und gleich hoch im Baum ansetzen, entwickeln sich gleich stark.
- Dicke Triebe wachsen stärker als dünne, lange Triebe stärker als kurze.
- Unter gleich starken Trieben wachsen steil stehende stärker als flach angesetzte. Obstbauliche Abhilfe: Steile Triebe zwecks Wuchsausgleich durch Binden oder Abspreizen flacher stellen.
- Von gleich stark entwickelten Trieben weisen die an der Stammverlängerung hoch angesetzten einen stärkeren Zuwachs auf als weiter unten befindliche. Obstbauliche Abhilfe: Hoch angesetzte Triebe auf die Spitzenhöhe der tiefer angesetzten Triebe – „auf Saftwaage" – schneiden.

Der pflanzenphysiologische Sinn der beschriebenen Verhaltensweisen der Obstgehölze besteht darin, den Austrieb aller vorhandenen Knospen zu begrenzen, um einer Materialverschwendung zuvor zu kommen. Es können so außerdem spezielle Organe ausgebildet werden, z. B. schlafende Augen für eine erforderliche Regeneration (Verjüngung) von Kronenteilen, und vor allem Triebe, die Blüten bilden.

7 Zum Wachsen und Fruchten brauchen Obstgehölze Energie und einen ausgeglichenen Hormonhaushalt

Organische Substanzen der verschiedensten Art sind für den Aufbau der Pflanzen und zum energetischen Unterhalt ihrer Lebensvorgänge unentbehrlich. Die Bildung von Biomasse (Trockensubstanz) stellt, allgemein gesprochen, den Ertrag der Pflanzen dar. Dieser Trockensubstanz-Ertrag umfasst die Produktion von Holz, Blättern und Früchten. Voraussetzung für eine hohe Ertragsleistung der Obstanlagen ist vor allem eine hohe Lichtaufnahme durch den Pflanzenbestand und das Verteilungsmuster der gebildeten Assimilate auf wachsende Triebe und Früchte. Bei höchstmöglicher Trockensubstanz-Produktion ist eine Steigerung des Fruchtertrags nur möglich, wenn ein hoher Anteil der Trockensubstanz für die Bildung von Früchten verwendet wird. Das Aneignungsvermögen von Trieben und Früchten dafür kann sehr unterschiedlich sein. Letztendlich bestimmt die Pflanze selbst über ihren Hormonhaushalt, welche Organe sie vorzugsweise versorgen will.

Abb. 22. Organe der Obstgehölze und ihre wichtigsten Stoffwechselfunktionen.

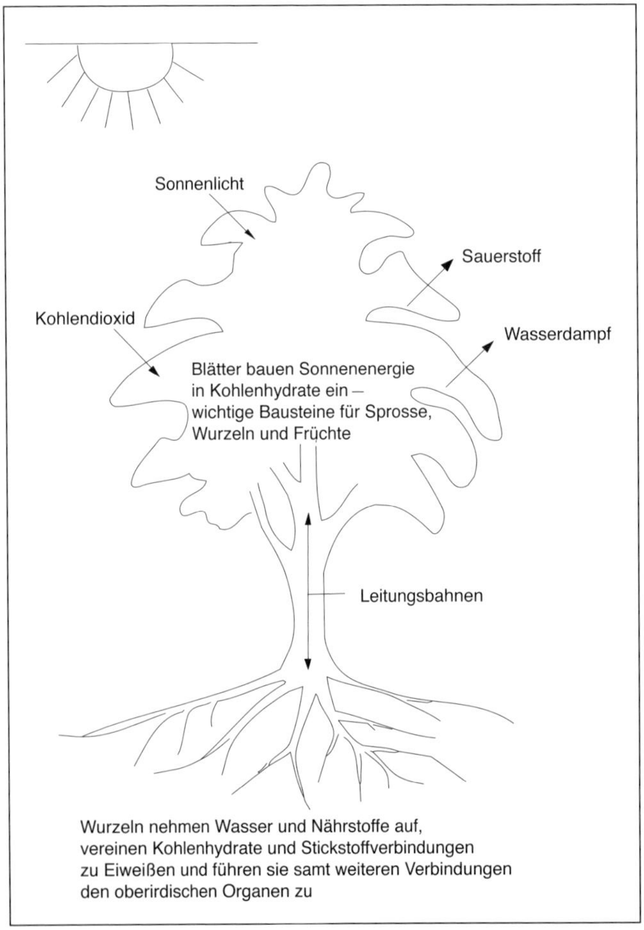

7.1 Ohne Kohlenhydrate läuft ertragsmäßig gar nichts

Kohlenstoff bildet im Prinzip das Skelett der Assimilate, den Grundsubstanzen der organischen Pflanzentrockenmasse. Die Pflanzen entnehmen ihn mit ihren Blättern dem Kohlendioxid der Luft und wandeln ihn mit der Hilfe von Sonnenlicht in Assimilate um. Unter günstigen Bedingungen sind etwa 0,35 m^2 Blattfläche für die Produktion von 1 kg qualitativ hochwertiger Früchte nötig, oder bei einem Ertrag von 50 t Äpfel/ha rund 3000 kg Kohlenstoff.

Je höher die Lichtaufnahme einer Obstanlage im Laufe der Vegetationsperiode ist, desto höher fällt die in dieser Zeit gebildete Pflanzentrockenmasse aus. Das Gleiche gilt für den Ertrag der Obstgewächse, wenngleich die Verteilung der Trockenmasse auf die verschiedenen Pflanzenorgane auch entscheidend von der

Lichtverteilung in den Kronen abhängt. Hohe Lichtaufnahme in Verbindung mit guter Durchlichtung der Baumkronen bieten die besten Bedingungen für hohe Erträge bei guter Fruchtqualität. Dieser Forderung kann mit der Wahl von Pflanzabstand, Baumform und Verzweigungsdichte Rechnung getragen werden.

Die Lichtaufnahme einer Obstanlage wird als Verhältnis der aufgenommenen zur einfallenden Lichtmenge definiert. Man misst dazu das über den Bäumen herrschende photosynthetisch wirksame Licht und stellt unter den Bäumen fest, wie viel davon noch am Boden ankommt. Über den Bäumen wird nichts aufgenommen, die Lichtaufnahme ist dort also = Null. Am Boden kommt nur noch ein gewisser Anteil des Lichts an. Bei totaler Beschattung des Bodens durch einen geschlossenen Baumbestand beträgt die Lichtaufnahme also 100 %. Das optimale Verhältnis zwischen Ertragshöhe und Fruchtqualität ergibt sich im mitteleuropäischen Erwerbsanbau bei einer Lichtaufnahme von 60 bis 70 % und ermöglicht Apfelerträge zwischen 40 und 60 t/ha.

Die ausreichende Versorgung wachsender Früchte mit Kohlenhydraten kann während der Zellteilungsphase und im Spätsommer in Frage gestellt sein. In der ersten Phase konkurrieren Triebe und Früchte miteinander um Assimilate. Dabei können die Früchte ins Hintertreffen geraten. Kohlenhydratmangel am Anfang der Fruchtentwicklung kann aber auch durch Beschattung entstehen und Fruchtfall und verringerte Zellteilung nach sich ziehen, was gleichbedeutend mit geringerer Fruchtgröße ist. In dieser Phase der Fruchtentwicklung ist es wichtig, den Schnitt auf guten Lichteinfall in die Kronen und auf frühen Triebabschluss auszurichten. Auf diese Weise lässt sich ein hoher Besatz der Bäume mit gut belichteten Kurztriebblättern erreichen, die ihre Assimilate nicht für ihr eigenes Wachstum einsetzen, sondern an die jungen Früchte abgeben.

Im Spätsommer haben die Bäume einen hohen Kohlenhydratbedarf zur Aufrechterhaltung ihrer Lebensprozesse durch Atmung. Die Photosynthese ist zu dieser Zeit infolge der schon geringeren Temperaturen und der kürzeren Tage ohnehin reduziert. Kommt dazu noch eine unzureichende Belichtung durch dichte Baumkronen hinzu, bleiben für die Früchte leicht zu wenig Assimilate übrig. Jetzt kann ein Belichtungsschnitt angebracht sein. Bei starkem Fruchtbehang darf die vorhandene Blattfläche jedoch nicht übermäßig reduziert werden. Eine mehr oder weniger drastische Einengung des Blatt-Frucht-Verhältnisses hat zwar in dieser fortgeschrittenen Jahreszeit keine negativen Folgen mehr für das Fruchtwachstum, kann jedoch den Anforderungen einer hohen Zucker- und Säureeinlagerung in die Früchte nicht nachkommen und auch der Fruchtfarbe abträglich sein.

Abb. 23. Nur eine gute Belichtung der Bäume ermöglicht höchste Fruchtqualität.

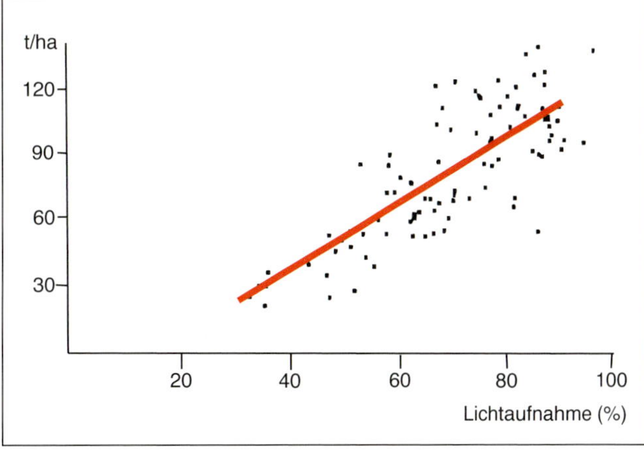

Abb. 24. Bedeutung der Lichtaufnahme durch die Bäume für den Ertrag (nach WAGENMAKERS 1995).

Abb. 25. Transportwege (violett) der Kohlenhydrate von ihrem Bildungsort, den Blättern, zu den Verbrauchsstellen, Knospen/Triebe (grün), Früchte (rot) und Wurzeln (braun).

7.2 Wie Pflanzen ihren Organen Assimilate zuteilen

Die gebildeten Assimilate müssen zur Verwendung für Wachstum und Fruchtbildung an die Bedarfsstellen der Pflanzen transportiert werden. Dazu werden sie in die Transportzucker Saccharose und Sorbitol umgewandelt. Sie stehen vor allem schnell wachsenden Geweben, z. B. Trieben, Früchten und Wurzeln, zur Verfügung. Nicht verbrauchte Zucker werden in Trieben und Wurzeln überwiegend als Stärke gespeichert. In Zeiten des Bedarfs – z. B. nach der Winterruhe – werden diese Reserven wieder mobilisiert und an Verbrauchsstellen transportiert.

Vordringliches Ziel des Obsterzeugers muss es sein, einen möglichst hohen Anteil der gebildeten Kohlenhydrate für die Produktion von Früchten zu verwenden. Diese menschliche Vorstellung deckt sich weitgehend mit dem „Ziel der Pflanze", sich mittels ihrer Früchte zu vermehren. Man kann nämlich feststellen, dass Früchte mit Stamm, Ästen, Trieben, Blättern und Wurzeln nicht nur während ihres stärksten Wachstums erfolgreich um die gebildeten Kohlenhydrate konkurrieren, sondern auch die Kohlenhydratproduktion intensivieren.

Die Verteilung der gebildeten Kohlenhydrate erfolgt nach einem von Pflanzenhormonen gesteuerten Verteilungsmuster. Bei diesem unterscheidet man die Begriffe Kohlenhydratquelle (engl. source, z. B. Blätter) und Kohlenhydratspeicher (engl. sink, z. B. Früchte, Triebe, Wurzeln). Sinks konkurrieren untereinander um die verfügbaren Assimilate gemäß ihrer sink-Stärke. Diese fällt von den Früchten – den Organen mit stärkster Attraktionswirkung – über Triebspitzen und Blätter sowie Wurzeln bis zur Einlagerung von Reservestoffen ständig ab.

Beim Austrieb stellen Blatt- und Blütenknospen zunächst sinks für die im Vorjahr eingelagerten Reservestoffe dar. Die Blüten behalten diesen Status bis zum Stadium der ausgewachsenen Frucht bei. Der Neuwuchs mit seinen Blättern wechselt vom Verbrauch von Reservekohlenhydraten zur Synthese neuer Assimilate. Wofür diese eingesetzt werden, hängt stark von der Wachstumsintensität der Triebe ab. Triebe mit starkem Wuchs verbrauchen ihre Assimilate selbst für weiteres Wachstum.

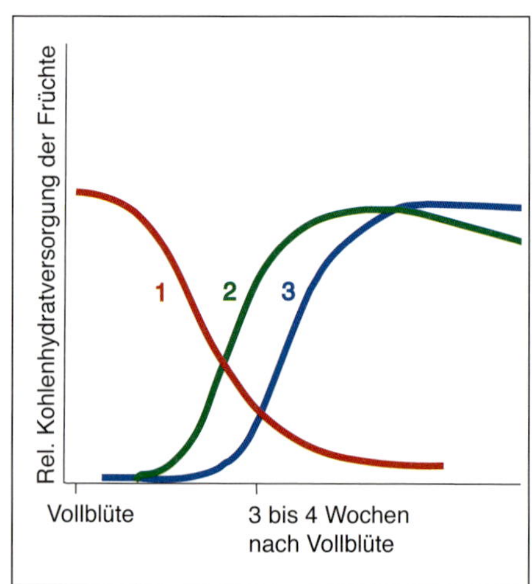

Abb. 26. Bedeutung der Blätter an unterschiedlichen Trieben für die Versorgung der Früchte mit Kohlenhydraten (nach LAKSO et al. 1989 sowie WÜNSCHE und LAKSO 2002):
1 = Rosettenblätter der Kurztriebe;
2 = Blätter an etwas später erscheinenden Trieben aus Achselknospen der Blütenstandachsen (engl. bourse shoots, eine treffende deutsche Bezeichnung existiert nicht);
3 = Langtriebblätter.

Schwach wachsende und früh abschließende Triebe haben nur kurze Zeit Kohlenhydrat-Eigenbedarf. Sie können schon bald Assimilate für das Fruchtwachstum bereitstellen. In den ersten vier Wochen sind gut belichtete Kurztriebe gar die ausschließlichen Kohlenhydratquellen junger Apfelfrüchte.

Aus der skizzierten Art und Weise, wie Pflanzen ihre Kohlenhydrate einsetzen, lässt sich einiges über sink-source-Interaktionen aussagen:

- Im Jahresablauf kann ein Speicher zu einer Quelle werden (Beispiel Blatt).
- Die sink-Stärke bestimmter Organe kann von Anfang an unterschiedlich sein, Beispiel Kurztriebe – Langtriebe. Im Laufe des Jahres weisen Langtriebe jedoch auch eine unterschiedliche sink-Stärke auf, eine starke in den Hauptwachstums-Monaten, eine nachlassende später.
- Wenn die Verwendung der gebildeten Assimilate auf die Fruchtbildung konzentriert werden soll, geht das am besten, wenn die sink-Stärke der Triebe gesenkt, diejenige der Blüten und Früchte jedoch erhöht wird. Mit anderen Worten, das Triebwachstum muss am Anfang der Fruchtbildung gehemmt, die Qualität der Blütenknospen gefördert werden.

Eine hohe sink-Stärke der Früchte (starker Fruchtbehang) ist jedoch noch keine absolute Gewähr für hohe Fruchtqualität. Wenn der Kohlenhydratbedarf der Früchte die Kohlenhydrat-Bereitstellung der Blätter überschreitet, ist das Fruchtwachstum durch mangelhafte Assimilatversorgung eingeschränkt. In diesem Falle muss das Blatt-Frucht-Verhältnis angemessen durch Fruchtausdünnung reguliert werden.

7.3 Pflanzenhormone steuern Wachstum und Fruchtbarkeit

Ob nicht geschnitten oder geschnitten – Pflanzenhormone sind immer zur Stelle. Sie signalisieren Baum und Strauch die anstehende Situation und steuern gleichzeitig deren Reaktion. Nach ihrer chemischen Zusammensetzung unterscheidet man Auxine, Gibberelline, Cytokinine, Ethylen und Abscisinsäure. Sie werden in der Pflanze produziert und regulieren in sehr nied-

Tab. 3. Wirksamkeit verschiedener Pflanzenhormone auf einige Merkmale der Pflanzenentwicklung

Entwicklungsprozesse	Auxin[1]	Gibberellin[2]	Cytokinin[3]	Ethylen[4]
Zellteilung		+	+	
Zellstreckung	+	+		
Apikaldominanz	+	+	–	
Wurzelwachstum	+			
Wurzelverzweigung	+			
Blütenbildung		–		+
Fruchtansatz			+	
Fruchtwachstum		+		
Blattalterung				–
Blattfall	–			+
Fruchtfall	+/–			+
Fruchtreife				+

Bildungsstätten: [1] = junge Blätter, wachsende Samen; [2] = junge Triebe, Samen, Wurzeln; [3] = junge Samen, Wurzelspitzen; [4] = in alternden Geweben und reifenden Früchten, Stresshormon; + = Förderung, – = Hemmung

rigen Konzentrationen Wachstum und Fruchtbarkeit.

Auslöser der Spitzenförderung (Akrotonie) von Trieben ist eine auf Gipfelknospen konzentrierte Bevorzugung in der Versorgung mit Assimilaten aus den Blättern und Nährstoffen aus der Wurzel, die sogenannte **Apikaldominanz**. Schnelleres Pflanzenwachstum aus Gipfelknospen im Verhältnis zu Seitenknospen wäre ohne Apikaldominanz kaum möglich, weil Seitenknospen näher an den Assimilat- und Nährstoffbahnen sitzen als Spitzenknospen.

Entfernt man eine Gipfelknospe oder die jungen Gipfelblättchen durch Schnitt, oder gehen sie auf natürliche Weise zugrunde – z. B. durch Tierfraß oder Frost – so treiben eine oder mehrere Seitenknospen zu Seitentrieben aus oder letztere wachsen stärker als vorher. Im Allgemeinen übernimmt die am besten entwickelte Seitenknospe die Führung und hemmt ihrerseits mehr oder weniger die Entwicklung der übrigen Triebe.

Seit dem Befund, dass die Dominanz von Gipfelknospen – wenn abgeschnitten – durch Auxingaben wieder hergestellt werden kann, gilt die Auxinproduktion und -abgabe als Ursache der apikalen Dominanz.

Unter dem Einfluss von Pflanzenhormonen verläuft die Ertragsbildung in den Obstanlagen Jahr für Jahr nach demselben Muster. Auf die Knospenentfaltung folgt das Wachstum der Wurzeln und Triebe. Es folgen Wuchsberuhigung oder Wachstumsstillstand im Sommer. In der Zeit danach wachsen insbesondere die Früchte heran. Obwohl sich Blatt- und Blütenknospen beinahe gleichzeitig entfalten, entwickeln sie sich bald danach unterschiedlich weiter: Bestimmte Knospen ergeben Langtriebe, andere Kurztriebe. Bis zum Triebabschluss entwickelt sich ein charakteristisch verzweigtes Spross-System mit Blatt- und Blütenknospen.

Auch Blütenknospen machen eine unterschiedliche Entwicklung mit: Einige werden abgestoßen, andere setzen Frucht an. Bestimmte Fruchtansätze sind weiter entwickelt als die anderen, entsprechend ihrer Stellung am Trieb oder in der Krone, und diese Entwicklungsunterschiede bleiben bis zur Ernte erhalten. Es ist also schon zur Blühzeit weitgehend festgelegt, welche Frucht groß und welche klein wird.

Diese unterschiedliche Entwicklung der Triebe und Früchte geht auf wechselseitige (korrelative) Hemmungen zwischen den verschieden gestalteten und unterschiedlich wuchskräftigen Trieben, den Früchten und der Wurzel zurück, wobei immer dominante Organe die Entwicklung der ihnen untergeordneten Organe hemmen. In den Kronen von Bäumen und Sträuchern hemmen Triebspitzenknospen den Austrieb der Seitenknospen und bei Früchten dominieren die älteren die jüngeren.

Dominanz bedeutet die unterschiedliche Versorgung von Organen mit Nährstoffen – also Konkurrenz – und es stellt sich die Frage, wie unsere Obstpflanzen diese Konkurrenz handhaben. Bäume und Sträucher stellen also ein System der Selbstregulation dar, und Pflanzenhormone führen dabei Regie.

7.3.1 Triebspitzen hemmen die Entwicklung der Achselknospen

Triebspitzen behindern das Austreiben von Seitenknospen entweder vollständig oder teilweise. Die von ihnen ausgehende **Apikaldominanz** ist umso stärker, je mehr die Triebspitze wächst. Sobald eine dominante Triebspitze ausfällt, etwa durch Rückschnitt, können auch vermehrt Seitenknospen austreiben.

Aller Wahrscheinlichkeit nach hängt die Entwicklungshemmung von Achselknospen mit der Produktion des Auxins Indol-3-Essigsäure (IAA) in der Triebspitze zusammen. Entscheidend dabei scheint weniger ein hoher Gehalt in den Knospen, als der abwärts gerichtete IAA-Transport aus den Spitzenknospen zu sein.

Das Austreiben der Seitenknospen hängt außerdem von ihrem Cytokiningehalt ab. Spitzenknospen enthalten viel, Seitenknospen umso weniger Cytokinin, je weiter sie von der Spitzenknospe entfernt sind.

Als Ergebnis der Selbstregulation der Obstgehölze finden wir in Obstanlagen Bäume mit unterschiedlichem Kronenbau. Jeder Obsterzeuger kennt den Unterschied zwischen vegetativen und generativen Bäumen und die Schwierigkeiten, die man mit vegetativ geprägten normalerweise hat. Viele Überlegungen und Anstrengungen bei der Pflege von Erwerbsanlagen sind von der Schwierigkeit bestimmt, wie man den übermäßigen Wuchs solcher Pflanzungen auf Dauer in den Griff bekommt.

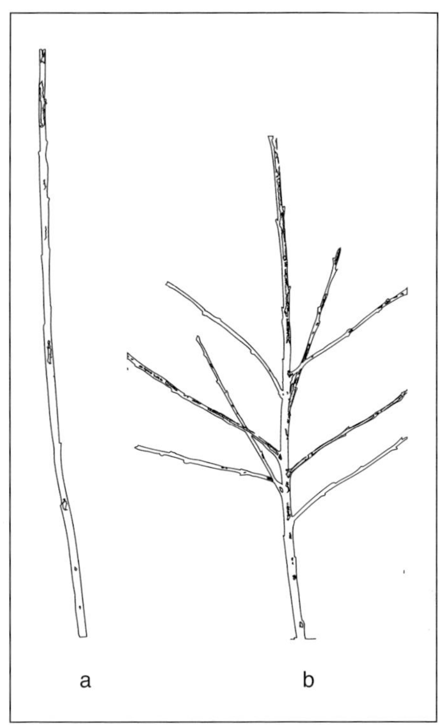

Abb. 27. Apikaldominanz: a = Entwicklung einer einjährigen Veredlung unter der Einwirkung von Apikaldominanz; b = dieselbe Sorte nach Behandlung mit einem Verzweigungsmittel zur Ausschaltung der Apikaldominanz.

7.3.2 Dominante Früchte haben die schwächeren im Griff

Dominanzerscheinungen zwischen wachsenden Früchten werden im Wesentlichen von Fruchtgröße und Fruchtalter gesteuert. Das Signal für Fruchtfall, Fruchtwachstum und andere Dominanzfolgen wird, wie bei der Apikaldominanz, dem Auxinfluss aus den älteren dominanten Früchten zugeschrieben. Die Auxinproduktion erfolgt in den Samenanlagen der Früchte. Entfernt man die Samen aus dominanten Früchten, so wird damit die Entwicklungshemmung der dominierten Früchte aufgehoben.

Praktische Bedeutung hat das Dominanzgeschehen zwischen Früchten beim Blüten- und Fruchtfall, sei es, dass man sie hemmen (= Ansatzförderung) oder fördern will (= Blüten- und Fruchtausdünnung). Dabei befähigen die Versorgung mit Kohlenhydraten und ein hormonelles Wirkungsprinzip die Obstpflanzen, sich frühzeitig auf geringen bzw. starken Blütenbesatz einzustellen.

Wenn sich in der näheren Umgebung von Früchten stark wachsende Triebe befinden, treffen die Auxinströme der dominanten Triebe mit denjenigen der weniger dominanten Früchte zusammen. Der Auxinstrom aus den dominanten Organen könnte dann den Auxinexport aus den Blüten oder Früchten wie auch deren Wachstum einschränken und junge Früchte zum Abfallen bringen.

7.3.3 Wurzelbürtige Hormone nicht übersehen

Wechselwirkungen zwischen Auxinen, Gibberellinen und Cytokininen regulieren maßgeblich das Wachstum korrelativ gehemmter Triebe. Wenn Triebe ihre Entwicklung mit einem geringfügigen Vorsprung starten, können sie leichter als ihre benachteiligten Konkurrenten Nährstoffe und Hormone aus der Wurzel und Kohlenhydratreserven aus der Wurzel und dem Stamm an sich ziehen. Hierbei können Hormone oder Kohlenhydrate ins Minimum geraten und die Pflanzenentwicklung beeinflussen. Dabei spielt die Cytokininbildung der Wurzeln eine herausragende Rolle. Viel Cytokinin wird bei intensivem Wurzelwachstum und hoher Wurzelspitzendichte gebildet und in Richtung der oberirdischen Pflanzenteile geleitet.

8 Wie Schnittmaßnahmen die Pflanzenentwicklung lenken

Das Schneiden von Baum- und Wurzelkronen beeinflusst wie kaum eine andere Pflegemaßnahme das Gedeihen unserer Schützlinge. Der Bogen der möglichen Einflussnahme reicht von der Wuchskraft der Bäume und Sträucher über Blütenbildung, Fruchtansatz, Ertrag und Alternanz bis zur Fruchtqualität und der natürlichen Abwehrkraft der Pflanzen. Bevor wir uns mit diesem Komplex näher befassen, wollen wir uns einleitend der Frage stellen, welche Eigenschaften einen vegetativen bzw. einen generativen Baum oder Strauch charakterisieren.

8.1 Vegetativ und generativ geprägte Kronen

Die entscheidenden Unterschiede zwischen vegetativen und generativen Bäumen sollen zunächst am Beispiel Apfel verdeutlicht werden. Vegetative Triebe unterscheiden sich von generativen hauptsächlich durch die Trieb- und Internodienlänge: Vegetative Triebe sind in beiden Merkmalen gegenüber generativen im Vorteil. Fruchtspieße und Ringelspieße sind hingegen nur 1 bis etwa 10 cm lang, Fruchtruten zwischen 10 und 25 cm. Selbst Triebe bis ca. 40 cm Länge können noch endständig Blütenknospen bilden. Noch längere Triebe sind jedoch überwiegend vegetativ. Wenn sie dennoch an der Spitze Blütenknospen tragen, weisen diese einen deutlichen vegetativen Einschlag auf: Im Vergleich zu Qualitätsblütenknospen besitzen sie weniger Blütenanlagen je Knospe. Die Blüten tragen weniger Staubblätter, Griffel und Samenanlagen.

Zu besonders „schwachen" Blütenknospen entwickeln sich Seitenknospen von Langtrieben. Alle qualitativ geringer wertigen Blüten erleiden meist einen stärkeren Blüten- und Fruchtfall als kräftige. Sie ergeben auch deutlich kleinere Früchte.

Da Kurztriebe bereits zur Vollblüte eine vollständige Blattrosette besitzen und ihr Wachstum frühzeitig beenden, erreichen sie schnell ein Stadium, in dem sie keinen Bedarf mehr an Kohlenhydraten für weiteres Wachstum haben. Sie können so schon recht bald Kohlenhydrate an junge Fruchtansätze abgeben. Langtriebe verbrauchen hingegen zunächst ihre Assimilate für eigenes Wachstum. Erst mit nachlassender Wuchsstärke können auch sie Assimilate an andere bedürftige Organe oder für die Speicherung von Reservestoffen abgeben.

Jede Obstart benötigt wie der Apfel für die Blütenbildung eine art- und sortentypische Trieblänge. In den Kronen gibt es auch markante Zonen mit guten Voraussetzungen für eine reiche Blütenbildung. Sind in den Kronen Langtriebe die beherrschenden Elemente, so entsprechen sie dem **vegetativen Typ**. Man findet ihn vor allem bei Jungbäumen. Voll tragende Kronen mit ausgeglichenem Wuchs können jedoch auch wieder in diese Situation zurückfallen, z. B. durch starke Schnitteingriffe. Reich und regelmäßig tragende Kronen mit einem Übergewicht an Kurztrieben entsprechen dem **generativen Typus**.

Grundlage des angestrebten generativ betonten Wuchsbildes ist das Erbgut der Obstarten und -sorten. Über Merkmale wie Internodienstärke (-länge), Wuchskraft, Steil- oder Flachwuchs, Stärke der Apikaldominanz und möglicherweise vorhandene verzwergende Gene prägt es weitgehend die natürlichen Wuchseigenschaften. An diese Merkmale knüpfen obstbauliche Anbau- und Pflegemaßnahmen an mit dem Ziel, die Entwicklung der Obstgehölze in Richtung früher, hoher und regelmäßiger Erträge bei hoher Fruchtqualität zu lenken, wobei im Erwerbsanbau noch arbeitswirtschaftliche und ökonomische Aspekte zu berücksichtigen sind.

8.2 Schnitteinflüsse auf das Wachstum

Schneiden kann man auf vielfache Art. Zuvor ist jedoch zu entscheiden, wie stark und zu welcher Zeit geschnitten werden soll. Das Ergebnis hängt außerdem davon ab, ob Triebe zurückgeschnitten werden sollen oder ob ganze Astpartien auszulichten sind. Die unterschiedlichen Obstarten und auch die Sorten können auf bestimmte Schnitteingriffe unterschiedlich reagieren. Hinzu kommt, dass das Schneiden keine einmalige und immer gleich bleibende Aktion ist, sondern vom Jungbaum bis zum Ertragsbaum alljährlich erfolgt und dabei immer wieder das jeweilige Wuchs- und Ertragsverhalten der Gehölze eingeschätzt und beim Schneiden berücksichtigt werden muss. Hinzu kommen fördernde oder hemmende Einflüsse von anderen Kulturmaßnahmen. Aus all dem dürfte deutlich werden, dass eine umfassende Beschreibung von Schnitteinflüssen auf Wachstum und Ertrag schwer fällt.

Das Wachstum der Obstgehölze wird im Wesentlichen durch folgende Faktoren bestimmt:

- Stärke des Schnitteingriffs,
- Schnittzeitpunkt,
- Formierungsmaßnahmen und
- Fruchtbehang.

Die größten Kronen entwickeln sich, wenn man längere Zeit gar nicht schneidet. Dieser Effekt steht nur einen Augenblick im Widerspruch zu der allgemeinen Erfahrung, dass Schneiden den Wuchs anreizt. Nicht geschnittene Kronen weisen zwar eine geringere mittlere Trieblänge auf als geschnittene. Sie erleiden jedoch keinerlei Substanzverluste durch Schnitt und entwickeln im Laufe der Jahre größere Ausmaße als geschnittene Bäume. Die verstärkte Langtriebbildung kann den Substanzverlust geschnittener Bäume nicht ausgleichen.

Winterschnitt fördert nach allgemeiner Auffassung die Langtriebbildung durch kurzzeitige Aufhebung der Apikaldominanz. Anscheinend werden im Winter geschnittene Bäume auch früher physiologisch aktiv als nicht geschnittene. Zumindest erklärt man sich so, dass bereits geschnittene Bäume nachfolgende tiefe Temperaturen schlechter überstehen als noch nicht geschnittene.

Wenn Baumkronen alljährlich relativ viele Langtriebe bilden, kann nur langer Fruchtholzschnitt zur Wuchsberuhigung beitragen. Es sollte überwiegend auf schwache Knospen geschnitten werden, z. B. in Form von Fruchtkuchenschnitt oder

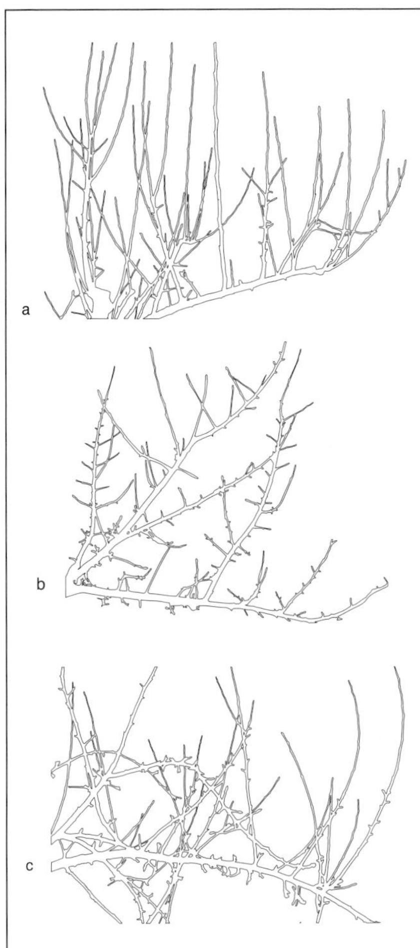

Abb. 28. So unterschiedlich können Bäume wachsen: a = Ausschnitt aus der Krone eines stark wachsenden Baumes; b = Ausschnitt eines mit wuchshemmenden Bioregulatoren behandelten Baumes; c = Ausschnitt eines Baumes mit Augustschnitt.

Schnitt auf basale schlafende Augen. Kurzer Schnitt eignet sich nur für fruchtbare Bäume des generativen Typs. Art- und Sorteneigenheiten erfordern ein auf sie abgestimmtes Vorgehen (siehe Kap. 12).

Zusätzlicher Sommerschnitt oder alleiniger Sommerschnitt reduziert die Kronenmaße etwas stärker als Winterschnitt allein. Als genereller Vorteil des Sommerschnitts gilt: Man kann die Belichtungsverhältnisse in einer belaubten Krone gut einschätzen und entsprechend korrigieren. Früher Sommerschnitt bewirkt häufig den vorzeitigen Austrieb diesjähriger Knospen. Insbesondere das Schneiden im Juni und in der ersten Julihälfte ist dafür kritisch. Darüber hinaus beeinträchtigt solch ein früher Sommerschnitt die Blütenbildung je nach Schnittstärke mehr oder weniger empfindlich. Will man vorzeitigen Knospenaustrieb vermeiden, so empfiehlt es sich, ein Schnittvorhaben auf die Zeit zwischen Ende Juli bis Mitte September zu verschieben. Im Einzelfall muss man sich vor allem nach der Obstart und Sorte richten.

Die Wuchskraft in tiefen bzw. hohen Baumregionen lässt sich durch eine Kombination von Schnitt- und Formierungsmaßnahmen regulieren: Kronenbasisäste erhalten zu diesem Zweck im Winter viele kleine Schnitte, Spitzenbereiche wenige jedoch umfangreichere Korrekturen, eventuell ergänzt durch Sommerschnitt. Zum Ausgleich der unterschiedlichen Wuchsstärke in der oberen bzw. der unteren Kronenregion kann man auch den Basisästen eine steilere Stellung geben als den oberen. Hoch angesetzte Zweige und Äste dürfen generell nur einen flachen Abgangswinkel haben.

Eine starke Wuchshemmung ergibt sich in Intensivpflanzungen auch durch langjähriges Schneiden mit Maschinen. Da es sich hierbei meist nur um einen Konturenschnitt handelt, lässt die Langtriebbildung im Laufe der Jahre immer mehr nach, und es stellt sich ein dichter Besatz mit Kurztrieben ein. Die korrelative Hemmung in diesen vieltriebigen, dichten Verzweigungssystemen ist die eigentliche Ursache der gezügelten Wüchsigkeit. Behält man das Schneiden mit der Maschine langjährig bei, so lässt die Triebigkeit meist zu stark nach, die Bäume können vergreisen. Zur Erhaltung der Vitalität der Triebe oder zur Wiederbelebung der Bäume eignen sich besonders periodische Korrekturen alle zwei bis vier Jahre per Handschnitt.

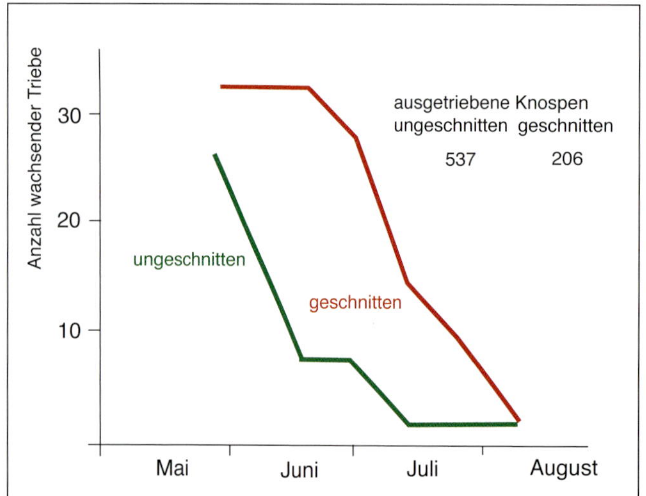

Abb. 29. Auswirkungen des Baumschnitts auf Triebwachstum und Knospenaustrieb bei Birne (nach HEAD 1968).

8.3 Wuchsregulierung mit Bioregulatoren

Die Möglichkeit, beim Schneiden anfallende Handarbeit durch den Einsatz wuchshemmender Mittel zu reduzieren, ist für Obsterzeuger immer wieder reizvoll. Bis in die heutige Zeit hat sich jedoch die chemische Wuchssteuerung nicht auf breiter Basis eingeführt. Ursache dafür war neben umweltpolitischen Gründen und einer grundsätzlichen Abneigung der Verbraucher gegen den Einsatz „unnatürlicher" Hilfsmittel der Mangel an einem unproblematischen, sicher wirkenden Wuchshemmer.

Nach langjähriger Stagnation in Sachen Wuchshemmer scheinen sich die Aussichten für eine praktische Anwendungsmöglichkeit im Obstbau wieder zu bessern. Die sehr kritische Einstellung der Gesellschaft dürfte auch einer sachlicheren Beurteilung gewichen sein, sodass wieder neue Mittel entwickelt werden.

Der Wachstumshemmer Regalis® (Wirkstoff Prohexadion-Ca) zählt zur jüngsten Generation dieser Gruppe. Er darf nach der Blüte prophylaktisch gegen Feuerbrand-Triebinfektionen eingesetzt werden. Seine Wirksamkeit beruht auf einer Hemmung des Trieblängenwachstums durch eine Verringerung der Gibberellinbildung und vereinigt zwei wesentliche obstbauliche Aspekte in sich.

Betrachtet man die Auswirkungen einer Behandlung näher, so kann man folgende Beobachtungen machen: Der Anteil an Langtrieben in der Krone geht wesentlich zurück, der Anteil an Kurztrieben steigt. Vom solchermaßen veränderten Kronenhabitus verspricht man sich folgende Vorteile:

- geringeren Schnittaufwand im Winter,
- weniger Sommerschnitt,
- bessere Beherrschung des „Kopfwachstums“ durch gezielte partielle Behandlung und
- Regulierung von übermäßigem Wachstum in Alternanzjahren oder nach Spätfrost.

Alle Bioregulatoren müssen von der Pflanze aufgenommen und an die Organe geleitet werden, deren Entwicklung man beeinflussen will. Dazu müssen sie

- in Lösung auf das Blatt gebracht werden,
- in das Blattgewebe eindringen und
- in den Stoffwechsel der Pflanze eingeschleust werden.

Für den Obsterzeuger bedeutet das, korrekt zu dosieren und im Falle von Regalis® dem Spritzwasser möglichst Ammoniumsulfat zur pH-Regulierung beizumengen, um das Eindringen des Regulators in das Gewebe zu unterstützen. Da eine Aufnahme in das Gewebe nur in gelöstem Zustand erfolgen kann, sollte der Wasseraufwand bei 300 bis 400 l/ha und Meter Kronenhöhe liegen. Gespritzt werden sollte möglichst am frühen Morgen oder am späten Abend, weil die Spritzbrühe unter diesen Bedingungen langsamer antrocknet. Auch die zur Behandlungszeit herrschende Temperatur wirkt sich auf die Wirksamkeit einer Spritzung aus. Die Mittelmenge wird deshalb auf sie abgestimmt. Zur Absicherung gegen schockartige Reaktionen der Bäume wird von verschiedenen Seiten empfohlen, die jährliche Gesamtmenge/ha auf zwei Behandlungstermine zu verteilen.

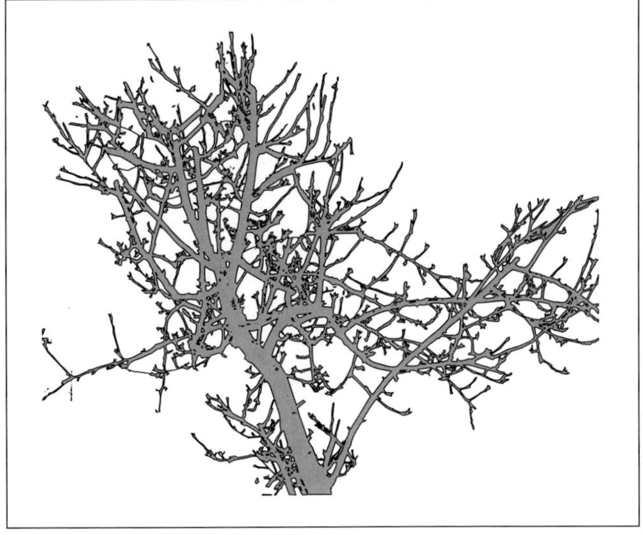

Abb. 30. Wuchscharakter von mehrjährig maschinell geschnittenen Apfelbäumen.

Die erzielbare Wuchshemmung ist umso stärker, je früher man spritzt. Erstmöglicher Einsatztermin ist das Vierblatt-Stadium. Da sich neben der Hemmung des Triebwachstums auch ungewollte Effekte ergeben können, sind solche Möglichkeiten bei der praktischen Anwendung zu berücksichtigen. Bei früher Anwendung kann auch das Fruchtwachstum merklich leiden. Sehr oft wird gleichzeitig der Fruchtansatz bei Apfel erheblich gesteigert, zwei Effekte, welche die Verkaufsfähigkeit der Früchte keinesfalls verbessern, und die Blütenbildung wird trotz deutlicher Wuchshemmung nicht gefördert. Eine auf Wuchshemmung **und** Blühförderung ausgerichtete Strategie müsste deshalb einen weiteren blühfördernden Wirkstoff wie Ethephon einschließen. Eine erfolgreiche Anwendung erfordert – wie man sieht – grundlegende Kenntnisse und wohlüberlegtes Handeln. Man sollte auch

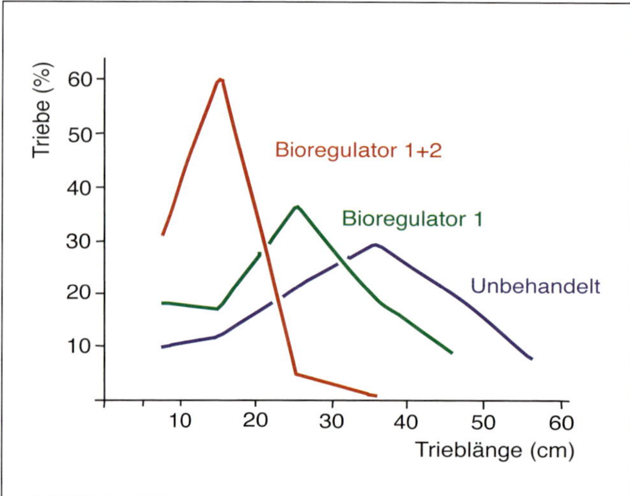

Abb. 31. Garnierung von Apfelbäumen nach Behandlung mit wuchshemmenden Bioregulatoren.

nicht übersehen, dass der erzielte Effekt auf das Behandlungsjahr beschränkt ist. Sobald man nicht mehr behandelt, wachsen die Bäume wie zuvor oder gar stärker. Insofern wirken Augustschnitt und Wurzelschnitt anhaltender.

Nach einem Einsatz wird optisch sichtbar, dass die Hemmwirkung sich anders darbietet als nach August- oder Wurzelschnitt. Die Langtriebe erreichen zwar nicht die Länge von unbehandelten Trieben, die Längenreduzierung geht jedoch hauptsächlich auf eine Stauchung der Internodien zurück, nicht auf eine echte Triebberuhigung. Die Triebspitzen reifen außerdem häufig nicht aus. Sie erscheinen verdickt und fleischig und ihre Endknospen sind häufig rein vegetativ. Eine Ertragssteigerung tritt deshalb nach den derzeitigen Versuchsergebnissen so gut wie nicht ein. Angesichts der nicht gerade unerheblichen Kosten muss eine Behandlung deshalb gut überlegt sein.

8.4 Schnitteinflüsse auf die Blütenbildung

Die ersten mikroskopisch sichtbaren Anzeichen der Blütenbildung (**Blüteninitiation**) sind in der Zeit zwischen Mitte Juli und Anfang August auszumachen. Das Langtriebwachstum hat dann abgeschlossen, und die verschiedenen Obstarten starten die Blütenanlage in der Reihenfolge Strauchbeerenobst, Steinobst, Kernobst, Erdbeere und Walnuss. Die Blütenknospen-Entwicklung verläuft in drei Schritten:

- Zuerst müssen die Triebe eine bestimmte Anzahl von Blattknoten (Nodien) bilden: nicht zu viele, damit die weiterführenden Blütenbildungs-Schritte überhaupt möglich werden, aber auch nicht zu wenig – beim Apfel z. B. 16 bis 20 Nodien.
- Dann wechselt der Vegetationspunkt einer zukünftigen Blütenknospe von der vegetativen in die generative Phase (Blüteninduktion).
- In der anschließenden Differenzierungsphase entwickeln sich schrittweise Blütenorgane in der Reihenfolge Kelchblätter, Blütenblätter, Staubblätter und Fruchtblätter.

Alle aufgeführten Stadien werden hauptsächlich von Temperatur, Wasserversorgung, Pflanzenhormonen und der Versorgung mit Stickstoff und Kohlenhydraten beeinflusst. Der Schnitt wirkt sich auf die Blütenbildung über seinen Termin und die Schnittintensität aus. Der erste Schritt, die **Blüteninduktion**, wird besonders durch die Hormonkonstellation der Pflanzen gesteuert, die man an der Wuchsstärke der Triebe und am Fruchtbesatz der Bäume ablesen kann.

Eine Steigerung der Schnittintensität im Winter

- verringert zunehmend die Anzahl an austreibenden Knospen, sodass diese von der Wurzel besser mit Nährstoffen und wuchsfördernden Pflanzenhormonen versorgt werden.
- führt dazu, dass immer weniger Knospen austreiben, mit der Folge, dass auch weniger Triebe entstehen, diese jedoch stark und anhaltend wachsen. Die Bildung von Kurztrieben wird gleichzeitig eingeschränkt.

Alles in allem kennzeichnet diese Entwicklung ungünstige hormonelle Voraussetzungen für die Blütenbildung. Wie in Bavendorfer Schnittversuchen gezeigt werden konnte, ist das Schneiden in der Zeit zwischen Knospenaustrieb und Fruchtansatz für die Entscheidung, ob reichlich Blütenknospen gebildet werden oder nicht, besonders kritisch. Schneidet man andererseits flott wachsende Bäume, z. B. Jungbäume, überhaupt nicht und bringt steil stehende Triebe möglicherweise noch zusätzlich in annähernd waagerechte Stellung, so kann man in der Folge intensive Blütenbildung verzeichnen.

Diese Ausführungen haben vor allem für Apfel, Birne und Süßkirsche Gültigkeit. Sauerkirsche, Pflaume, Aprikose und ganz besonders Pfirsich bilden einen hohen Anteil ihrer Blüten auch an Langtrieben. Starker Schnitt und intensives Triebwachstum beeinträchtigen bei diesen Obstarten die Blütenbildung weit weniger als beim Kernobst.

An das Kippen der Vegetationspunkte von der vegetativen in die generative Phase schließt sich die Entwicklung von der Blütenanlage bis zur vollständig ausgebildeten Blüte (**Blütendifferenzierung**) an. In diesem Entwicklungsabschnitt besteht vor allem Bedarf an Kohlenhydraten für das Wachstum der Blütenbestandteile in den Knospen. Eine Mangelsituation kann sich ergeben, wenn scharf geschnittene Bäume immer noch treiben und die Triebe die von ihnen produzierten Assimilate für ihr eigenes Wachstum verbrauchen. Kohlenhydratmangel kann jedoch auch durch zu starken Sommerschnitt (= übermäßige Reduzierung der Blattmasse) provoziert werden.

Wer zur Blühzeit seine Bäume genau anschaut, kann erkennen, dass starker (wuchsfördernder) Schnitt neben der Blütenzahl auch die Blütenqualität beeinträchtigen kann. Entsprechende Blütenstände haben beim Kernobst eine längere Blütenstandsachse, weniger oder mehr Rosettenblätter und weniger Einzelblüten als hochwertige Blütenstände. Qualitätsblütenknospen blühen früh auf und bringen bei Kern- und Steinobst auch Blüten mit mehr Staubgefäßen und mehr oder besser ausgebildeten Fruchtblättern hervor, also günstige Voraussetzungen für Bestäubung, Befruchtung und Fruchtansatz.

8.5 Schnitteinflüsse auf den Fruchtansatz

Obwohl bereits ein Ansatz von 5 bis 30 % der Blüten für einen mittleren Ertrag ausreicht, setzen je nach Jahr, Obstart, Sorte, Blühdichte und Witterungsbedingungen immer wieder zu wenig Blüten Frucht an. Bestimmte Birnen- und Apfelsorten leiden unter dieser Erscheinung stärker als Sorten anderer Obstarten. Insgesamt gesehen ist der Fruchtansatz jedoch für den endgültigen Ertrag nicht begrenzend.

Versuchsberichte machen darauf aufmerksam, dass das Schneiden auch den Fruchtansatz fördern kann, wobei vor allem die Faktoren Licht und Wuchsstärke wirksam werden. Einschlägige Erfolge scheinen sich beim Apfel weniger häufig einzustellen als bei der Birne. Günstig ist das Anschneiden und Abschneiden von einjährigen Trieben kurz vor oder während der Blüte, das Schneiden auf Fruchtknospe und insbesondere das Zurücknehmen von Zweigen bis in den zweijährigen Abschnitt. Eigene Untersuchungen zum An- oder Abschneiden einjähriger Triebe in der Zeit zwischen Blüte und rund sechs Wochen danach ergaben jedoch auch ungünstige

Abb. 32. Baumgerechter Schnitt fördert reichen und regelmäßigen Blütenansatz.

Nebenwirkungen auf die Blütenbildung: Bäume von 'Cox Orange', 'Discovery', 'Alexander Lucas', 'Conference' und 'Vereinsdechant' blühten im Folgejahr nur mäßig bis beinahe gar nicht.

Als Ursache für die Frucht-Ansatzförderung durch Schneiden kristallisieren sich nach der Literatur indirekte, in Gestalt des Gehalts an verfügbaren Kohlenhydraten, und direkte hormonale Effekte heraus. Wachsenden Triebspitzen, den Konkurrenten der angehenden Früchte, wird eine höhere sink-Stärke zugeschrieben als den potenziellen Fruchtansätzen. Werden die Konkurrenz-sinks, die stark wachsenden Triebe oder ihre Spitzenknospen, durch Wegschneiden eliminiert, so können sich die vorher gehemmten Blüten zu Früchten entwickeln. Auf die höhere Bedeutung der Hormonthese deuten auch Ergebnisse mit erhöhtem Fruchtansatz nach Spritzungen mit Hemmern der Gibberellinsynthese – z. B. mit Prohexadion-Ca – hin.

8.6 Schnitteinflüsse auf den Ertrag

Die deutlichsten Schnitteinwirkungen auf den Ertrag gehen auf die Beeinflussung des Triebwachstums, der Kronenausdehnung und der Kronenbelichtung zurück.

Abb. 33. Ertragshöhe und Ertragsverlauf einer 'Boskoop'-Anlage vor und nach der Umstellung von Winterschnitt auf Augustschnitt (Versuch nach 1985 gerodet).

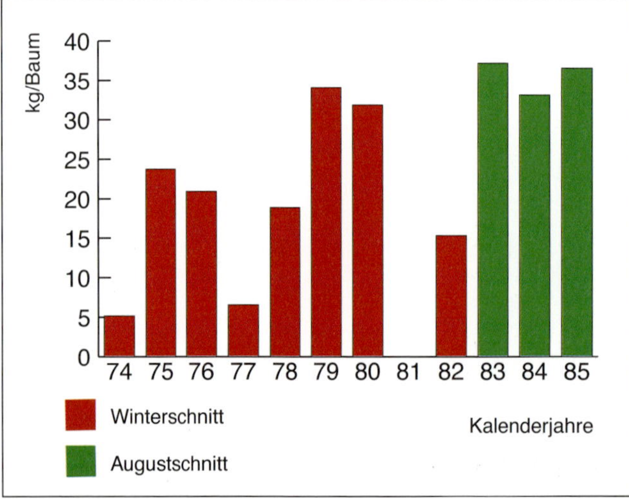

Alle wuchsfördernden Schnittmaßnahmen verzögern beim Jungbaum den Eintritt in das Ertragsstadium. Insbesondere das Anschneiden der Mitte in den ersten Standjahren kann einen Jungbaum vegetativ prägen. Er wird dann später in Ertrag kommen, starke Jahrestriebe bilden und auf diese Weise die Erziehung eines unkomplizierten, fruchtbaren Baums unnötig erschweren, von dem erhöhten Schnittaufwand einmal ganz abgesehen. Bei den meisten Obstarten ist es deshalb gängige Praxis, den Jungbaum in den ersten zwei Jahren möglichst wenig, gelegentlich auch gar nicht zu schneiden und je nach der Qualität der Pflanzware steil stehende Triebe allenfalls waagerecht zu formieren. Eine deutliche Ausnahme davon macht der Pfirsich. Sein Schnitt ist von Anfang an auf die Bildung kräftiger Jungtriebe auszurichten, dem Ausgangsort von gut ausgebildeten und ansatzfreudigen Blütenknospen.

Auch bei Bäumen im Ertragsalter können starke Schnitteingriffe den Ertrag mindern. Entscheidender wirkt sich meistens jedoch das Auftreten von Alternanz, der Wechsel zwischen Ertrags- und Ausfalljahren, aus. Als Ursache der Alternanz sind die jungen Früchte, genauer – ihre Samenanlagen – als Zentren blühhemmender Pflanzenhormone anzusehen (siehe Kap. 7.3). Auch die Spitzen stark wachsender Triebe produzieren diese blühfeindlichen Verbindungen und können gegen die Blütenbildung agieren.

Langjährig hohe und regelmäßige Erträge hängen deshalb von der aufeinander abgestimmten Regulierung von Wuchsstärke und Fruchtbehang ab. Keine dieser Maßnahmen kann die andere vollständig ersetzen.

Umfangreichere Schnittmaßnahmen an alternierenden Bäumen sollten vorzugsweise vor einem Ertragsjahr erfolgen. Ruhige Bäume können risikolos schärfer geschnitten werden. Das gilt jedoch nicht für wüchsige Bäume. Schärferer Schnitt regt bei ihnen leicht zu starken Wuchs an und erhöht damit das Ausmaß der Alternanz, statt regelmäßigeren Ertrag herbeizuführen. Besonders deutlich tritt dieses Verhalten ein, wenn zu hoch gewordene Bäume auf eine geringere Höhe zurückgenommen werden. Nicht selten ist das der Anfang einer „Alternanz-Karriere".

Aber nicht nur übermäßiges Schneiden kann die Blütenbildung beeinträchtigen, sondern auch Schnittgewohnheiten, die zu dichte und damit schlecht belichtete Kronenregionen zur Folge haben. Die größte Gefahr dafür besteht bei großkronigen Bäumen, die naturgemäß schlechter zu warten sind als kleine Bäume. Eine alte Schnittweisheit für solche Bäume liegt im Ausspruch „durch gut gepflegte Kronen sollte man einen Hut werfen können".

8.7 Schnitteinflüsse auf die Fruchtqualität

Die Fruchtqualität ist ein Komplex aus sehr unterschiedlichen Merkmalen. Zusammenhänge zum Schnitt weisen besonders Fruchtgröße, Fruchtfarbe, Geschmack und Haltbarkeit der Früchte auf. Sie alle stehen auch zu verschiedenen mineralischen Bestandteilen der Früchte in Beziehung.

Winterschnitt fördert das **Wachstum der Triebe und der Früchte**, und das umso mehr, je schärfer geschnitten wird. Diese praktische Erfahrung kann auf einer Erweiterung des Blatt-Frucht-Verhältnisses durch verstärktes Blattflächen-Wachstum oder stärkeren Fruchtfall, d.h. weniger Früchte, beruhen. Über einen größeren Zeitraum könnte sich auch eine geringere Blütenbildung ergeben. Einen weiteren Beitrag könnte die bessere Belichtung der Kronen mit höherer Fotosynthese-Aktivität der Blätter leisten.

Längerfristig hat die Möglichkeit der Förderung der Fruchtgröße durch Schneiden jedoch oft Tücken. Durch erste Erfolge ermuntert, verfällt man leicht automatisch in zu scharfes Schneiden und bemerkt erst in späteren Jahren, dass zugleich das Triebwachstum von Jahr zu Jahr stärker wird und plötzlich kaum mehr unter Kontrolle zu halten ist. Es gilt deshalb, die Schnittstärke immer am Wachstum der Bäume auszurichten, d.h. bei relativ kräftigem Wuchs verhalten, lang zu schneiden.

Tab. 4. Auswirkungen der Wuchsstärke auf Fruchtbarkeit und Fruchtqualität bei Apfel, Versuchsstation Bavendorf

Merkmal	Stark wachsende Bäume	Ruhige Bäume
Mittlere Trieblänge (in cm)	14,7	9,7
Kohlenhydrate im Holz (in mg/g TS) im Winter	47	51
Stickstoff im Holz (in %)	0,79	0,76
Relative Blühstärke	7	8
Fruchtbehangdichte (nach WINTER)	6,6	7
Fruchtgewicht (in g)	190	174
Sehr gut gefärbte Früchte (in %)	28	31
Stippige Früchte (in %)	20	13
Faulige Früchte (in %)	11	7
Nährstoffgehalt der Früchte (mg/100 g Frischgewicht)		
• Stickstoff	41	37
• Phosphor	16	15
• Kalium	171	158
• Magnesium	6,1	5,8
• Calcium	4,0	4,4

Nur ruhige Bäume darf man gefahrlos auch kurz schneiden (siehe Kap. 9). Diese Aussagen beziehen sich hauptsächlich auf das Kernobst. Für Pflaume, Pfirsich und das Beerenobst bestehen kaum Bedenken gegen schärferes Schneiden.

Übertriebener Sommerschnitt an reich tragenden Bäumen kann zu hohen Verlusten an Blattfläche und in der Folge zu kleineren Früchten führen. Im Einzelfall ist immer auf die Fruchtbehangdichte und das Triebwachstum Rücksicht zu nehmen.

Die **Fruchtfarbe** wird in gepflegten Anlagen durch Winterschnitt kaum gefördert. Sommerschnitt ist nur günstig, solange Lichtmangel die Ausfärbung der Früchte beeinträchtigt und die Blattfläche den Früchten die zur Farbbildung notwendigen Assimilate zur Verfügung stellt. Diese günstigen Voraussetzungen sind bei stark wachsenden Bäumen in Frage gestellt, wenn aktives Triebwachstum die Assimilate der Langtriebe für sich selbst für weiteres Wachstum beansprucht. Der Geschmack der Früchte ist besonders bei Apfel und Pfirsich umso besser, je intensiver die Rotfärbung der Früchte ist.

Die **Haltbarkeit der Früchte** hängt vor allem eng von ihrem Gehalt an Kalium und Calcium ab. Auf diese beiden Elemente wollen wir uns beschränken, auch wenn die Elemente Stickstoff und Magnesium sowie weitere ungenannte eine gewisse Rolle spielen. Günstige Bedingungen für die Haltbarkeit bestehen, wenn der Kaliumgehalt der Früchte nicht zu hoch – etwa zwischen 120 und 160 mg/100 g Frischgewicht – liegt und der Calciumgehalt so hoch wie irgend möglich ist, auf alle Fälle mehr als 4,5 mg/100 g beträgt. Hinzuzufügen ist, dass neben dem absoluten Gehalt das Mengenverhältnis Kalium zu Calcium wichtig ist und möglichst unter 25 liegen sollte.

Übermäßiges Schneiden und auch alle übrigen betont wuchsfördernden Maßnahmen ergeben eine ungünstige Fruchtkonstellation. Diese begünstigt bei Apfel das Auftreten von Stippigkeit, Fleischbräune, Lentizellenflecken, Glasigkeit, die Anfälligkeit der Früchte für diverse Fruchtfäulen und in gewissem Maße auch für vorzeitiges Weichwerden der Früchte im Lager. Für die übrigen Obstarten sind die genannten Eigenheiten von geringerer Bedeutung.

Die Auswirkungen des Schneidens auf die Haltbarkeit der Früchte kann man wie folgt sehen: Intensiv wachsende Triebspitzen konkurrieren erfolgreich mit den wachsenden Früchten um das verfügbare Calcium der Bäume. Im praktischen Anbau sind deshalb alle Erfolg versprechenden Maßnahmen darauf auszurichten, die sink-Wirkung der wachsenden Triebspitzen zu minimieren. Sommerschnitt eignet sich dazu besser als Winterschnitt. Ganz allgemein gesprochen sollte jede Maßnahme genutzt werden, welche zu frühem Triebabschluss und mäßigem Wuchs führt.

8.8 Schnitteinflüsse auf die Abwehrkraft der Pflanzen gegen Schadeinwirkungen

Noch gehört es nicht zum Allgemeinwissen, dass die Gesunderhaltung der Obstgehölze zu einem beträchtlichen Teil auch von der Art und Weise des Schneidens abhängt. Verschiedene Schnittversuche zeigten jedoch eindrücklich, dass schnell wachsende Pflanzen mit einem hohen Anteil an jungem Gewebe bevorzugt von Krankheiten und Schädlingen befallen werden und wuchshemmende Behandlungen dieser Tendenz entgegenarbeiten. Damit könnte man den Schnitt in die Gruppe der biotechnischen Bekämpfungsverfahren einreihen.

Ein relativ junger Zweig der Pflanzenschutzforschung befasst sich mit dem **Abwehrverhalten und** den **Resistenzmechanismen der Pflanzen**, um diese gezielt für den Erhalt der Leistungsfähigkeit der Pflanzen einzusetzen. Sie demonstrieren eindrücklich, dass auch Obstpflanzen im Laufe ihrer Entwicklung allmählich lernten, Stressfaktoren zu bewältigen und sich gegen Schaderreger zu wehren. Obstbäu-

Links: Abb. 34. Bäume mit spätem Triebabschluss im Herbst sind besonders anfällig gegen „Triebbasis-Schorf“.

Rechts: Abb. 35. Herbstfärbung – ein Zeichen für zeitgerechten Triebabschluss und gute Reservestoff-Einlagerung.

me können unter bestimmten Voraussetzungen

- tiefe Temperaturen im Winter und Frühjahr besser überstehen,
- gegen Schädlingsbefall widerstandsfähig werden und
- Krankheiten abwehren.

Einige experimentelle Befunde mögen diese Aufzählung verdeutlichen. Hohe Frostwiderstandsfähigkeit ist gleich bedeutend mit Abhärtung. Diese setzt bis zum Eintritt kritischer Temperaturen eine Ansammlung von Kohlenhydrat- und Proteinreserven voraus. Diese Reservestoffbildung ist ungenügend, wenn die benötigten Verbindungen in der Vegetationszeit anhaltend in Blatt- und Triebwachstum investiert werden.

Der Befall mit Schädlingen hängt eng mit dem Aminosäuregehalt der Triebe und Blätter zusammen. Hohe Gehalte ziehen Schädlinge geradezu an und begünstigen den Aufbau hoher Befallsdichten.

Auch Krankheiten profitieren von einem hohen Aminosäuregehalt über eine Förderung von Sporenkeimung und -wachstum. Von besonderer obstbaulicher Bedeutung sind physiologische Resistenzmechanismen, die eine Synthese von bestimmten phenolischen Substanzen und ihre Anhäufung in infizierten Geweben voraussetzen. Bei der Pathogenabwehr spielen besonders Isoflavonoide eine Rolle. Sie können auf den Stoffwechsel von Mikroorganismen toxisch wirken, den Tod befallener Zellen fördern und so Pilzen die Nahrungsquelle entziehen oder Bestandteil von Barrieren sein (z. B. in Rinde und Knospenschuppen).

Im Hinblick auf die Schnittpraxis ist hervorzuheben, dass neben überhöhten Stickstoffgaben besonders auch zu harte Schnitteingriffe der Phenolbildung abträglich sind. Hingegen wirkt sich mäßiges Wachstum (ruhige Bäume) auf alle behandelten Punkte der Abwehrkraft gegen Schadeinwirkungen positiv aus.

9 Der ruhige Baum

Schwierigkeiten im intensiven Obstbau haben in den zurückliegenden Jahren die Untersuchung von Schnittfragen neu belebt. Beweggründe dafür ergaben sich aus einer durch Spätfröste des Jahres 1991 ausgelösten schwerwiegenden Ertragsalternanz in vielen europäischen Apfelanlagen. In die gleiche Zeit fiel das Aufkommen der Integrierten Produktion. Ihr machte man sehr verbreitet den Vorwurf, durch das Anwendungsverbot verschiedener Bioregulatoren und die Reduzierung der Düngergaben maßgeblich für den Ertragsrückgang der Apfelanlagen verantwortlich zu sein.

Die Obstwirtschaft suchte in jener Zeit vor allem nach Alternativen zu den nicht mehr zugelassenen Bioregulatoren. Bei dieser Suche kamen mehrjährige Ergebnisse der Versuchsstation Bavendorf zur Einbindung der pflanzeneigenen Regulierung von Wachstum und Blütenbildung in Schnittmaßnahmen bei Apfel wie gerufen. Praxis und Beratung nahmen die unter „Augustschnitt" formulierten Vorschläge interessiert auf. Im weiteren Verlauf regten die durchweg positiven Versuchsergebnisse die Einbindung des Augustschnittes in eine anschauliche Philosophie der Baumführung an, die unter der Bezeichnung der „ruhige Baum" Eingang in die Anbaupraxis fand.

Die Begriffe „ruhiger Baum" und „physiologisches Gleichgewicht" haben zweifellos einige Gemeinsamkeiten. Der ruhige Baum dürfte jedoch klarer, anschaulicher und auch umfassender definiert sein. Aus diesem Grunde finden Sie, lieber Leser, den Begriff „physiologisches Gleichgewicht" nur auf dieser Seite des Buches.

9.1 Das Modell

Grundlegende Vorstellung ist, die photosynthetische Leistung des Baumes möglichst weitgehend in Fruchtproduktion umzusetzen, sobald er seinen Standraum ausfüllt. Der Weg dahin führt über die Selbstregulation des Baumes. Diese definiert sich als das Zusammenwirken von Dominanz- und Konkurrenzerscheinungen in der Krone. Je nach ihrer Ausprägung bewirken sie die unterschiedlichen Wuchsbilder unserer Obstgewächse, insbesondere den Unterschied zwischen vegetativen und generativen Kronen.

Als wichtige Voraussetzungen für eine wirksame Selbstregulation der Bäume in Richtung reguliertes Wachstum, gute Blütenbildung, regelmäßiger Ertrag, hohe Fruchtqualität und Widerstandsfähigkeit gegen parasitäre Schäden und Stressbelastungen sind zu nennen:

- ein dichter Besatz der Kronen mit Kurztrieben,
- eine relativ geringe Anzahl von Langtrieben,
- früher Triebabschluss und
- lockere, lichtdurchflutete Kronen.

Baumkronen entsprechen diesen Vorstellungen nicht automatisch. In den ersten Standjahren sind sie überwiegend vegetativ geprägt. Langtriebe übertreffen zahlenmäßig die Kurztriebe. Das muss auch so sein, damit der Standraum bald ausgefüllt wird. Ab diesem Stadium ist übermäßige Langtriebbildung jedoch Energieverschwendung und Gegenspieler hoher Fruchtbarkeit. Je zurückhaltender geschnitten wird, umso früher erreichen Baumkronen jene Vielzahl von Trieben und Knospen, ohne die ein Bremsen der Wuchskraft durch das pflanzeneigene System der Selbstregulation nicht möglich erscheint. Wie wirksam sich der Schnitt auf die Verzweigungsdichte auswirkt, zeigen englische Versuchsergebnisse mit 2,5mal mehr Knospen an nicht geschnittenen gegenüber geschnittenen Bäumen.

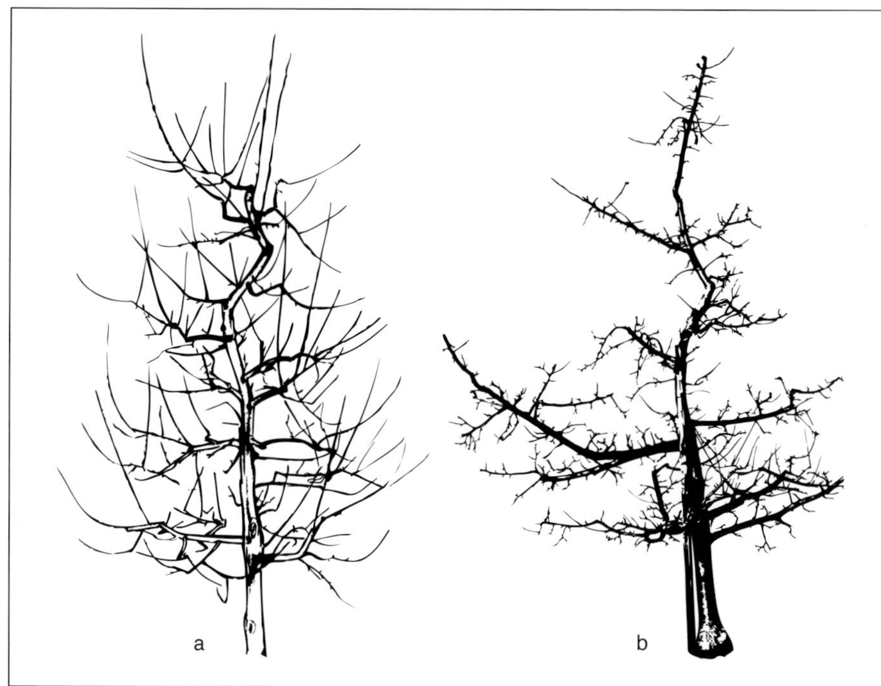

Abb. 36.
Mit dem Baumschnitt kann man das Wuchsbild eines Baumes in weiten Grenzen steuern:
a = Baum mit starker Langtriebbildung und mäßigem Kurztriebbesatz;
b = Wuchsbild des ruhigen Baumes mit dichter Fruchtholzgarnierung und geringer Langtriebbildung.

Anhaltender Langtriebbildung kann man effektiv entgegen wirken, indem man sie solange nicht schneidet, bis sie aus ihren Seitenknospen zahlreiche Kurztriebe entwickeln. Sie müssen dazu wenigstens zwei Jahre alt werden. Ihre Wuchsstärke ist dann meistens soweit gebremst, dass man störende starke Zweige wegschneiden kann ohne erneuten Starkwuchs zu provozieren.

Für alte „durchgegangene" Kronen gilt das in verstärktem Maße. Praktiker fühlen sich ihnen gegenüber oft machtlos. Das rigorose Wegschneiden der „Wasserschosse" verschlimmert die Situation nur. Man greift deshalb auch zu robusten Maßnahmen wie Wurzelschnitt oder dem Einsägen der Stämme, d.h. weitere Eingriffe in die Selbstregulation der Bäume und kann sie so ruhig stellen. Eine weniger drastische Maßnahme stellt der Augustschnitt dar.

Auch die Behandlung mit Bioregulatoren kann stark wachsende Bäume zu ruhigen machen. Allerdings muss jedes Jahr erneut chemisch behandelt werden, wenn die Ursache des Starkwuchses – z. B. zu scharfes Schneiden – nicht abgestellt wird.

Hinsichtlich der Selbstregulation der Obstpflanzen darf der Einfluss der Früchte auf das Wachstum nicht übersehen werden. Bekanntlich reduziert ein starker Fruchtbehang das Triebwachstum erheblich. Fruchtertrag wird deshalb oft als geeignete Wachstumsbremse angesehen. Es fragt sich jedoch, ob derart erzielter Schwachwuchs nicht schon eine für die Blütenbildung und Blütendifferenzierung kritische Situation darstellt. Nach einem Spätfrost würde diese Wuchsbremse auch nicht greifen können. Ruhige Bäume werden dagegen auch in Ausfalljahren nicht „wild".

In Diskussionen mit Obstbauern wird oft gefragt, ob der ruhige Baum identisch ist mit den ruhigen Landschaftsobstbäumen. Dabei wird auch gleich auf deren ausgeprägtes Alternanzverhalten verwiesen. Man übersieht dabei leicht, dass die Pflegebedingungen der Streuobstbäume gänzlich andere sind als im Erwerbsanbau. Außer Düngung und Pflanzenschutz entfällt bei Streuobstbäumen vor allem die Fruchtausdünnung und vielfach auch ein Minimal-Pflegeschnitt. Unter diesen Voraussetzungen müssen die Bäume geradezu im Ertrag alternieren, um lebensfähig zu bleiben. Verwunderlich ist, dass sie trotz der nicht vorhandenen Pflege im Ertragsjahr verhältnismäßig gute Fruchtqualität hervorbringen.

9.2 Die obstbaulichen Auswirkungen

Die auffälligsten Wirkungen ruhigen Baumwachstums erstrecken sich auf die Fruchtbarkeit der Bäume und auf bestimmte Fruchteigenschaften. Wandelt man stark wachsende Bäume in schwach wachsende um, so kann man bei alternierenden Sorten regelmäßigere und höhere Erträge erzielen. Die Fruchtgröße bleibt im Durchschnitt der Fälle unbeeinflusst. Je nach dem Ausmaß der Wuchsschwächung können die Früchte etwas größer oder auch kleiner ausfallen. Die Wahrscheinlichkeit für kleinere Früchte ist bei rascher Umstellung von starkem auf schwachen Wuchs am ehesten gegeben, unabhängig davon, ob diese physiologische Umstimmung durch Augustschnitt, Wurzelschnitt oder extreme Trockenheit bewirkt wurde. In diesem Zusammenhang sollte man die größere Streubreite der Blütenknospenqualität von ruhigen Bäumen nicht übersehen. Neben vielen gut ausgebildeten Blütenknospen sind auch schlecht entwickelte vorhanden. Diese sind für die Selbstregulation des Baumwachstums in gewissem Rahmen unverzichtbar, dürfen aber nicht zur Fruchtproduktion benutzt werden. Ihre Blüten müssen vielmehr weitestgehend durch Ausdünnung – nur eingeschränkt durch Schnittmaßnahmen – ausgeschaltet werden.

Eine weitere Folge der Beruhigung von vorher stark wachsenden Bäumen ist die überraschend bessere Ausfärbung der Früchte. In Versuchen mit der Sorte 'Jonagold' fiel diese Farbintensivierung schon so stark aus wie der Unterschied zwischen dem Normaltyp und einer Farbmutante der Sorte. Als Ursache dafür kommt neben der besseren Kohlenhydratversorgung der Früchte auch das relativ niedrige N-Versorgungsniveau ruhiger Bäume in Frage.

Bei Sorten mit Haltbarkeitsproblemen bringt Wuchsberuhigung eine entschei-

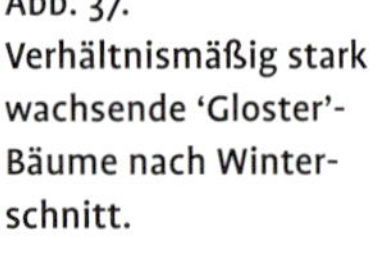

Abb. 37. Verhältnismäßig stark wachsende 'Gloster'-Bäume nach Winterschnitt.

dende Senkung der Lagerverluste durch Stippigkeit, Fleischbräune und Lagerfäulen mit sich. Der Mehrertrag an gesunden Früchten von ruhigen Bäumen hat im Vergleich mit stark wachsenden im langjährigen Durchschnitt schon bis zu 100 % betragen.

Weitere Vorteile des ruhigen Baumes im Vergleich zu anhaltend stark wachsenden Bäumen:

- ein geringerer Schnittaufwand,
- das Schneiden wird einfacher und erfordert nicht soviel Erfahrung wie bei stark wachsenden Bäumen,

Tab. 5. Einfluss von Augustschnitt auf das Sortierergebnis einiger Apfelsorten, je Sorte zwei Beispiele

Sorte	Schnitt	kg Früchte/Baum in den Größenklassen bis 60	60–65	65–70	70–75	75–80	80–85	über 85 mm	insgesamt
'Cox Orange'	WS	2,6	4,4	7,5	5,6	2,9	0,5		23,5
	AS	4,4	7,9	14,0	6,8	2,0	0,3		35,4
	WS	3,7	5,0	12,3	7,9	3,6	0,4		32,9
	AS	3,8	6,5	15,5	7,4	2,1	0,2		35,5
'Jonagold'	WS	0,2	2,5	5,3	10,0	7,6	2,5	0,1	28,2
	AS		0,2	1,8	5,3	9,2	7,8	2,1	26,4
	WS		0,2	0,8	6,3	18,2	11,9	4,2	42,0
	AS		0,4	1,8	8,9	23,8	7,9	1,1	44,0
'Karmijn'	WS	0,3	0,7	2,5	3,8	5,4	3,8	2,5	19,0
	AS			0,5	1,5	5,6	9,1	8,4	25,1
	WS		0,3	1,1	8,3	14,5	12,0	4,6	40,8
	AS			0,3	6,7	18,4	14,4	4,6	44,5

WS = Winterschnitt, AS = Augustschnitt

Abb. 38. Kleinere und fruchtbarere Bäume nach Augustschnitt.

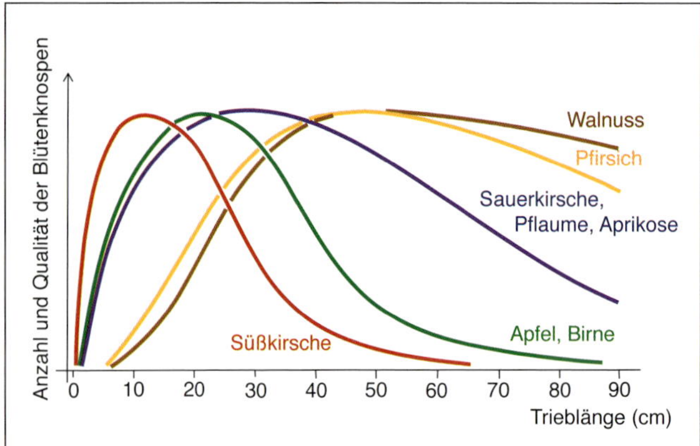

Abb. 39. Optimale Fruchtholzlänge bei verschiedenen Obstarten, schematisch.

- es macht Spaß, ruhige Bäume zu schneiden,
- ruhige Bäume überstehen tiefe Temperaturen in Extremwintern weit besser als starke Wachser. Gleiches trifft für die Reaktion auf Blütenfröste zu: Nach Spätfrösten bis −7 °C in mehreren Nächten erbrachten beispielsweise ruhige Bäume ohne Frostschutzmaßnahmen noch eine mittlere Ernte, stark wachsende Vergleichsbäume erlitten nahezu einen Ertragsausfall,
- noch höher einzuschätzen ist das gesteigerte Abwehrvermögen der Pflanzen gegenüber Krankheiten und Schädlingen, ruhige Bäume sind relativ widerstandsfähig gegen Schorfinfektionen, Spinnmilben- und Rostmilbenbefall.

Alles in allem arbeitet das System „ruhiger Baum" bei allen Obstarten zuverlässig. Bei der Frage, wie sieht der ruhige Baum aus, ist zu berücksichtigen, dass die optimale Fruchtholzlänge (siehe Kap. 12) bei den verschiedenen Obstarten unterschiedlich ist. Jede Obstart und -sorte hat ihre genetisch festgelegte optimale Fruchtholzlänge. Ein ruhiger Apfelbaum sieht deshalb deutlich anders aus als ein ruhiger Pflaumenbaum. Auch gibt es Sorten, die verstärkt auf Wuchsberuhigung angewiesen sind und andere, die schnell in „zu schwaches Wachstum" verfallen, manchmal zu fruchtbar werden und so die Probleme der Behangsregulierung verschärfen.

Auch ist der ruhige Baum nicht nur an die Baumerziehung gebunden, sondern stellt eine gewisse Philosophie der Obsterzeugung dar, in die außer dem Schnitt andere Kulturmaßnahmen, wie Düngung, Bodenpflege und Bewässerung, zu integrieren sind. Richtig verstanden und gehandhabt birgt er viele Vorteile. Nicht ohne Grund besitzt er in der umweltschonenden Obstproduktion eine besondere Bedeutung.

Weil die Frage, ob die Bäume einer Anlage ruhig sind oder nicht im Einzelfall gar nicht so leicht zu entscheiden ist, sollen für den Apfel die wichtigsten Kriterien noch einmal zusammengefasst werden:

- Ein verbindliches Maß für die Trieblänge kann für eine bestimmte Sorte nicht angegeben werden. Misst man jedoch alle Triebe eines Astes durch und zeichnet die Häufigkeit bestimmter Trieblängen – z. B. die Klassen < 5 cm, 5 bis 10 cm, 10 bis 15 cm, 15 bis 20 cm, 20 bis 30 cm, 30 bis 40 cm und über 40 cm – grafisch auf, so wird daraus das Gewicht der Langtriebe an der Gesamttriebzahl recht deutlich. Je mehr Kurztriebe die Kronen im Verhältnis zu den Langtrieben aufweisen, umso eher entsprechen sie ruhigen Kronen.
- Die Triebe ruhiger Bäume schließen ihr Längenwachstum früh ab.
- Bäume mit später oder ausbleibender Laubverfärbung im Herbst oder gar mit noch aktiven Triebspitzen weisen in besonderem Maße die nachteiligen Eigenschaften des nicht ruhigen Baumes auf.
- Augenfällige Eigenschaften der Früchte von zu wüchsigen Bäumen sind verstärkte Grün- und verminderte Rotfärbung, eher grünlich weißes als gelblich weißes Fruchtfleisch, früher nachlassende Fruchtfleischknackigkeit, verminderter Wohlgeschmack und verstärkte Anfälligkeit für Stippigkeit und/oder Fleischbräune.

10 Baumformen

Die Baumformen des Erwerbsobstbaus, der Gärten und des Streuobstbaus ergeben sich aus der Baumhöhe und der Kronenausdehnung längs und quer zur Baumreihe. Sie sind im Wesentlichen das Ergebnis des Zusammenwirkens von Schnitt, Pflanzdichte und Unterlage. Damit der Schnitt und die Erntearbeiten kostengünstig möglichst vom Boden aus erledigt werden können und die Belichtung aller Kronenteile wie auch ihre Durchlässigkeit für die Spritztröpfchen gut ist, dürfen dem Erwerb dienende Obstbäume nicht zu hoch und nicht zu dicht werden. Andererseits sind jedoch auch zu niedrige Bäume ungünstig, weil die Erntemenge bis zu einer gewissen Grenze von der Baumhöhe abhängt.

10.1 Spindelformen

Spindeln bestehen aus einer Mittelachse, den daran ansetzenden Fruchtästen und dem Fruchtholz. Je nach Obstart, Unterlage und Pflanzabstand können die Bäume bis 4,00 m hoch werden und einen Durchmesser von bis zu 3,00 m erreichen. Die Kronensilhouette der Spindeln kann kegelförmig, zylindrisch oder eine Mischform mit einer Etage aus bodennahen Basisästen und nur kurzem Fruchtholz über dem Basisgerüst sein. Basisäste und Fruchthölzer setzen leicht ansteigend, horizontal oder leicht abwärts gerichtet und gleichmäßig verteilt am Mittelast an. Ein weiteres Spindel-Charakteristikum ist, dass man das Seitenholz nicht stärker werden lässt als die Hälfte bis ein Drittel des Mittelastdurchmessers.

Die Spindelform eignet sich für beinahe alle Obstarten. Beim Apfel wurde sie mit einigen Variationen zur weltweit dominierenden Baumform. Weiterentwicklungen richteten sich nach den Anforderungen von Dichtpflanzungen. Je enger die Pflanzabstände sind, desto kürzer müssen die basalen Fruchtäste und das Fruchtholz

Links: Abb. 40. Schlanke Spindel.

Rechts: Abb. 41. Superspindel.

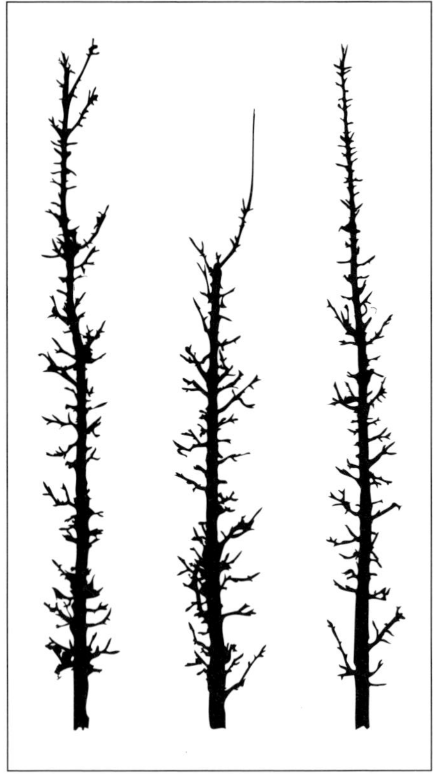

Abb. 42. Säulenbäume.

sein. Ihre Verjüngung nach oben und die konische Form treten immer mehr zurück. Die **Schlanke Spindel** hat entweder nur noch im unteren Baumdrittel stärkeres Seitenholz mit etwas längerer Umtriebszeit oder auch gar keine Basisäste mehr. Entscheidend sind die Wuchseigenschaften der vorliegenden Obstart und Sorte.

In den Beginn der 90er Jahre fällt die Entwicklung der **Superspindel** (Schnurbaum), deren Mittelast nur mit kurzem Fruchtholz besetzt ist. Wesentliche Impulse für ihre Entwicklung und Verbreitung gingen im Bodenseegebiet von F. NÜBERLIN aus. Die annähernd zylinderförmigen Bäume bilden im Bestand eine mehr oder weniger geschlossene Wand. Die in die Superspindel gesetzten Erwartungen erfüllten sich an wuchsfreudigen Standorten jedoch nicht immer in gewünschtem Maße. Die engen Pflanzabstände mit Pflanzdichten bei 10 000 Bäumen/ha und mehr behinderten die Bewirtschaftung der Anlagen, ältere Anlagen litten unter Lichtmangel, zu schwachem Wachstum im unteren Baumdrittel, unbefriedigender Fruchtgröße und schwacher Deckfarbe. Zu einer Rückbesinnung auf Pflanzdichten zwischen 3000 und 4000 Bäumen/ha trugen jedoch auch schlechter gewordene Rahmenbedingungen des Obstbaus bei.

Eine „natürliche" Superspindel liegt in den sogenannten **Säulenbäumen** – auch Ballerinas genannt – vor. Diese Formen haben extrem kurze Internodien, sehr viele Kurztriebe und nur einzelne Langtriebe. Die Bäume wachsen auch ohne Schnitt sehr schlank. Man kann sie deshalb ohne weiteres auf 0,60 m in der Reihe pflanzen. Infolge ihrer außerordentlichen Fruchtbarkeit erscheinen Erträge um 100 t/ha durchaus möglich, eine Vorstellung, die auch beim Aufkommen der Superspindel herrschte, jedoch nicht zu realisieren war. Der Mutterbaum dieser Mutation zum Säulenbaum wurde in einer kanadischen Apfelanlage entdeckt. In einem Teil der

Tab. 6. Baumformen im Erwerbsapfelanbau international (nach M. WEBER in LINK 2002)

Baumform	Pflanzabstand (in m)	Pflanzdichte (in Bäume/ha)	Anbauregion
Spindel	3,50 × 1,50	1905	Chile, Südafrika, Neuseeland
Schlanke Spindel	3,00 × 1,00	3333	Mitteleuropa
Superspindel	2,80 × 0,50	7143	Bodensee, Südtirol, Belgien, Niederlande
Vertikale Achse	4,30 × 1,80	1292	Südfrankreich, Michigan, New York, Washington State
Solaxe	4,00 × 1,50	1666	Südfrankreich, Chile
V-System	3,50 × 0,80	3570	Schweiz, Washington State
Tatura Trellis	4,50 × 1,00	2222	Australien, Washington State, Kalifornien

Einkreuzung in andere Apfelsorten blieb die Kurztriebigkeit erhalten. So gibt es derzeit schon eine recht beachtliche Anzahl Sorten mit diesem Wuchscharakter. Geschmacklich fiel die erste Sortengeneration recht bescheiden aus. Verschiedene Neuzüchtungen scheinen deutlich besser auszufallen.

10.2 Horizontale Formen

Eine in Süddeutschland wohlbekannte Baumform ist die von J. KIEFER für den Zwetschenanbau kreierte **Tellerkrone**. Ihr vordringliches Ziel ist es, alle Früchte in guter Qualität und vom Boden aus ernten zu können, und das auch unter Verwendung von mittelstark und stark wachsenden Unterlagen. Die Wuchskraft der Bäume wird auf sechs bis acht gleich starke Äste verteilt. Diese sollen in einer Höhe zwischen 80 und 150 cm gleichmäßig verteilt am Mittelast ansetzen. Sie werden in den Aufbaujahren der Kronen in einem Winkel von 30 bis 40° zur Waagerechten formiert. Eine flachere Stellung der Gerüstäste führt zu einer zu frühen Einstellung ihres Triebwachstums. Die Endhöhe der Krone ist bei rund 2,50 m erreicht.

Aus Frankreich stammt das **Solen-System** von LESPINASSE. Es ist besonders für Apfelsorten geeignet, die, wie 'Granny Smith' und 'Rome Beauty' ('Morgenduft'), bevorzugt an der Spitze von hängendem Fruchtholz tragen. Auf stark wachsende Apfelbäume ist die **Solaxe** zugeschnitten, auf schwach bis mittelstark wachsende Sorten die **Solenvariante**. Die **Solaxe** stellt praktisch eine abgebundene Spindel für schwach bis mittelstark wachsende Sorten dar. **Solen** verzweigen sich in der Höhe der Mittelastbiegung in zwei Arme. Diese werden links und rechts in Reihenrichtung formiert. Bei beiden Solenvarianten wird die Hauptachse in 1,20 bis 1,50 m Höhe flach abgebogen. Der Baumabstand bei zweiarmigen Solen für stark wachsende Sorten liegt bei 1,80 bis 2,00 m, bei einarmigen bei 1,00 bis 2,00 m. Insgesamt erinnern diese Baumformen mit ihren unter die Waagerechte geneigten Seitentrieben an einen Regenschirm. Als wichtigste Vorzüge des Systems wird die Lösung der drei Probleme

- Erziehung von Sorten mit Blütenbildung am hängenden Holz,
- Gewinnung kleiner Bäume trotz hoher Wuchsintensität und
- Verfügbarkeit einer erntegünstigen Baumform herausgestellt.

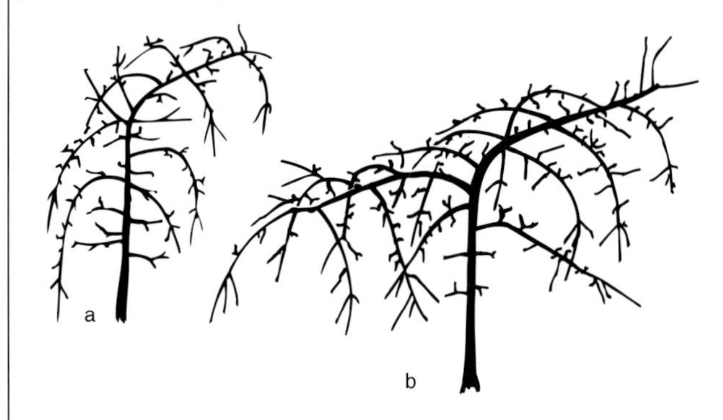

Abb. 43. Horizontale Baumformen (aus KELLERHALS et al. 1997): a = Solaxe; b = Solen.

10.3 Schräg gepflanzte Formen

Der Wunsch nach einer besseren Standraum- und Lichtnutzung liegt verschiedenen Systemen der Schrägpflanzung zugrunde. In Australien entstand in den 70er Jahren das **Tatura-Trellis-System** mit zwei im Winkel von 60° quer zur Reihe gezogenen Hauptästen. Deren Seitenzweige bilden mit ihren Blättern und Früchten eine geschlossene Wand. Die Pflanzdichte entspricht rund 1500 Bäumen/ha bei einem Pflanzabstand von 4,00 × 1,65 m. Das Unterstützungsgerüst muss sehr stabil sein. Das System war hauptsächlich für den Anbau von Apfel, Birne und Pfirsich gedacht und sollte das maschinelle Schneiden und die mechanische Ernte ermöglichen, um die Arbeitskosten zu senken.

Die mechanische Erntemöglichkeit von Tafelobst erwies sich jedoch bald als illusorisch und wurde aufgegeben. Das System als solches fand jedoch in den letzten 30 Jahren eine ständige Weiterentwicklung. Der Öffnungswinkel der Bäume wurde zwecks Stabilisierung der Bäume immer enger. Am Ende dieser Entwicklung bildeten die Gerüstäste nur noch einen Winkel von 35° miteinander. Zur Wuchssteuerung der Bäume auf starker Unterlage wurde die Wuchskraft von anfänglich einer auf mehrere Achsen verteilt, es wurde geringelt und die Bewässerung auf geregelte defizitäre Bewässerung ausgelegt. Die Fruchtbarkeit der Bäume stieg dadurch an, und die Arbeitskosten sanken, weil die Pflegemaßnahmen vom Boden aus erledigt werden können.

Den derzeitigen Stand der Entwicklung stellt das **Offene Tatura-System** mit 1500 bis 2200 Bäumen/ha dar. Gepflanzt werden schwere (stark entwickelte) unverzweigte Bäume von 2,00 m Länge im Abstand von 4,50 × 1,50 bzw. 1,00 m. Die Bäume werden in Höhe des ersten Drahtes flach vom Drahtgerüst abgebogen. Sie bilden das bleibende Baumgerüst. Auf ihrer Oberseite wachsende Ständertriebe werden zu schnurbaumartigen Fruchtästen erzogen. Davon sollen je nach Obstart und Wuchsstärke vier bis sechs je laufenden Meter Tragast entwickelt und am V-förmigen Drahtrahmen befestigt werden. Alle übrigen Austriebe schneidet man weg.

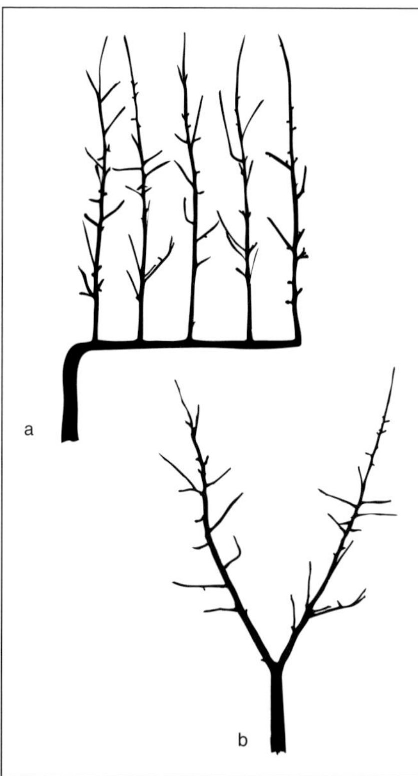

Abb. 44. Offenes Tatura-System: a = Längsansicht; b = Queransicht.

Wenn ein Fruchtast in seiner Leistung nachlässt und ein Drittel des Durchmessers vom Tragast erreicht, wird er im Winter auf einen kurzen Stummel zurückgenommen, aus dem ein neuer Trieb nachgezogen wird. Im Allgemeinen ist das alle vier bis fünf Jahre der Fall. Je Meter Gerüstast und Jahr wird ein Fruchtast nachgezogen. Auf diese Weise bleibt das Ertragsniveau über die Jahre ziemlich konstant. Die wesentliche Schnittarbeit besteht im Entfernen der überzähligen Wasserschosse im Sommer.

Die sehr konsequent behandelten Anlagen stehen sehr einheitlich da. Der Erfolg des Systems hängt in besonderem Maße von dem konsequenten Baumaufbau in den ersten Jahren ab, insbesondere von der Erziehung gleichwertiger Fruchtäste. Hilfreich ist es dabei, die ersten Austriebe in Stammnähe abzustreifen und erst die späteren, leichteren zu Fruchtästen zu machen. Bei entsprechendem Vorgehen sollen die Bäume selbst von ungeschultem Personal zu schneiden, auszudünnen und abzuernten sein.

Das **Güttinger-V-System** gleicht in mancher Hinsicht dem Tatura-System. Es werden jedoch Schlanke Spindeln auf schwach wachsender Unterlage in Einzelreihen gepflanzt und abwechslungsweise im Winkel von 15° zur Senkrechten am Drahtgerüst angebunden. Die V-förmige Anordnung der Bäume ermöglicht bei Apfel Pflanzdichten von mehr als 3000 Bäumen/ha bei besserem Lichteintritt in das Bauminnere als bei der senkrechten Pflanzung von Schlanken Spindeln.

Dem **Mikado-System** liegt die Idee zugrunde, das Wuchspotenzial der Bäume auf vier gleichstarke in Reihenrichtung schräg und quer zur Reihe V-förmig angeordnete Leitäste zu verteilen. Im **Drilling-System** hat man nur drei Leitäste vor sich,

Abb. 45. V-System.

wovon im Wechsel zwei nach links und einer nach rechts bzw. zwei nach rechts und einer nach links angeordnet sind. In beiden Systemen werden die Leitäste wie Superspindeln mit ruhigem Fruchtholz erzogen. Beide Systeme gelten insbesondere für den Anbau von Tafelbirnen als interessant. Die Erstellung der Unterstützungsgerüste ist jedoch recht aufwendig.

10.4 Heckenformen

Verschiedene Heckenformen haben beim Baumobst ihre einstige Bedeutung weitgehend verloren. Bekannt wurden vor allem **Palmetten** mit zwei oder mehr Leitast-Etagen in Italien und in der Schweiz und in Süddeutschland die **Dreiasthecke.** Letztere besteht aus der Stammverlängerung und zwei gleichstarken, in Reihenrichtung formierten Leitästen. Kronenbreite und Kronenhöhe sollen 3,00 m nicht wesentlich überschreiten. Das Fruchtholz ist bei der Palmette kürzer gehalten als bei der Dreiasthecke. Wie die Bäume in Schrägpflanzungen benötigen auch die genannten Heckenformen für das Formieren der Krone und das Anheften der Fruchtäste einen Drahtrahmen.

10.5 Pyramidenkronen

Die Pyramidenform kommt dem natürlichen Wuchsbild der Bäume am nächsten. Sie besteht aus der Stammverlängerung und drei bis vier gleichmäßig starken Leitästen mit untergeordneten Fruchtästen und Fruchtholz. Die Leitäste setzen in

Abb. 46. Dreiastkrone.

Abb. 47. Vorbildliche Hochstamm-Pyramidenkrone.

einem Winkel von rund 60° am Mittelast an. Sie sollen regelmäßig um ihn verteilt sein, jedoch in unterschiedlicher Höhe (in loser Streuung) ansetzen. Die Fruchtäste an Mittelast und Leitästen müssen immer genügend Abstand voneinander haben, um auf Dauer ausreichend Licht in die Krone fallen zu lassen.

Die Pyramidenkrone eignet sich vor allem für Bäume auf stark wachsenden Unterlagen. Ihr Ziel ist ein stabiles, tragfähiges und locker aufgebautes Kronengerüst. Sie kann auf Stammhöhen zwischen 0,80 und 2,00 m aufgebaut werden. Je nach verwendeter Obstart und Unterlage werden Kronendurchmesser bis 10,00 m erreicht. Die Erziehung nimmt deshalb bis acht Jahre in Anspruch. Sie erfordert mehr Fachwissen und Können als für andere Baumformen.

Grundsätzlich eignet sich die Pyramidenkrone für alle Obstarten. Ihre lange ertragsarme Anlaufzeit, der hohe Erziehungsaufwand, eine erschwerte Pflege und aufwendige Ernte nebst der erhöhten Unfallgefahr machen Neupflanzungen für den Erwerbsanbau jedoch weitgehend uninteressant. Ein noch hoher Altbaumbestand – die Streuobstbäume, Überreste von ehemaligen Erwerbsanlagen – soll jedoch erhalten, teils auch erneuert werden. Ohne eine Mindestpflege kommen diese Bäume jedoch nicht aus. Obstarten ohne verfügbare schwach wachsende Unterlage – z. B. Walnuss, Edelkastanie – werden nur als Hochstamm erzogen.

Extrem kleine, in Pyramidenform erzogene Bäumchen für Vollfeldpflanzungen kennt man aus England. Diese **Minibüsche** stehen auf sehr schwach wachsender Unterlage (z. B. M 27) und haben eine reduzierte Mitte. Man könnte sie auch als kleine Tellerkronen bezeichnen. Teilweise handelt es sich auch um echte Zwergformen. Sie werden nur etwa 1,50 m hoch und 80 cm breit. Aus heutiger Sicht sind sie

Abb. 48. Hochstamm-Streuobstbau.

Abb. 49.
Im Erwerbsanbau mussten große Bäume weitgehend kleineren Baumformen weichen.

allenfalls für Topfbäume auf Balkon, Terrasse oder im Atriumgarten interessant.

Hohlkronen sind abgewandelte Pyramidenkronen ohne Stammverlängerung. Sie zeichnen sich gegenüber reinen Pyramidenkronen durch einen besseren Lichteintritt in die Krone aus. Die Stammverlängerung wird entweder schon am Anfang der Erziehung beseitigt oder erst nach einem gewissen Erstarken der Leitäste. Die Erziehung ist etwas schwieriger und aufwendiger als bei Pyramidenkronen. Obstarten mit geringer Spitzenförderung eignen sich für diese Form besser als betont akroton wachsende. Eine gewisse Verbreitung haben deshalb Hohlkronen auch heute noch bei Aprikose, Pfirsich und Sauerkirsche.

Links: Abb. 50.
Alte Aprikosen-Hohlkrone, schon längere Zeit ungeschnitten.

Rechts: Abb. 51.
Süßkirschen-Hohlkrone aus einem Schnittversuch. Das arteigene steile Wachstum der Leitäste erschwert die Erziehung offener Kronen.

10.6 Spalierformen

Der Spalierobstbau geht bis in das 17. Jahrhundert zurück. Mit ihm wurde vom natürlichen Wuchs der Obstgehölze konsequent abgewichen. Neben die Erzeugung von ausnehmend schönen Früchten trat der Wunsch nach Gestaltung und Gliederung der Gärten mittels streng erzogener symmetrischer Kunstformen. Formobstbau war eine Liebhaberei mit gesellschaftlichem Anspruch, an Fürstenhäusern und Klöstern auch Ausdruck der Macht.

Der ästhetischen Anziehungskraft von streng erzogenen Formobstbäumen an frei stehenden oder an Wand-Spalieren kann man sich selbst in unserer hektischen und ökonomisch geprägten Zeit nicht entziehen. Hinzu kommt, dass wärmebedürftige Arten an wärmespendenden Wänden auch noch in Gebieten kultiviert werden können, in denen frei stehende Bäume weitgehend versagen. Formobstbau kann zu einem intensiven Hobby werden, wenn die dafür erforderliche Zeit und das notwendige Wissen und Können aufgebracht werden.

Rechts: Abb. 52. Pfirsich-Fächerspalier.

Unten: Abb. 53. Freies Spalier an einem Bauernhaus.

Einstieg könnte eine **freie Palmette** oder ein **Fächerspalier** von Sauerkirsche, Aprikose, Pfirsich oder Feige sein. Freie Palmetten besitzen eine Stammverlängerung und einige an ihr in unregelmäßigen Abständen waagerecht oder ansteigend ansetzende Fruchtäste mit eher lang gehaltenem Fruchtholz. Die Entwicklung der Stammverlängerung wird im Verhältnis zu den Fruchtästen zurückgehalten, sodass eine breit rechteckförmige Krone entsteht.

Beim Fächerspalier besteht das Gerüst aus einem Stamm, der sich in etwa 60 cm Höhe in zwei Leitäste gabelt. Diese erhalten eine Steigung von 45°. Einige locker verteilte Seitentriebe an der Ober- und Unterseite der Leitäste verzweigen sich im Laufe der weiteren Entwicklung immer wieder. Auf diese Weise bilden die sternförmig auseinanderstrebenden Äste und Zweige eine unregelmäßig gebaute fächerartige Krone mit relativ langem Fruchtholz.

Strenge Spalierformen weisen eine konsequente Hierarchie ihrer Bauelemente auf. Ihre Gerüstäste werden an einem Spaliergerüst formiert, dessen Latten in der „klassischen“ Spaliererziehung jeweils einen Abstand von 30 cm hatten. Heute bevorzugt man eher 40 cm. Die Gerüstäste tragen nur Fruchtholz, das die 30- bzw. 40-cm-Zwischenräume der Latten nicht überragt. Den dafür erforderlichen kurzen klassischen Fruchtholzschnitt tolerieren am besten Birnen. Äpfel sind schon weniger für diese Baumform geeignet, weil sie die Schnittbehandlung häufig mit zu starkem Triebwachstum beantworten. Auch Pflaumen und Kirschen gelten aufgrund ihrer Wuchsstärke als weniger geeignet. Strenge Spaliere von Pfirsich und Aprikose erhielten schon von Anfang an aufgrund ihrer Wuchsstärke Spalierstab-Abstände von 60 cm. Für alle genannten „schwierigeren“ Obstarten gilt eindeutig die freie Palmette oder das Fächerspalier als bessere Lösung.

Grundform aller strengen Spalierformen ist der **Schnurbaum**. Sein Gerüst besteht aus einer einzigen senkrecht, waagerecht oder schräg stehenden Achse mit dem daran befindlichen kurzen Fruchtholz. Alle komplex gebauten strengen Spalierformen kann man sich aus unterschiedlich vielen senkrecht, waagerecht oder schräg angeordneten Schnurbäumen (Cordons) denken. Aus einer nur schwer übersehbaren Anzahl verschiedenartiger Varianten sollen nur einige Beispiele herausgegriffen werden.

Den Übergang vom senkrechten Schnurbaum zu den komplizierteren Formen bildet die einfache **U-Form** mit zwei senkrechten Achsen. Außer ihr gibt es doppelte, dreifache und vierfache U-Formen. Sie besitzen gegenüber dem Kordon den Vorteil, die Wuchskraft auf mehrere Achsen zu verteilen. Ihr Wuchs lässt sich damit besser regulieren. Die gleichmäßige Entwicklung aller Gerüstäste ist allerdings deutlich schwieriger zu erreichen als bei der einfachen U-Form.

Unter den Namen **Palmette** fallen alle Bäume, deren Äste sich flach übereinander in derselben bzw. in der Gegenrichtung entwickeln. Palmetten mit schrägen Leitästen werden am häufigsten verwendet und sind am einfachsten zu erziehen. Es werden je nach verfügbarer Spalierhöhe und Wuchsstärke überwiegend zwei bis vier Etagen (auch wesentlich mehr sind möglich) gebildet. Dasselbe ist bei der Erziehung von Palmetten mit waagerechten Ästen der Fall.

Wie sich zeigte, war die gleichmäßige Entwicklung der Äste hinsichtlich Aststärke und Fruchtholzbekleidung der vorigen Formen nicht leicht. Man zog deshalb Bäume mit zwei waagrechten Leitästen, aus denen je nach verfügbarer Pflanzfläche vier bis 16 senkrechte Verzweigungen als sekundäre Achsen in die Höhe wuchsen. Nach ihrem Aussehen nannte man sie Armleuchterpalmetten.

Als beste, dauerhafteste und ertragreichste Palmette bezeichnet Altmeister Gaucher (1903) die Verrier-Palmette. Von ihrem Stamm gehen in regelmäßigen Abständen (Rastermaß der Leitäste) waagerechte Etagen ab, deren jede im Rasterabstand senkrecht nach oben gezogen wird. Da die Erziehung umso mehr Mühe und Zeit kostet, je mehr Äste eine Verrier-Palmette aufweist, wurden vorzugsweise solche mit vier bis acht Ästen erzogen.

Links: Abb. 54. Formobstbäume am Spalier.

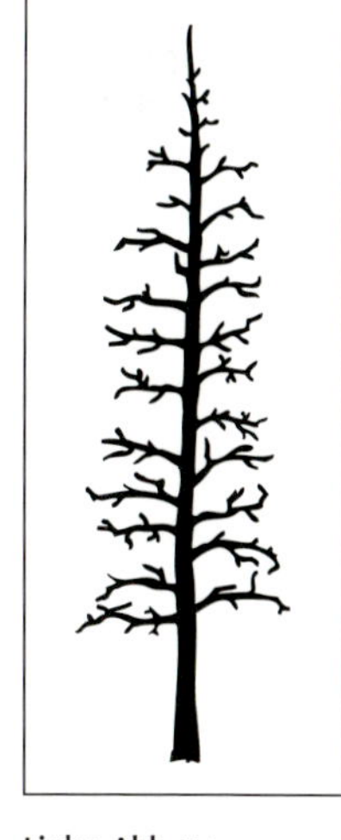

Oben: Abb. 55. Birnen-Kordon.

Links: Abb. 56. Birnen-Palmette.

Rechts: Abb. 57. Freies Spalier mit kurzem Fruchtholz.

11 Bäume erziehen und in Stand halten

Der Erziehung der vorgestellten Baumformen liegen bewährte Praktiken zugrunde, die im Großen und Ganzen für alle Obstarten gültig sind. Die Besonderheiten der verschiedenen Arten sind erst in zweiter Linie von Bedeutung. Wir wollen uns deswegen zunächst auf die Grundsätze der Erziehung unterschiedlicher Baumformen konzentrieren. Welche Besonderheiten durch die Obstarten hinzukommen, wird erst im nächsten Kapitel behandelt.

11.1 Apfel- und Birnenspindeln

Spindeln verschiedener Intensitätsgrade sind im Erwerbsobstbau die Baumform mit der weltweit größten Verbreitung. Ihre Erziehung wird deshalb schwerpunktmäßig dargestellt. Die beschriebenen Maßnahmen treffen jedoch auch weitgehend für andere Baumformen zu. Betrachten Sie deshalb das vorliegende Kapitel der Kronenerziehung als grundlegende Einführung.

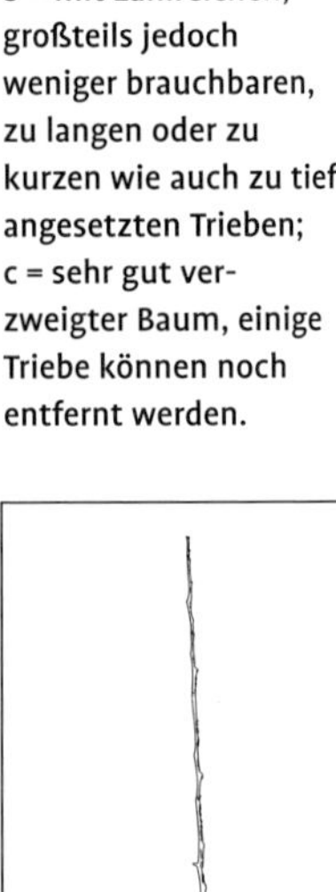

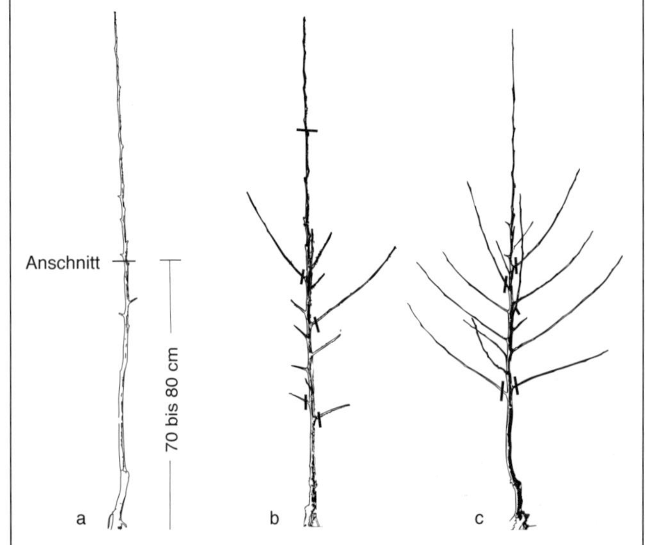

Abb. 58. Einjährige Veredlungen: a = unverzweigt; b = mit zahlreichen, großteils jedoch weniger brauchbaren, zu langen oder zu kurzen wie auch zu tief angesetzten Trieben; c = sehr gut verzweigter Baum, einige Triebe können noch entfernt werden.

11.1.1 Pflanzmaterial

Hochwertiges **Pflanzmaterial** ist eine wichtige Voraussetzung dafür, dass eine Pflanzung schnellstmöglich in Produktion kommt. Außer den allgemeinen Anforderungen an die Gesundheit und Sortenechtheit muss bei der Bestellung von einjährigen Apfelveredlungen oder Knipbäumen auf schwach wachsenden Unterlagen auf folgende Aspekte besonderer Wert gelegt werden:

- Baumhöhe etwa 160 cm,
- möglichst viele Seitenzweige,
- Verzweigungshöhe zwischen 70 und 100 cm,
- Ansatzwinkel der Verzweigungen flach, nicht steil,
- Seitentrieblänge unter 50 cm,
- Veredlungsstelle in 20 cm Höhe und
- Stammumfang über der Veredlungsstelle 15 cm oder darüber.

Darüber hinaus erwies es sich, dass die Bäume – insbesondere Knipbäume – nicht zu stark sein dürfen, sonst hat man später anhaltend mit „Wachsern“ (vegetativen Bäumen) zu kämpfen.

Die Birne verzweigt sich von Natur aus nicht so willig wie der Apfel und kommt auch etwa ein Jahr später in Ertrag. Man bevorzugt deshalb zweijährige Bäume – meistens auf der Unterlage Quitte C – mit vier bis sechs gleich stark entwickelten Seitentrieben bis 70 cm Länge. Einige mit Quitte unverträgliche Birnensorten (z. B. 'Williams Christ') benötigen eine Zwischenveredlung.

In der Praxis können obige Anforderungen nicht in jedem Jahr erfüllt werden. Es kommen auch Bäume in geringerer Qualität auf den Markt. Das muss bei Pflanzschnitt und Baumabstand berücksichtigt werden, wenn die Bäume später leicht zu pflegen und ertragreich sein sollen.

11.1.2 Schnitt im Pflanzjahr

Ein Pflanzschnitt ohne **Wurzelschnitt** wäre unvollständig. Er soll den Bäumen das Anwachsen erleichtern. Beschädigte Wurzeln werden bis knapp hinter die verletzte Stelle zurückgeschnitten und die übrigen stärkeren Wurzeln angeschnitten. Da die Wurzel Speicher für die zum Anwachsen notwendigen Reservestoffe ist, sollten gesunde Wurzeln so wenig wie möglich zurückgeschnitten werden. Wer mit der Pflanzmaschine pflanzt, muss allerdings oft mehr Wurzelmasse als nötig opfern.

Beim Pflanzschnitt von Apfelbäumen ist zwischen drei Qualitätsklassen zu unterscheiden, den unverzweigten bis gering verzweigten, den gut verzweigten und den sehr gut verzweigten Bäumen. Für Birnen gilt diese Einteilung grundsätzlich auch. Die Seitentriebzahl ist jedoch niedriger.

Unverzweigte Bäume sollten eigentlich überhaupt nicht gepflanzt werden, weil sie wenigstens ein Jahr später in Ertrag kommen als gute Pflanzware. Ausnahmen ergeben sich jedoch bei schlecht verzweigenden Sorten oder gefragten Neuheiten.

Ein **Anschnitt des Mitteltriebs** sollte, wenn irgend möglich, unterbleiben. Aber auch hier gilt, „keine Regel ohne Ausnahme“. Unverzweigte Ruten und Jungbäume mit nur zwei bis drei Seitentrieben müssen in 80 cm Höhe angeschnitten werden, um ein ausreichendes Basisgerüst zu erhalten. Dieses ist als Gegenspieler von starkem Gipfelwachstum unentbehrlich. Derlei Bäume eignen sich für einen Baumabstand von 1,00 bis 1,20 m.

Wenn ein Mitteltrieb angeschnitten wird, treiben unter dem Anschnitt einige Knospen zu starken Trieben aus. Davon werden steil stehende Konkurrenztriebe möglichst schon im grünen Stadium weggeschnitten oder gerissen. Die Übrigen müssen meistens, sobald sie eine Länge von annähernd 50 cm erreicht haben, waagerecht – bei Birne leicht ansteigend – formiert werden. Sollte sich der Gipfeltrieb im Verhältnis zu den Basistrieben zu stark entwickeln, so kann er bei Sorten, die sich nicht gern verzweigen, waagerecht geheftet werden. Er wächst dann nur noch wenig in die Länge. Im darauffolgenden Jahr muss er nach dem Austrieb seiner Seitenknospen bei etwa 10 cm Länge wieder aufgerichtet werden.

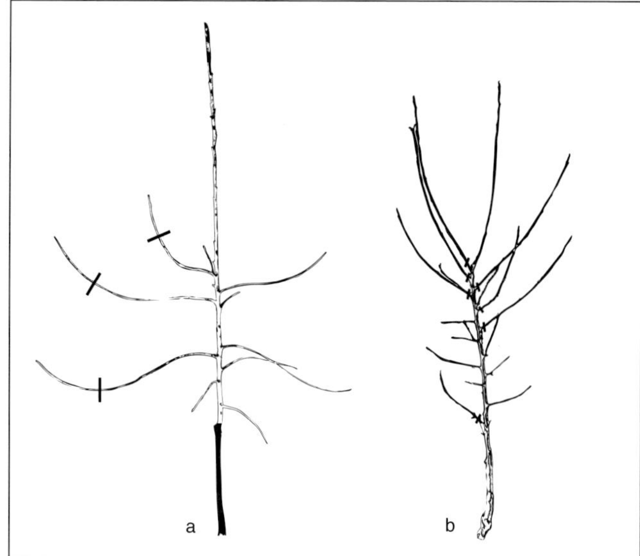

Abb. 59. Zweijährige Bäume mit einjähriger Krone: a = Knipbaum, dessen zu lange Seitentriebe auf etwa 40 cm einzukürzen sind; b = die im Vorjahr unverzweigte Veredlung wurde zur Förderung der Verzweigung zurückgeschnitten. Die entstandenen Konkurrenztriebe sind beim Pflanzschnitt zu entfernen. Wäre das schon in der Baumschule erfolgt, hätte der Zuwachs der übrigen schwachen Triebe davon profitiert.

Tab. 7. Auswirkungen einiger Schnittbehandlungen auf Ertrag und Fruchteigenschaften bei stark wachsenden Bäumen, Versuchsstation Bavendorf, Mittelwerte der Jahre 1981 bis 1990

Fruchtholzbehandlung	kg Früchte/Baum der Sorten 'Boskoop'	'Gloster'	'Golden Delicious'	kg Früchte/Baum der Sorten 'Boskoop'	'Gloster'	'Golden Delicious'
Kurzer Schnitt	21	26	22	20	22	14
Langer Schnitt	20	26	25	18	22	15
Maschinenschnitt	19	23	23	18	20	13

Abb. 60. Wie die Schnittbehandlung der Stammverlängerung den Wuchscharakter des ganzen Baumes beeinflussen kann: a = Mitte mehrjährig angeschnitten; b = Mitte nicht angeschnitten; c = Mitte nicht geschnitten und umgebogen.

Bei **gut verzweigten** (mindestens fünf vorzeitige Triebe) und **sehr gut verzweigten** Bäumen (zehn und mehr Seitentriebe) richten sich die Behandlung des Mitteltriebs und der Pflanzabstand nach der Stärke des Mitteltriebs und der Seitentriebe. Nur wenn der Mitteltrieb im Verhältnis zur Stärke der Seitentriebe sehr stark und lang ist, könnte man ihn 40 bis 60 cm über dem letzten brauchbaren Seitentrieb anschneiden. In der Regel dürfte aber auch hier das Nichtanschneiden in Verbindung mit rechtzeitigem Ausbrechen der spitzenwärtigen Austriebe im grünen Zustand besser sein. Der Pflanzabstand bei dieser Baumklasse kann bei 0,90 bis 1,00 m liegen.

Sind die Bäume bis auf 40/60 cm unter der Endknospe garniert und die Mittel- und Seitentriebe ausgeglichen stark, so erübrigt sich ein Anschneiden des Mitteltriebs. Diese Bäume empfehlen sich für Pflanzabstände zwischen 0,80 und 1,00 m.

Auch die **Behandlung der Seitentriebe** ist wichtig. Ideal sind gut ausgereifte, etwa 40 cm lange Triebe mit einer Blütenknospe als Endknospe. Sie sollen flach angesetzt oder leicht nach oben gerichtet sein. Solche Triebe bleiben ohne Anschnitt. Sie erbringen leichtes Seitenholz und einen ausreichenden Längenzuwachs.

Weniger ideal gebaute Bäume verlangen folgende Korrekturen am Seitenholz:

- Zu tief, d.h. unter 70 bis 80 cm angesetzte Seitentriebe werden weggeschnitten, weil sie das Wachstum von Trieben in idealer Höhe beeinträchtigen, unter Fruchtlast zu Boden sinken und die Bodenpflege behindern.
- Bäume mit nur ein bis zwei Seitentrieben muss man schlank schneiden (= alle Seitentriebe entfernen). Anderenfalls wachsen die wenigen Seitentriebe stark in die Dicke und verhindern die Entwicklung eines harmonisch gebauten Baumes.
- Dicke Triebe, die halb so dick wie der Stamm oder stärker sind, stellen Konkurrenztriebe dar und müssen unabhängig von ihrer Stellung am Baum weggeschnitten werden. Auch sie verdicken schnell und gefährden den weiteren Baumaufbau.
- Zu dünne und flache wie auch zu lange Seitentriebe (über 50 cm Länge) sollte man um etwa ein Drittel einkürzen, um die Entwicklung der stammnahen Knospen zu fördern und der Bildung von Kahlstellen vorzubeugen.

Obst & Garten
Fachmagazin für das Obst- und Gartenland Baden-Württemberg
Organ des Landesverbandes für Obstbau, Garten und Landschaft Baden-Württemberg e.V.
und des Landesverbandes Erwerbsobstbau Baden-Württemberg e.V.
Ziergarten
Gemüse
Gemüse
WERTVOLLES GARTENGEMÜSE
Gemüsefenchel
Nahe Verwandte
REZEPT
Fenchelgratin
An alle Direktvermarkter
Testen Sie
noch heute
das Vorzugs-
Angebot!

- Bei Sorten mit sehr vielen Seitentrieben lichtet man überzählige, zu eng stehende, steil angesetzte und dicke Triebe aus. Triebe von schwach wachsenden Sorten kann man auch zur Wuchskräftigung einkürzen.

Da Qualitätsbäume häufig schon mit Blütenknospen geliefert werden, ist darauf zu achten, dass sie nicht schon im Pflanzjahr außer dem Pflanzschock noch zusätzlich Stress durch zu viele Früchte erleiden. Sie erschöpfen sich sonst beim Aufblühen, lassen rasch im Wachsen nach und bilden nur noch kleine Blätter und schwache Triebe aus. Oft werden unter diesen Umständen viele Blütenknospen angelegt. Wenn danach die Bäume auch im zweiten Laub zu viele Früchte ansetzen und nicht ausgedünnt werden, kann das schon in Junganlagen der Anfang von Alternanz sein.

11.1.3 Erziehung der Jungbäume

Die Bäume sollen rasch in ihren Standraum hineinwachsen und in Ertrag kommen. Versäumnisse oder grundlegende Fehler in den beiden ersten Erziehungsjahren sind später nur noch mit erhöhtem Einsatz oder auch gar nicht mehr wieder gut zu machen. Die Devise muss sein, „so wenig wie möglich schneiden, aber alles Notwendige rechtzeitig erledigen".

Je enger man pflanzt, umso mehr muss man die rechtzeitige Beruhigung des Triebwachstums im Auge haben. Von Ausnahmen abgesehen, ist es deshalb nicht mehr angebracht, die **Stammverlängerung** anzuschneiden. Die Apikaldominanz ihrer Spitzenknospe wird so gezielt genutzt. Ein anhaltendes Anschneiden der Mitteltriebe wäre die Vorstufe für verstärktes Kopfwachstum und spätere Überbauung. Nur eine nicht angeschnittene Stammverlängerung wächst von Jahr zu Jahr schwächer und bekleidet sich mit vorwiegend leichtem Seitenholz.

Nur schade, dass sich sehr stark wachsende Bäume nicht immer an die Theorie halten. Für diese „Ausreißer" gibt es jedoch auch Möglichkeiten der Disziplinierung. Darunter fallen neben dem beim Pflanzschnitt bereits genannten Abbiegen der Mitte:

- das Anbrechen des Mitteltriebs im Spätwinter vor dem Saftsteigen. Wartet man zu lange damit, so brechen die Triebe nicht an, sondern meistens ab. Eine zweite Gelegenheit, Triebe anzubrechen, ergibt sich ab Juni. Die Vorjahrestriebe sind jetzt wieder biegsamer und nicht mehr so bruchanfällig wie unmittelbar nach dem Saftsteigen.
- Alternativ zum Ausbrechen von starken Jungtrieben an der Spitze des Mitteltriebs kann man es mit Juniknip versuchen. Dabei setzt man die Stammverlängerung in der Zeit der längsten Tage auf einen mit Blütenknospe abgeschlossenen Seitentrieb zurück. In der Praxis hat dieses Vorgehen jedoch häufig das Wachstum eher gefördert als gehemmt. Wirksamer ist der Rückschnitt des Mitteltriebs in seine Basis mit den schlafenden Augen.
- Wenn man den Mitteltrieb nicht immer gleich am Baumpfahl anbindet, senkt er sich häufig von selbst ab, bricht manchmal auch unter der Last von Früchten. Wenn man da nicht gleich durch Schnitt wieder „Ordnung" macht, bekommt der Mitteltrieb eine natürliche Biegung und verstärkt sich weniger schnell.

Der Entwicklung von Holztrieben an der Stammverlängerung beugt man durch

Abb. 61. Mit gut verzweigten Bäumen weiß man was man hat; sie entwickeln mit hoher Sicherheit die gewünschten generativen Kronen.

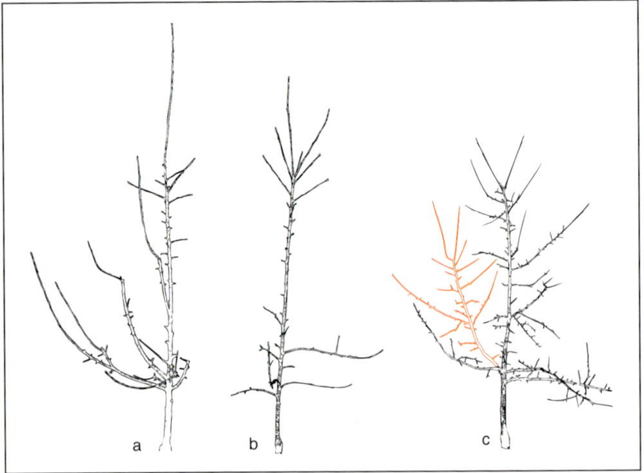

Abb. 62.
Grundlegende Erziehungsfehler:
a = es entstand eine einseitige Spindel, weil die drei schlecht platzierten Seitentriebe beim Pflanzschnitt nicht weggeschnitten und die Mitte nicht eingekürzt wurden;
b = die Mitte des schlecht garnierten Baumes wurde nicht angeschnitten, eine harmonisch gebaute Krone kann das nicht werden;
c = der steil stehende Basisast entwickelt sich zum Baum im Baum und unterdrückt in diesem Bereich die Garnierung der Stammverlängerung mit Fruchtholz.

Ausbrechen der stärkeren Austriebe im Frühjahr bei einer Länge von 10 bis 15 cm vor. Dieses Vorgehen kommt den darunter liegenden schwächeren und flacher angesetzten Trieben zugute. Sollten sich – aus welchen Gründen auch immer – stärkere Triebe entwickelt haben, so sind sie im Zuge von Sommerschnitt entweder zu entfernen oder flach zu heften, falls sie zur Bekleidung der Stammverlängerung nötig erscheinen. Man kann sie auch noch am Ende des folgenden Winters durch Anbrechen in Fruchtholz umwandeln.

Das Basisgerüst bildet ein natürliches Gegengewicht zum Wachstum der Stammverlängerung. Deshalb sollte man lieber am Anfang zu viele Basisäste belassen als zu wenige. Das bekommt auch den Anfangserträgen gut. Die Verlängerungstriebe der **Basisäste** und das **Fruchtholz** werden grundsätzlich nicht angeschnitten. Zu stark erscheinende und steil stehende Triebe können im Sommer ausgelichtet werden. Sie rechtzeitig waagerecht zu stellen ist zwar sinnvoll, unter den heutigen hohen Arbeitskosten jedoch schwieriger machbar als noch vor zehn/fünfzehn Jahren. Schlecht verzweigenden und steil wachsenden Sorten sollte man einige Jahre mit weitgehend ungestörter Entwicklung zugestehen. Auch sie werden dann ruhig, bilden Fruchtholz mit Blüten und können dann wieder „in Form“ gebracht werden. Der richtige Zeitpunkt dafür darf allerdings nicht verpasst werden, sonst verdicken die Basisäste und die Stammverlängerung zu schnell. Von Anfang an darf sich der Durchmesser von Stammverlängerung und Seitenzweigen nur im Verhältnis von etwa 3 : 1 bewegen.

Damit ist der Grundstock für leicht handhabbare generative Bäume gelegt.

11.1.4 Instandhaltung der Ertragsbäume

Sobald die Bäume ihre endgültige Höhe und Seitenausdehnung erreicht haben, setzt der Erhaltungsschnitt ein. Er soll

- die schon erzielte Wuchsberuhigung sichern oder vollenden,
- die gewünschten Baumdimensionen aufrecht erhalten,
- das Wachstum der Bäume oben und unten harmonisieren und
- die Erträge stabilisieren sowie die Fruchtqualität optimieren.

In diese „menschlichen“ Ziele mischt sich die Baumphysiologie über alters- und sortenspezifische Einflüsse und unterschiedliche Wuchsstärke ein. Vor dem Schneiden ist deshalb die Kondition der Bäume und ihre Reaktion auf den Schnitt im Vorjahr zu beurteilen. Auf die angestellten Beobachtungen sollte man seine Schnittstrategie abstellen. Sie kann von Jahr zu Jahr durchaus unterschiedliche Schnittmaßnahmen erfordern.

Schnitt lang oder kurz?

Der lange und der kurze Schnitt sind allgemein gebrauchte obstbauliche Begriffe ohne konkret festgelegte Definition. Beide Begriffe kennzeichnen ein bestimmtes Schnittsystem: der lange Schnitt ein weniger schnittaufwendiges und naturnahes, z. B. bei der axe centrale von Lespinasse (1986) oder der freien Spindel, der kurze ein schnittintensiveres mit kurzem Fruchtholz, das sich insbesondere bei der Superspindel anbietet.

Langer Schnitt. Mitteltrieb und Basisäste werden möglichst schon vom Pflanzjahr an generell nicht angeschnitten. Infolgedessen entwickeln viele Sorten am Mitteltrieb Blütenknospen. Diese treiben aus und setzen teils Früchte an, teils auch nicht. Achselknospen von Blütenständen treiben in der Folge zu flach angesetzten Kurztrieben oder Fruchtruten aus. Das erübrigt Bindearbeit. Die Endknospen der besagten Fruchthölzer werden entweder schon im gleichen oder spätestens im nächsten Jahr generativ, je nachdem, ob sie schon im Entstehungsjahr Früchte tragen oder nicht.

Jeder Fruchtast – wo immer er auch ansetzt – der über sein zugestandenes Maß hinaus erstarkt ist, wird an seiner Basis entfernt oder auf Zapfen geschnitten. Aus schlafenden Augen der Astbasis oder des Zapfens sollen flach angesetzte Neutriebe mit gemäßigt vegetativem Einschlag wachsen. Diese werden rasch generativ und bringen einige Jahre hochwertige Früchte. Danach werden sie wieder entfernt. Der Kreislauf der Fruchtastentwicklung beginnt von Neuem.

Dieses Schnittsystem ist sehr einfach zu erlernen. Es bedeutet relativ wenige Schnitte pro Baum und ergibt das erwünschte „leichte Holz“. Das Fruchtholz wird laufend in ausreichendem Maße – nicht zu stark – verjüngt. Dadurch wird der generative Charakter der Bäume gefestigt. Die Früchte sind tendenziell etwas kleiner als bei kurzem Schnitt. Das ist bei triploiden Sorten wie ‘Jonagold’ ein Vorteil. Bei sehr fruchtbaren diploiden Sorten – Beispiel ‘Golden Delicious’ – ist die erforderliche Fruchtgröße ohne qualifiziertes Ausdünnen ohnehin nicht zu erreichen. Hervorzuheben ist die reduzierte Anfälligkeit der Früchte für physiologische Lagerkrankheiten. Gesamtheitlich betrachtet, tendiert der lange Schnitt eindeutig in Richtung „ruhiger Baum“.

Kurzer Schnitt. Die Stammverlängerung der Bäume soll bleibende und tragfähige Basisäste tragen. Zu diesem Zweck wird die Stammverlängerung wenigstens einige Jahre lang angeschnitten. Einjährige Holztriebe auf der Oberseite der Basisäste und an der Stammverlängerung werden weggeschnitten, bei schwacher Fruchtholzdichte herabgebunden oder abgehängt. Nur bei Birne können sie auch durch Rückschnitt auf drei bis vier Blätter zur Fruchtholzbildung angeregt werden. Noch etwas sicherer ist das Anbrechen im unteren Drittel der Triebe bei beginnender Verholzung. Das Fruchtholz am Astgerüst wird kurz gehalten und – wenn abgetragen – gelegentlich auf astnahe Spieße oder Fruchtruten zurückgesetzt. Ganz wegschneiden sollte man Fruchthölzer nicht, es sei denn, der Fruchtholzbesatz sei sehr dicht.

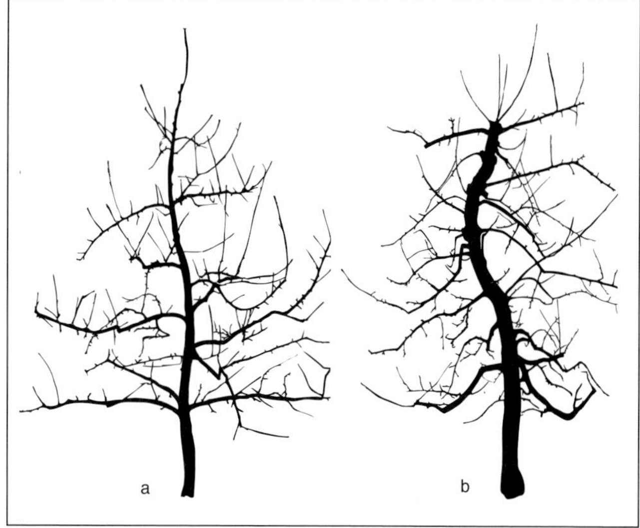

Abb. 63. Schlanke Spindel: a = mit bleibenden Fruchtästen; b = mit periodisch auf Zapfen gesetzten Fruchtästen.

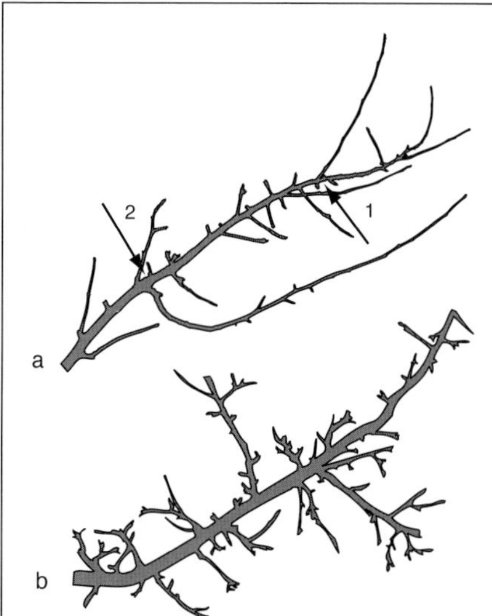

Abb. 64. Fruchtholzschnitt: a = lang; bei mäßigem Wuchs bei (1) schneiden, starke Äste in (2) oder noch näher an ihrer Basis abnehmen; b = kurz; alle Langtriebe am Fruchtholz auf Astring oder auf Blütenknospe im älteren Fruchtholzbereich schneiden; Quirlholz verjüngen, nicht ganz wegschneiden.

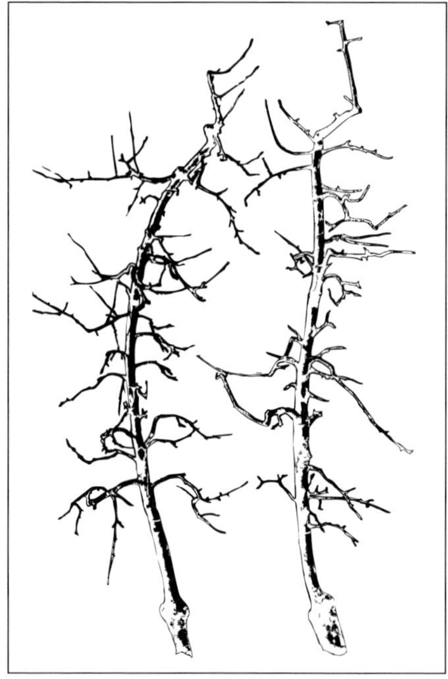

Abb. 65. Superspindeln dürfen immer nur leichtes Fruchtholz tragen.

Wie stark der Fruchtholzschnitt erfolgen soll, richtet sich nach dem Baumzustand und der Sorte. In den basalen Partien besteht im Allgemeinen ein höherer Bedarf als im Gipfel. Das Augenmerk sollte auf gut entwickeltes Fruchtholz gerichtet sein, denn dieses ergibt höherwertige Knospen mit starken Blütenanlagen.

Wesentliche Ziele des kurzen Fruchtholzschnitts sind ein leichter Kopf der Bäume – bestehend aus kurzem Fruchtholz – um einer Überbauung und der Beschattung der Kronenbasis vorzubeugen und vor allem die Förderung der Fruchtgröße. Ob die angepeilte Wachstumsregulierung greift, hängt eng mit der vorliegenden Wuchsstärke zusammen.

Die Birne reagiert auf kurzen Schnitt grundsätzlich besser als der Apfel. Bei ihr kann man auf den Fruchtästen stehende Holztriebe noch im grünen Zustand auf ca. 10 cm lange Stummel zurückschneiden und so deren Seitenknospen zu Blütenknospen umwandeln. All zu wüchsige Bedingungen können allerdings auch Neuaustrieb bewirken. Vor dem fünften Standjahr sollte man deshalb nicht nach diesem Rezept verfahren.

Solange die Apfelbäume noch nicht ruhig sind, stärken die vielen kleinen Schnitte den vegetativen Charakter der Kronen. Die Früchte sind allgemein erfreulich groß. Häufig leidet jedoch der Zuckergehalt unter dem relativ intensiven Schnitt, ebenso die Fruchtfarbe. Hinzu kann noch eine geringere Ertragsleistung durch nachlassende Blütenbildung kommen. Wie sich der kurze Schnitt im Einzelfall auswirkt, muss jeder Erzeuger selbst herausfinden.

Ruhige Bäume reagieren dagegen ganz nach Wunsch. Die Bäume bleiben lichtdurchlässig, überbauen nicht und liefern gut ausgebildete Früchte.

In keinem Praxisbetrieb wird wohl ausschließlich lang oder kurz geschnitten. In den meisten Fällen läuft der Schnitt auf eine der vorliegenden Situation angepasste Lösung hinaus, bei der im einen Fall die Elemente des langen Schnitts überwiegen, im anderen eher kurz geschnitten wird. In jüngeren Anlagen wird man eher lang schneiden, in älteren mit ruhigen Bäumen vorwiegend kurz. Dieselbe Tendenz ergibt sich beim Schneiden alternierender Anlagen in ertragsschwachen bzw. in den vollen Jahren.

Kronendurchmesser und Baumhöhe

Fruchtäste und Fruchtholz dürfen in den ersten Jahren ungehindert in die Länge wachsen bis sie zum Nachbarbaum Kontakt aufnehmen. Das ist je nach Pflanzabstand meistens nach drei- bis vierjähriger Standzeit der Fall. Weiter in die Breite wachsen dürfen sie aus Belichtungsgründen nicht. Von diesem Zeitpunkt an muss man sie auf ihren Standraum begrenzen, d.h. wohldosiert auf eine stammnahe Verzweigung zurücknehmen oder auch ganz entfernen. Probleme treten dabei kaum auf, wenn die Bäume schon tragen.

Merklich schwieriger ist es, die Bäume nicht mehr höher werden zu lassen, wenn sie ihre zugedachte Endhöhe erreicht haben. Wer jetzt den Bäumen einfach den Kopf nimmt, wird in den meisten Fällen im Gipfel eine Wuchsexplosion erleben. Durch diesen scheinbar geringen Eingriff wird die bis dahin stabile hormonelle Situation

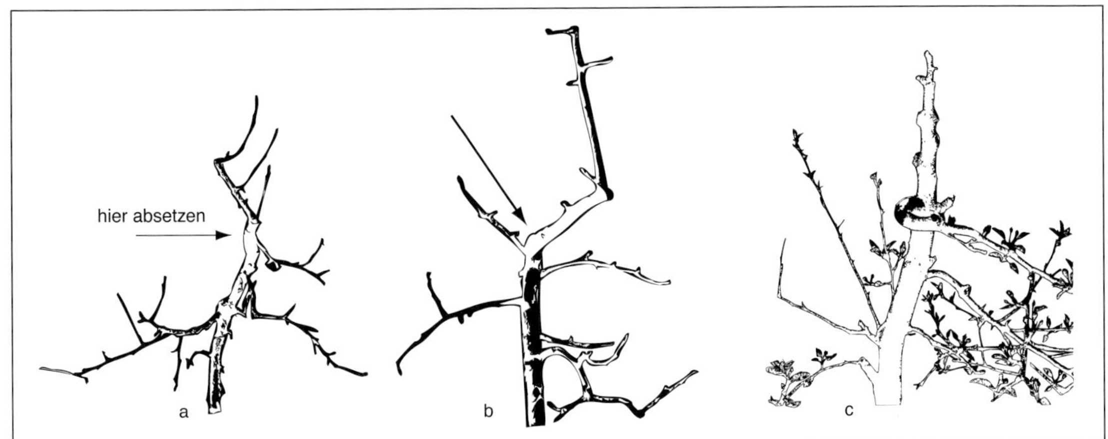

grundlegend gestört. Die Stammverlängerung verliert durch den Rückschnitt ins alte Holz ihre dominante Rolle. Es entwickeln sich mehrere steil stehende Seitentriebe, mit der Ruhe im Gipfel ist es vorbei. Nicht selten fallen selbst regelmäßige Träger von nun an in Alternanz.

Versierte Praktiker verfahren natürlich anders. Sie warten den Zeitpunkt ab, an dem die Bäume in der angepeilten Endhöhe einen Kranz mit zwei- bis dreijährigem leichtem Seitenholz gebildet haben und setzen auf diesen zurück. Man kann davon ausgehen, dass diese Seitenzweige wenigstens mit Blütenknospen und besser – mit Früchten – besetzt und damit ausreichend wuchsgehemmt sind. Sehr zu empfehlen ist das geschilderte Absetzen der Stammverlängerung im Sommer. Die Gefahr eines starken Neutriebs ist dann im Vergleich zu einer Winterbehandlung noch weiter reduziert.

Der solchermaßen behandelte Baumgipfel muss regelmäßig auf gleicher Höhe gehalten werden. Steil stehende Holztriebe entfernt man am besten in jedem Sommer aufs Neue.

Bei einer Variante dieser Behandlung setzt man die Stammverlängerung nicht direkt auf einen seitlichen Fruchtzweig ab, sondern sägt sie etwa 30 cm darüber ab und schneidet alle Verzweigungen an dem 30-cm-Stummel weg. Dabei ist weder auf Astring noch auf Stummel, sondern hart an der Stammverlängerung zu schneiden. Der so behandelte Stumpf treibt nicht mehr aus und stirbt ab. Man lässt ihn bleibend stehen und sichert sich mit der beschriebenen Vorgehensweise das Ruhigbleiben des Baumgipfels über längere Zeit.

Fruchtbehang im Gipfelbereich trägt zusätzlich zur Wuchsberuhigung bei und das gleich auf doppelte Weise. Den Früchten gelingt es besser als den Trieben, zum Wachstum nötige Kohlenhydrate an sich zu ziehen und den Gipfel durch ihr Gewicht nach unten zu biegen. Wer einen krummen Gipfel nicht anrührt und sich schnittmäßig zurück hält, sollte seine Bäume jahrelang ohne Mühe bändigen können.

Abschließend noch eine grundsätzliche Betrachtung zur Baumhöhe. Viele Praktiker haben sich auf eine Endhöhe von +/− 2,30 m eingeschossen, um vom Boden aus schneiden, ausdünnen und ernten zu können. Diese selbst für Bäume auf der Unterlage M 9 unphysiologische Situation dürfte jedoch **die** wesentliche Ursache für den weit verbreiteten Kampf gegen zu starkes Wachstum im Baumgipfel sein. Mit höheren Bäumen hätte man zweifellos weniger Schwierigkeiten. Es sei deshalb die Frage diskutiert, ob die allgemein übliche Baumhöhe unabänderlich ist.

Nehmen wir an, die Bäume würden bei gleicher Unterlage, Düngung usw. auf 3,00 m oder mehr gebracht. Welche Auswirkungen wären zu erwarten, wie müsste man auf die neue Situation reagieren?

Abb. 66. Möglichkeiten der Höhenbegrenzung: a = die Stammverlängerung wurde auf steil stehende einjährige Triebe zurückgesetzt, starker Neuwuchs ist vorprogrammiert; b = auch das Ableiten auf Fruchtholz an einem steil stehenden Zweig ist nicht viel besser; empfehlenswert ist das Ableiten auf einen Fruchtholzkranz (siehe Pfeil); c = ungewöhnlich, aber wirkungsvoll: einen blank geschnittenen Zapfen über einem Fruchtholzkranz stehen lassen.

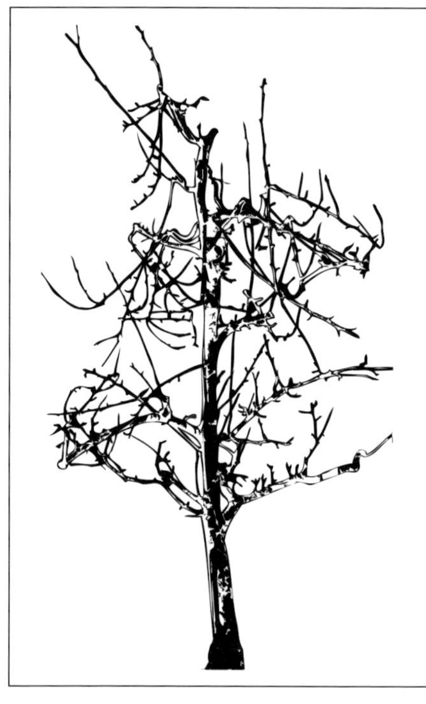

Abb. 67.
Auch Birnbäume können – trotz ihrer starken Spitzenförderung – durch Schnittmaßnahmen niedrig gehalten werden.

- Eine Rückkehr zur Arbeit mit Leitern steht dabei nicht zur Diskussion. Es gibt heute jedoch selbstfahrende Arbeitsbühnen, von denen aus man effektiv und angenehm bis in 4,00 m Höhe arbeiten kann.
- Die Leistungsfähigkeit der Pflanzenschutzgeräte dürfte ebenfalls kein Hindernis für die Behandlung der höheren Bäume sein.
- Aus physiologischer Sicht müsste vor allem die Belichtung aller Baumteile weiterhin gut sein. Dann darf man mit guter Qualität und bei gleichem Pflanzabstand auch mit höheren Erträgen rechnen. Eine gute Belichtung würde allerdings gegenüber niedrigeren Kronen einen lockereren Baumaufbau (= geringere Zweigdichte an der Stammverlängerung) und eine gewisse Abflachung der Kronen in Richtung Fahrgasse voraussetzen. Die Rundkronen der Spindeln würden zu Längskronen, die Baumreihe zu einer lichten geschlossenen Wand.

Unter diesen Prämissen könnte man auf eine etwas größere Blattfläche je m^2 kommen als in den heutigen Anlagen. Praktische Ansätze in dieser Richtung gibt es bereits. Experimentell gesicherte Versuchsergebnisse liegen jedoch noch nicht vor.

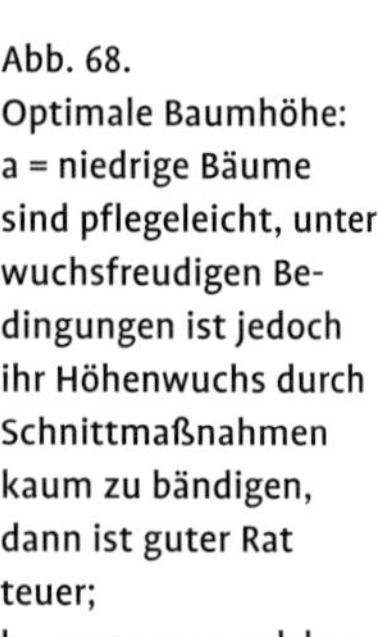

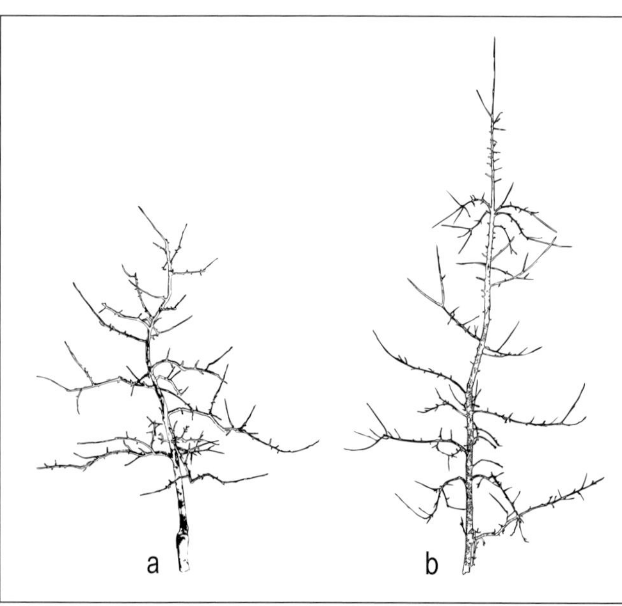

Abb. 68.
Optimale Baumhöhe: a = niedrige Bäume sind pflegeleicht, unter wuchsfreudigen Bedingungen ist jedoch ihr Höhenwuchs durch Schnittmaßnahmen kaum zu bändigen, dann ist guter Rat teuer;
b = wenn man solchen Bäumen mehr Höhe zugesteht, beruhigt sich ihr Wachstum von selbst.

Wachstumsausgleich innerhalb der Kronen

Gutes oder weniger gutes Schneiden im Ertragsalter schlägt sich unübersehbar auch in der Verteilung der Wuchsstärke im Baum oben bzw. unten nieder. Ziel muss es sein, die im unteren Bereich mit dem Alter nachlassende Wuchskraft so zu stärken, dass in diesem pflegeleichten Bereich immer noch ausreichend viele und kräftige Blütenknospen gebildet werden. Andererseits darf das von Natur aus geförderte Spitzenwachstum nie außer Acht gelassen werden.

Wer auch nur wenige Jahre in diesem Punkt nachlässig ist, bekommt erfahrungsgemäß schnell Probleme mit der **Überbauung der Kronen**. Die Ertragszone wandert nach oben. Die unteren Partien geraten unter Lichtmangel, die Blütenbildung lässt nach und kann sogar ganz ausbleiben. Die Früchte im Basisbereich werden zunehmend kleiner und schließ-

Tab. 8. Auswirkungen der Fruchtholzbehandlung/Belichtung auf die Fruchtgröße bei der Sorte 'Golden Delicious', Versuchsstation Bavendorf 1985			
Fruchtholzbehandlung	**% Früchte in den Größenklassen**		
	bis 60	**60–70**	**über 70 m**
Langholzschnitt	11,5	60,5	28,0
Langholzschnitt + Lichtschächte	6,0	50,5	43,5
Kurzholzschnitt	4,0	35,5	60,5

lich zu Mostobst deklassiert. Diese Entwicklung wird noch beschleunigt, wenn man der Belichtung der Krone zu wenig Bedeutung beimisst, d.h. ältere Bäume nicht genügend auslichtet.

Ein probates Gegenmittel ist es, den Kopf immer leicht und licht zu halten. Ganz kurz muss man dazu nicht schneiden. In mittlerer Höhe sind „Lichtschächte" für einen ausreichenden Lichtgenuss der Kronenbasis durch das Herausnehmen zu dicht stehender Zweige zu schaffen. Basisäste vitalisiert man durch verhaltenen Rückschnitt ihrer Verlängerungstriebe und der Fruchthölzer auf nach oben gerichtete Knospen, Spieße oder Fruchtruten. Fruchthölzer dürfen nicht ganz weggeschnitten werden, weil kahl geschnittene Stellen häufig weiterhin kahl bleiben.

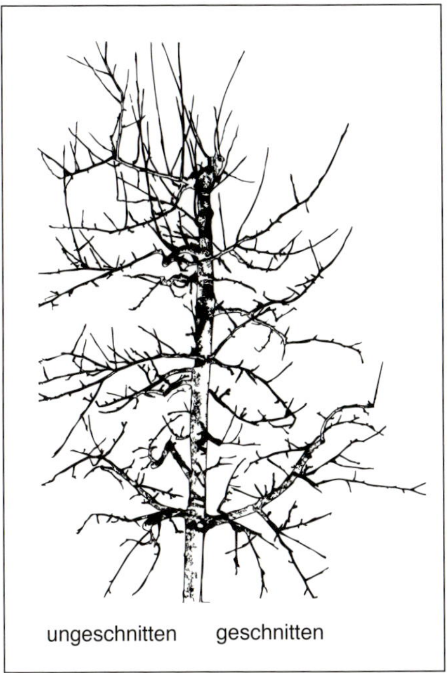

Ertrag und Fruchtqualität stabilisieren

Aus verschiedenen Ursachen können ruhige Bäume in starkes Wachstum zurückfallen. Vielfach ist damit eine unregelmäßige und unterdurchschnittliche Fruchtbarkeit verbunden. In diesem Fall ist auch die Fruchtqualität und die Fruchthaltbarkeit wechselhaft. Dieser Zustand bessert sich nur, wenn das Wachstum der Bäume geschwächt und damit ihre Fruchtbarkeit wieder stabilisiert wird.

Mit Winterschnitt ist dem Problem kaum beizukommen. Auch der vielfach zu diesem Zweck empfohlene Blüteschnitt führt nicht sicher zum Ziel, er kann sogar das Wachstum von Holztrieben fördern.

Erfolg versprechender ist das Schneiden der Bäume während der Vegetation. Im Juni/Juli zu schneiden, kann nur in ausgesprochenen Trockengebieten hilfreich sein. Unter normalen Bedingungen ruht das Triebwachstum nach so frühem Sommerschnitt nur kurze Zeit. Bald darauf trei-

Links: Abb. 69. Ausgewachsene Bäume müssen in allen Kronenteilen gut belichtet sein, die oberen Partien dürfen die tiefer gelegenen nicht beschatten, überbauen.

Rechts: Abb. 70. Zu dicht gewordene Kronen müssen durch Lichtschächte wieder lichtdurchlässig gemacht werden.

Tab. 9. Auswirkungen zweier Schnittintensitäten auf Ertrag und Fruchtgröße bei der Sorte 'Golden Delicious', Versuchsstation Bavendorf 1983

Baumregion	Ertrag (in %)	Früchte über 70 mm (in kg)	Mittleres Fruchtgewicht (in g)
Extensiver Schnitt			
0 bis 120 cm	15	4	136
120 bis 200 cm	53	17	160
Über 200 cm	32	10	168
Intensiver Schnitt			
0 bis 120 cm	33	8	149
120 bis 200 cm	35	10	163
Über 200 cm	32	32	170

ben die Bäume erneut aus. Als Folge der unzeitgemäßen Schnittbehandlung kann man im nächsten Jahr eine stark verminderte Blühdichte feststellen.

Der günstigste Termin für wuchsschwächenden Sommerschnitt liegt im Spätsommer gegen Mitte August. Jetzt können die Bäume ausgelichtet werden, ohne einen starken Neutrieb auszulösen. Man sollte dann so schneiden, dass im folgenden Winter gar keine oder nur noch minimale Eingriffe nötig sind. Nur wenn man diese Maßnahme einige Jahre fortsetzt, kann man auf eine Wuchsabschwächung hoffen.

Deutlich besser und vor allem schneller wirkt der sogenannte **Augustschnitt**, ein spezieller Sommerschnitt anstelle von Winterschnitt. Nach erfolgter Triebberuhigung kann man wieder zu verhaltenem Winterschnitt übergehen.

Chemische Wachstumshemmung. Die Wachstumssteuerung mit Bioregulatoren findet bei der Praxis immer ein offenes Ohr, besonders wenn der Wuchs mit anderen Maßnahmen kaum beherrschbar erscheint. Die sich sofort einstellende Wirkung verschiedener Bioregulatoren ist fürs Erste auch frappierend. Hinzu kommt die Möglichkeit, Arbeitsstunden einzusparen. Ganzbaumbehandlungen schwächen den Wuchs aller Kronenteile. Man kann jedoch auch partiell behandeln und so nur die Wuchskraft der wüchsigsten Kronenteile schwächen. Der erzielte Effekt ist jedoch auf das Behandlungsjahr beschränkt. Sobald man nicht mehr behandelt, wachsen die Bäume wie zuvor oder gar stärker. Insofern wirken August- und Wurzelschnitt anhaltender.

In der Vergangenheit war die chemische Wachstumsregulierung in Deutschland nur wenig verbreitet, es gab dafür längere Zeit keine zugelassenen Mittel. Dem gegenüber war die Anwendung von CCC (Chlormequat) im niederländischen und belgischen Birnenanbau eine als unverzichtbar angesehene Routine. Mittlerweile kann dieses Mittel jedoch nicht mehr eingesetzt werden. Es kam dagegen ein neues Produkt – Prohexadion – auf den Markt, das aus der Sicht des Verbrauchers und der Umwelt unbedenklich erscheint.

Näheres über seine Anwendung finden Sie in Kapitel 8.3 „Wuchsregulierung mit Bioregulatoren" (Seite 44).

Eine Alternative zum Augustschnitt ist der **Wurzelschnitt** (siehe Kap. 2). Verfügt man jedoch nicht über eine Beregnungsmöglichkeit, so ist in einem Trockensommer die Gefahr groß, dass die Früchte zu klein bleiben und unverkäuflich werden. Am wirksamsten ist ein vor Vegetationsbeginn vorgenommener Wurzelschnitt. Die Wuchsschwächung ist jedoch sehr ungezielt, weil man nicht genau ermessen kann, wie tief und wie weit vom Stamm entfernt zu schneiden ist. Wird die Wurzelkrone zu wenig eingeengt, so ist die Wirkung auf das oberirdische Wachstum zu schwach, greift man zu stark ein, so kann das Wachstum beinahe vollständig eingestellt werden. Die Blütenbildung ist dann häufig so stark, dass Alternanz in den Folgejahren im Vergleich zum vorherigen Zustand eher stärker als schwächer auftritt.

11.2 Steinobstspindeln

Die bisher üblichen großkronigen Kirschen- und Pflaumenbäume haben im Erwerbsanbau weitgehend der Spindel Platz gemacht. Diese Entwicklung sollten auch Gartenfreunde nutzen. Die niedrigen und schlanken Spindeln erleichtern das Pflegen und Abernten der Bäume ganz entscheidend. Auch werden die früher häufigen Unfälle durch Sturz von hohen Leitern mit dieser Baumform weitgehend hinfällig.

11.2.1 Pflanzmaterial

Beim Steinobst stehen nur für Süß- und Sauerkirsche einigermaßen schwach wachsende Unterlagen zur Verfügung. Sie konnten sich jedoch noch nicht überall gegen die Stärkeren durchsetzen. Pflaume, Aprikose und Pfirsich sind nach wie vor auf starke bis mittelstarke Unterlagen angewiesen. Daraus erklären sich die mit drei bis vier Metern überwiegend höheren Spindeln des Steinobstes.

Die Kriterien von guter Pflanzgutqualität entsprechen weitgehend jenen bei Apfel und Birne. Optimal sind

- einjährige, 170 bis 190 cm hohe Bäume
- mit vier bis sechs vorzeitigen Trieben in 70 bis 90 cm Höhe,
- die flach am Mitteltrieb ansetzen und mäßig stark sind.
- Der Stammdurchmesser sollte bei 20 bis 24 mm liegen,
- die Veredlungsstelle in 25 bis 30 cm Höhe.

Auch unverzweigte Bäume sind im Handel, vor allem bei verschiedenen Süßkirschen- und auch Pflaumensorten.

Nicht spindelgeeignet sind Bäume mit wenigen, starken und steilen Seitentrieben. Beim Unterordnen durch Niederbinden schlitzen sie gerne aus und es kann Gummifluss auftreten.

11.2.2 Schnitt im Pflanzjahr

Der **Mitteltrieb** von Kirschen und Pflaumen wird bei guter Pflanzware grundsätzlich nicht angeschnitten. Durch die Schonung der Spitzenknospe vermeidet man die Entwicklung steil stehender Seitentriebe und fördert die Entstehung von im weiten Winkel am Mittelast ansetzenden Fruchtästen. Nur wenn die Stammverlängerung einen sehr langen unverzweigten Bereich aufweist, schneidet man auch verzweigte Bäume sehr hoch an – 60 bis 80 cm über der letzten Verzweigung. Der Entwicklung eines Quirls aus starken Austrieben unter der Spitzenknospe von Süßkirsche beugt man durch das Ausbrechen der ersten fünf Knospen unter der Triebspitze vor.

Von den vorzeitigen Trieben belässt man maximal vier bis fünf. Sollten sie zu steil stehen, so müssen sie durch Binden in leicht ansteigende Stellung gebracht werden. Das kann notfalls auch noch im Sommer nachgeholt werden. Unter die Waagerechte dürfen sie nicht gebracht werden, weil sie sonst ihr Längenwachstum einstellen. Auch die Seitentriebe werden grundsätzlich nicht angeschnitten. Befürchtungen, dass sie verkahlen, sind nicht angebracht.

Nicht und unzureichend verzweigten Bäumen verhilft man zu günstig gestelltem Seitenholz durch Kerben oder Einsägen (mit einem Metallsägeblatt) über günstig gestellten Knospen an der Stammverlängerung in einer Höhe zwischen 70 und 130 cm. Bei starken Bäumen kann man auch noch höher gehen. Die Bäume belohnen den Aufwand durch einen gleichmäßigen Besatz mit flach stehenden Seitentrieben.

Wer diesen Aufwand scheut, muss in 110 cm Höhe anschneiden, um in gewünschter Höhe Austriebe für das Basisgerüst zu bekommen. Da die ersten Knospen unter dem Anschnitt steile Triebe ergeben, bricht man drei bis vier Triebe unter der Anschnittstelle bei etwa 15 cm Länge aus.

Konkurrenztriebe und Wasserschosse entfernt man am besten schon im Sommer. Man konzentriert damit die Assimilate auf die bleibenden Kronenelemente und unterstützt die Blütenbildung der Jungbäume.

Einjährige Veredlungen von Pfirsich und Aprikose muss man stärker als die übrigen Steinobstarten schneiden. Den Mitteltrieb schneidet man in 1,50 m Höhe an. Die stärksten Austriebe unter der Anschnittstelle werden ausgebrochen, solange sie noch nicht verholzt sind. Die vorzeitigen Triebe werden bis auf vier oder fünf in 70 bis 90 cm Höhe günstig verteilte gleich starke Triebe ausgelichtet und diese bei Pfirsich auf kurze Stummel geschnitten. Auf diese Weise bekommt man überwiegend flach gestellte kräftige Neutriebe für den Aufbau von Basisästen. Sehr lange Seitentriebe der Aprikose kürzt man um ein Drittel ein.

Steiltriebe müssen bei allen Steinobstarten rechtzeitig durch Binden oder Formierhilfen flach gestellt werden. Sie erstarken sonst sehr schnell und stören die Harmonie in der Krone. Spätere Formierversuche sind meistens zwecklos. Die Äste schlitzen dabei unweigerlich aus.

Mehr als bei Kernobstbäumen sollten bei Steinobst die **Schnitt- und Erziehungsmaßnahmen zwischen Austrieb und Ernteschluss** vorgenommen werden. Damit soll dem Auftreten von Rinden- und Holzkrankheiten, wie *Valsa*-Krankheit und Bakterienbrand, vorgebeugt werden. Schnittwunden verheilen in der genannten Zeit schneller als bei Spätherbst- oder Winterschnitt. Es ergeben sich dann weniger unverheilte Schnittwunden, d.h. Eintrittspforten für Krankheiten.

11.2.3 Erziehung der Jungbäume

Auf ausreichend entwickelte Basisäste als Gegengewicht für eine zu starke Entwicklung der Mittelachse sollte geachtet werden. Die Stammverlängerung muss deshalb im zweiten Jahr häufig noch einmal angeschnitten oder auf einen günstig stehenden Seitentrieb umgeleitet werden. Ab dem dritten Jahr wird die Mitte bei gutem Basisgerüst nicht mehr angeschnitten. Bei ungenügender Garnierung kann der Neuwuchs auch noch Mitte Juni auf seine Basis zurückgenommen werden. Es treiben dann noch schlafende Augen aus. Spätestens ab dem vierten Jahr lässt man die Mitte laufen.

Starke und steile Austriebe der Stammverlängerung werden noch im krautigen Zustand ausgebrochen oder gerissen. Weniger starke Triebe kann man bei Bedarf zwecks Wuchshemmung und Förderung der Blütenbildung im Frühsommer pinzieren oder leicht ansteigend formieren. Der Aufwand für das Binden junger Triebe ist jedoch nicht jedermanns Sache.

Eine andere Möglichkeit bietet das Ableiten über einen lebenden Zapfen oder das lange Anschneiden einjähriger Triebe auf Ableitauge. Brunner (1990) nennt diesen Schnitt, mit dem flach streichendes Holz erzeugt werden kann, sektorialen Doppelschnitt. Parallelen zum Ableitungsschnitt sind unverkennbar. Man schneidet einen relativ steil stehenden Trieb im Winter auf ein nach oben gerichtetes Auge. Dessen steiler Austrieb drängt die weiter unten befindlichen Jungtriebe nach außen. Im Sommer oder auch erst im darauffolgenden Winter leitet man auf einen günstig stehenden dieser Triebe ab. Durch mehrmalige Wiederholung der Prozedur hat Brunner in Ungarn breit gebaute Kronen von Aprikose, Pfirsich, Pflaume und Süßkirsche erzogen.

Die Verlängerungen der Basisäste werden erst zurückgeschnitten, wenn sich die Äste der Nachbarbäume berühren. Steile Neutriebe auf ihnen werden am besten schon durch Sommerriss entfernt. Schwächere steil stehende Triebe kann man im Zuge von Sommerschnitt auch entspitzen oder auf 20 cm Länge schneiden oder reißen. Sie bilden dann vielfach kräftige Blütenknospen im Basisbereich und möglicherweise einige Holztriebe an der Spitze, die je nach Stärke stehen bleiben oder später entfernt werden können.

Das Fruchtholz von Aprikose, Kirsche und Pflaume benötigt noch keinen Fruchtholzschnitt. Bei Pfirsich darf man damit nicht zu lange warten, weil abgetragenes Holz bei dieser Obstart in der Regel abstirbt. Um kahlen Stellen vorzubeugen, muss das Fruchtholz schon von Anfang an konsequent auf astnahe Triebe verjüngt werden.

11.2.4 Instandhaltung der Ertragsbäume

Die Maßnahmen zur Instandhaltung von Steinobstspindeln sind weitgehend dieselben wie bei Kernobstspindeln. In dem betreffenden Kapitel können deshalb viele Einzelheiten nachgelesen werden, auf deren Wiederholung der Kürze wegen im Folgenden verzichtet wird.

Das **Auslichten** von nicht benötigten starken Trieben wird möglichst während der Vegetation in Form von Sommerriss, Sommerschnitt oder dem Brechen junger Triebe zwecks Beruhigung des Wachstums und Förderung der Belichtung aller Kronenteile vorgenommen. Der Grundsatz der Aststärken-bezogenen Erziehung ist der Schlüssel für eine stets dominante Stammverlängerung. Wird ein Seitenast stärker als 50 % des Stammdurchmessers vor der Verzweigungsstelle, so geht die Dominanz der Mittelachse verloren und es kann am Astansatz Gummifluss auftreten.

Zu starke steile Äste müssen unbedingt rechtzeitig entfernt werden. Da beim Schneiden auf Astring relativ große Wunden entstehen, können Infektionen mit Holzkrankheiten erfolgen und den ganzen Baum gefährden. Um dem vorzubeugen, empfiehlt sich vor allem bei Aprikose, Kirsche und Pfirsich der Schnitt auf 20 bis 30 cm lange Zapfen. An ihnen entwickeln sich mehrere Triebe, die im Sommer bis auf einen an der Zapfenunterseite befindlichen ausgerissen werden. Sobald dieser doppelt bis dreimal so stark ist wie der ursprüngliche Zapfen, wird der Zapfen auf den erstarkten Ersatzzweig zurückgenommen.

Die Baumhöhe darf nicht zu früh reduziert werden, das Gipfelwachstum könnte sonst gereizt werden und zur Überbauung der Kronen führen. Man wartet deshalb, bis im Bereich der endgültigen Baumhöhe (2,50 bis 4,00 m) auf einen Kranz mit flachem und schwachem Fruchtholz umgesetzt werden kann.

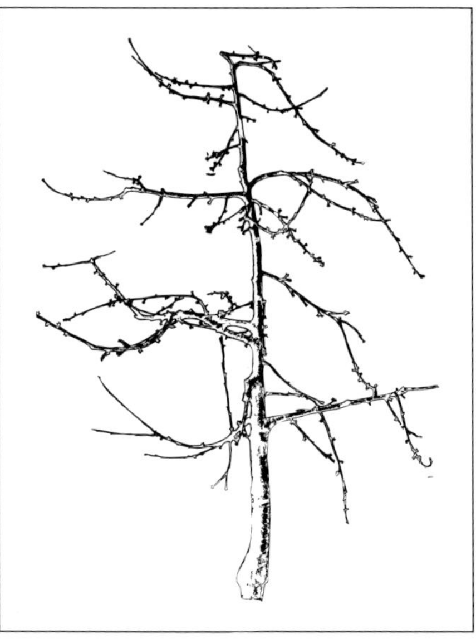

Abb. 71. Locker gebaute Süßkirschen-Spindel mit schwachen Fruchtästen an der Stammverlängerung.

Für den Erhalt der Fruchtbarkeit und hohe Fruchtqualität ist die **Fruchtholzpflege** ausschlaggebend. Altes abgetragenes Fruchtholz auf der Unterseite der Äste wird entfernt, zu langes Fruchtholz in den zweijährigen Bereich zurückgenommen. Das kräftigt das verbliebene Fruchtholz und fördert neue Triebe.

Bei der Pflaume sollte dieser Schnitt sortenabhängig gehandhabt werden. Langen Fruchtholzschnitt schätzen 'Ersinger Frühzwetsche', 'Felsina' und 'Katinka', kurzen Schnitt die 'Cacak'-Sorten, 'Hanita' und 'Top'. Bei 'Elena', 'Hauszwetsche', 'Italienische Zwetsche' ('Fellenberg') und 'Valjevka' entfernt man erst ältere Seitenzweige komplett, weil diese Sorten bevorzugt am älteren Holz tragen.

Besonders konsequent muss das Fruchtholz bei Pfirsich geschnitten werden. Es stellt sich sonst in wenigen Jahren das in Gärten beinahe übliche Bild von vergreisten, im Kroneninnneren völlig verkahlten Kronen ein. Das vordringliche Ziel sind jedoch Bäume mit alljährlich kräftigem Triebzuwachs möglichst nahe an Stammverlängerung und Basisästen.

In der Phase des ansteigenden Ertrags sollte man noch etwas zurückhaltend schneiden. Reine Holztriebe, sogenannte Räuber, setzen immer sehr steil an Mit-

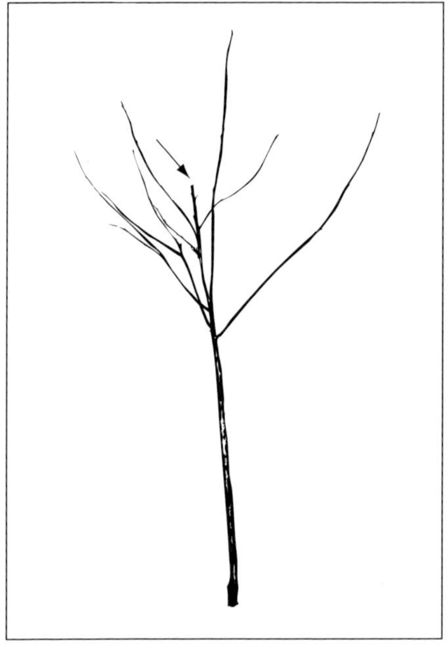

Abb. 72. Pflanzschnitt bei der Tellerkrone; die Stammverlängerung wird stark eingekürzt.

telast und Basisästen an. Sie schlitzen deshalb sehr gern aus. Auch verzweigen sie sich meistens schon im Entstehungsjahr. Bis Vegetationsende werden sie sehr stark und stören den Kronenbau empfindlich. Deshalb entfernt man sie am besten schon im Frühsommer.

Das andere Extrem sind Kurztriebe, die auf ihrer gesamten Länge Blüten und nur an der Spitze eine Blattknospe tragen (sog. falsche Fruchttriebe). Bei ausreichender Garnierung werden sie weggeschnitten.

Das beste Fruchtholz stellen die 40 bis 60 cm langen Triebe mit gemischten Knospen in der Triebmitte und Blattknospen im basalen und terminalen Bereich (wahre Fruchttriebe).

11.3 Tellerkronen

Im professionellen Pflaumenanbau steht neben der Spindel die Tellerkrone im Wettstreit um die kostengünstigere Kronenform. Beide Varianten haben ihre überzeugten Befürworter.

Das Pflanzmaterial für Tellerkronen entspricht genau dem für Spindeln. Einjährige Veredlungen werden zweijährigen Bäumen vorgezogen, weil sie sich im Pflanzjahr kräftiger entwickeln.

11.3.1 Schnitt im Pflanzjahr

Auf die Bedeutung und Ausführung des Wurzel-Anschnitts wurde schon bei der Schlanken Spindel hingewiesen.

Die Seitentriebe der Bäume werden bis auf 80 cm Stammhöhe aufgeputzt. Den Mitteltrieb schneidet man in einer Höhe von 110 bis 120 cm an.

Von den Seitentrieben belässt man nicht mehr als vier bis fünf. Sie werden nicht angeschnitten, um frühzeitig in Ertrag zu kommen. Bei Sorten mit steilem Wuchs (z. B. bei 'Bühler Frühzwetsche' und 'Hauszwetsche') sind sie möglicherweise noch flach zu stellen. Die Triebspitzen müssen immer den höchsten Punkt der Verzweigungen bilden. Damit ist ein anhaltendes Längenwachstum der zukünftigen Gerüstäste eingeleitet.

11.3.2 Erziehung der Jungbäume

Der Höhenzuwachs der Stammverlängerung muss zugunsten einer kräftigen Entwicklung der Seitenäste einige Jahre durch starken Rückschnitt zurückgehalten werden. Unter der Schnittstelle bilden sich einige steile Triebe. Der oberste von ihnen bleibt als Stammverlängerung erhalten und ungeschnitten. Weitere Steiltriebe unter ihm werden im Mai/Juni noch im krautigen Zustand ausgebrochen oder gerissen, spätestens jedoch im folgenden Winter weggeschnitten. Zwei bis drei der noch verbleibenden, flach von der Mittelachse abgehenden Triebe bleiben ungeschnitten und dienen zum Aufbau bleibender Leitäste in der Krone. Keinesfalls darf man Seitentriebe mit einem kleineren Astabgangswinkel als 45° zum Baumaufbau heranziehen, auch nicht bei von Natur aus steil wachsenden Sorten wie 'Bühler Frühzwetsche' und 'Hauszwetsche'. Wenn an der Stammverlängerung nur steil stehende Seitentriebe vorhanden sind, schneidet man diese konsequent weg. Es treiben dann Beiaugen zu einem flach gestellten Trieb aus. Wird diese Schnittmaßnahme unterlassen, so entstehen Schlitzäste, die in späteren Jahren Astbruch und Kronenlücken ergeben können.

Die Stammverlängerung wird bis zum fünften Standjahr in der beschriebenen Weise auf einen tiefer gelegenen mittelstarken Seitentrieb umgesetzt und dieser rund 40 cm über der letzten Verzweigung angeschnitten. Jetzt sind die für den Aufbau der Flachkrone benötigten Fruchtäste (etwa zehn) angelegt. Eine Stammverlängerung ist in den Folgejahren nicht mehr nötig. Sie wird ab jetzt immer herausgeschnitten.

Ein Rückschnitt der Leitäste findet in der Kronen-Aufbauphase nicht statt. Es werden nur starke steile Seitentriebe, die Konkurrenten der Leitastverlängerungen darstellen, weggeschnitten.

11.3.3 Instandhaltung der Ertragsbäume

Ein ausgewogenes Triebwachstum im Ertragsalter ist für die Neubildung von leistungsfähigem Fruchtholz wichtig. Langtriebe von 50 bis 70 cm sind eine gute Grundlage dafür. Wasserschosse und steile Äste müssen zum Erhalt der Kronenform entfernt werden, am besten schon im Sommer.

Leitäste werden auf ein- oder zweijährige, schräg nach oben gerichtete Seitentriebe abgeleitet, sobald Nachbarbäume ineinander zu wachsen drohen. Dadurch bleiben die Bäume kompakt und vital. Dichtes Fruchtholz ist auszulichten und durch Fruchtholzschnitt leistungsfähig zu halten. Dabei ist vor allem das abgetragene, hängende Holz beim Winterschnitt auf stehende Jungtriebe zurückzuschneiden. Auf diese Weise gelangt genügend Licht ins Bauminnere. Welche Sorten eher kurz oder lang zu schneiden sind, ist aus den entsprechenden Ausführungen bei der Steinobstspindel zu entnehmen.

Bei sehr gutem Fruchtansatz sollte im Juni zusätzlich nachgeschnitten werden. Dabei sind insbesondere dicht mit Jungfrüchten besetzte Fruchtholzpartien an der Spitze des Seitenholzes zu entfernen. Auf diese Weise entlastet man die Bäume frühzeitig und spart beim späteren Ausdünnen Handarbeit ein.

11.4 Pyramidenkronen

Pyramidenkronen lehnen sich weitgehend an die natürliche Entwicklung von Bäumen auf stark wachsenden Unterlagen an. Von spindelförmig erzogenen Bäumen unterscheiden sie sich durch ein komplexer gebautes Baumgerüst und meist erheblich umfangreichere Kronenmaße. Die verschiedenen Möglichkeiten der Fruchtholzbehandlung sind dagegen dieselben wie bei Spindeln und sollten dort nachgeschlagen werden.

Pyramidenkronen können als Niederstamm, Halbstamm oder Hochstamm erzogen werden. Solange noch nicht für alle Obstarten schwach wachsende Unterlagen zur Verfügung stehen, kann im Selbstversorgerobstbau und selbst im erwerbsmäßigen Anbau von Kern- und Steinobst – z. B. für die Verwertung – noch nicht gänzlich auf diese Kronenform verzichtet werden. Extensiv gepflegte Hochstammkronen des Landschaftsobstbaus – einstige Erwerbsobstbäume – haben vor allem eine hohe ökologische Bedeutung. Ihre Produktionsleistung darf darüber jedoch nicht vergessen werden, kommen in Deutschland zum Kummer der Intensivobstbauern

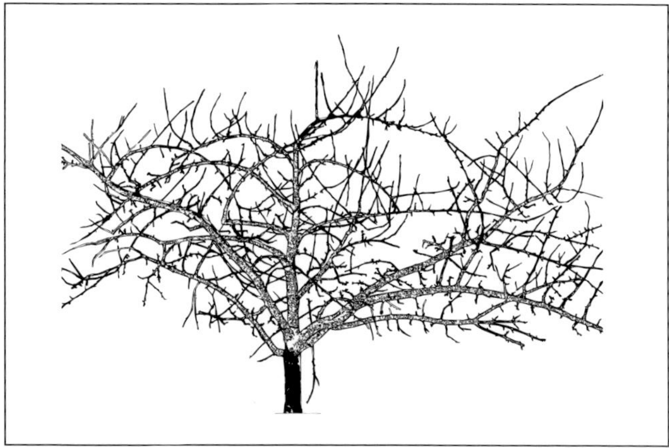

Abb. 73.
Bei der Tellerkrone ermöglichen zahlreiche flach gestellte Fruchtäste das Kurzhalten der Stammverlängerung.

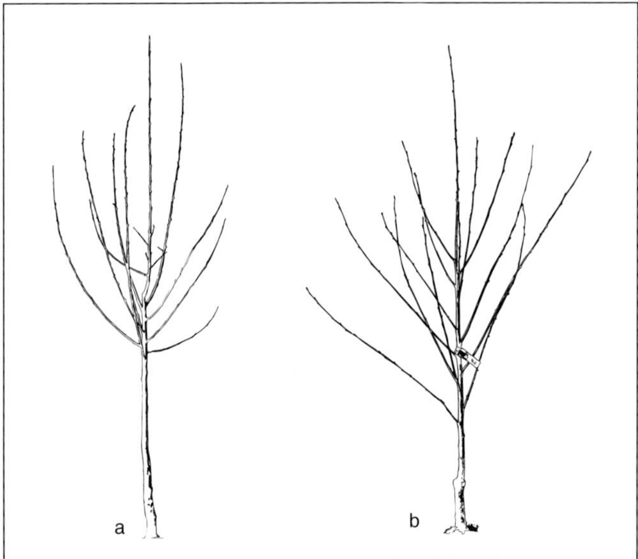

Abb. 74.
Pflanzware für Pyramidenkronen:
a = starker Baum, dem beim Pflanzschnitt zumindest zwei Konkurrenztriebe genommen werden müssen;
b = einjährige Sauerkirschen-Veredlung; beim Pflanzschnitt einige zu tief angesetzte Triebe entfernen, die übrigen auf drei bis fünf günstig verteilte reduzieren und diese um die Hälfte zurückschneiden.

doch immer noch erheblich mehr Äpfel aus dem Liebhaber- und Steuobstbau als aus Erwerbspflanzungen.

Für alle großkronigen Bäume von Kern-, Stein- und Schalenobst gilt, dass sie wie kleine Bäume auch im Kroneninneren gut belichtet und mit Fruchtholz garniert sein sollten und in allen Teilen fruchten. Dichte und überbaute Kronen tragen nur an der gut belichteten Peripherie Früchte. Bei älteren Bäumen sind oft zwei Drittel der Kronen unproduktiv.

Zur Überbrückung der üblichen großen Pflanzabstände werden breit gebaute Kronen angestrebt. Stammverlängerung und Leitäste müssen stabil und sicher am Stamm verankert sein, um im Vollertrag den Fruchtbehang zu tragen. Dies ist jedoch nur über ein mehrjähriges Anschneiden der Verlängerungstriebe zu erreichen.

11.4.1 Pflanzmaterial

Für die Erziehung von Pyramidenkronen werden je nach Obstart und Stammhöhe einjährige Veredlungen mit vorzeitigen Trieben und zwei- bis mehrjährige Bäume mit einer in Kronenhöhe aufgebauten einjährigen Krone angeboten. Unabhängig davon, ob Nieder-, Halb- oder Hochstämme erzogen werden, sollte die Pflanzware einige gut und gleichstark entwickelte Seitentriebe aufweisen. Recht vorteilhaft ist, wenn Konkurrenztriebe schon in der Baumschule entfernt wurden.

Nussbäume werden häufig als Heister gehandelt. Bei diesen zwei- bis mehrjährigen Sämlingen – besser sind sortenechte Veredlungen – trägt der Mitteltrieb Seitentriebe, die am endgültigen Standort nach dem Anschnitt auf die gewünschte Stammhöhe zum Aufbau der Krone herangezogen werden können. Zu tief stehende Triebe werden nach und nach weggeschnitten.

11.4.2 Schnitt im Pflanzjahr

Einjährige Veredlungen astet man zunächst auf die gewünschte Stammhöhe auf. Bei zwei- oder mehrjährigen Bäumen wird der Konkurrenztrieb abgetrennt. Falls die eigentliche Stammverlängerung relativ schwach oder beschädigt ist, leitet man sie auf den Konkurrenztrieb ab und macht ihn zur neuen Stammverlängerung. Wenn man so verfährt, wird der darunter liegende Seitentrieb zum Konkurrenztrieb und muss abgeschnitten werden.

Die Seitentriebe von kräftigen einjährigen Kronen lichtet man bei dichtem Stand aus. Obwohl die endgültige Krone nur aus der Stammverlängerung mit drei Leitästen aufgebaut wird, kommen wir im Pflanzjahr auch mit nur zwei Seitentrieben mit einem Abgangswinkel zwischen 50 und 60° zurecht. Der dritte Seitentrieb kann notfalls im nächsten Jahr nachgezogen werden. Wichtig ist, dass die zukünftigen Leitäste nicht quirlartig an der Stammverlängerung ansetzen, sondern über eine Strecke von 30 bis 50 cm am Stamm lose gestreut und gleichmäßig um ihn herum verteilt sind. Unter Umständen muss man den Ansatzwinkel oder die Richtung von Leittrieben durch Abspreizen noch korrigieren. Überzählige Seitentriebe können zur Ertragsverfrühung waagerecht gebunden werden. Sie bleiben ungeschnitten.

Anschließend schneidet man zuerst den schwächsten Seitentrieb auf etwa zehn Knospen, deren letzte nach außen gerichtet ist, zurück. Die übrigen Seitentriebe kürzt man auf die Höhe des ersten Schnitts (auf Saftwaage) ein. Erst danach schneidet man die Stammverlängerung ungefähr 10 cm über den Spitzen der Leittriebe an. Wer ein Übriges tun will, blendet noch je zwei Augen unter den Spitzenknospen von Stammverlängerung und Leittrieben.

Bei Aprikose, Pfirsich, Quitte und Sauerkirsche werden überwiegend einjährige Veredlungen mit vorzeitigen Seitentrieben gepflanzt. Diese sind zwar schwächer als die Seitentriebe der oben behandelten einjährigen Kronen, die Auswahl der zukünftigen Leitäste erfolgt jedoch genauso wie oben beschrieben. Falls nach dem Aufasten keine starken Seitentriebe mehr verbleiben, schneidet man die Mitte in gewünschter Kronenhöhe an, blendet drei bis fünf Knospen unter der Spitze und wählt unter den entstehenden Seitentrieben im nächsten Jahr drei kräftige gleichmäßig verteilte Triebe aus. Aus ihnen wird die Krone geformt, wie eingangs beschrieben. Bei Pfirsich sollte man alle überzähligen Seitentriebe im Pflanzjahr auf ein Basisauge zurückschneiden, um verfrühtem Fruchtansatz mit nachfolgender Erschöpfung vorzubeugen.

Abb. 75. Hochstamm ein Jahr nach dem Pflanzen. Vier Leitäste sind auf Saftwaage geschnitten, die übrigen Triebe waagerecht gebunden.

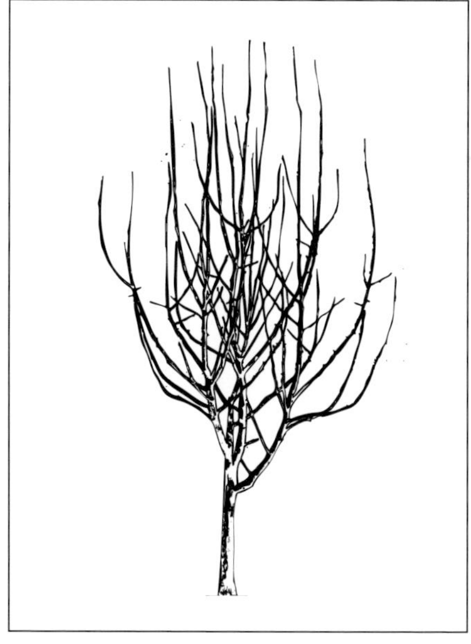

Abb. 76. Ein Problemfall; die Leitäste stehen zu steil, Konkurrenztriebe blieben stehen. Der Baum ist auf Wachstum programmiert.

11.4.3 Erziehung der Jungbäume

Da die Kronen in ausgewachsenem Zustand meistens breit und hoch sein sollen, muss ein tragfähiges Baumgerüst angezogen werden. Dazu dient das jährliche Anschneiden der Verlängerungstriebe von Stamm, Leitästen und Fruchtästen bis zu einem Baumalter von vier Jahren bei kleineren Kronen und etwa sechs Jahren bei Mittel- und Halbstämmen. Wenn die Leitaststellung bei steil wachsenden Arten und Sorten deutlich weniger als 45° beträgt, muss man den Ansatzwinkel durch Abspreizen vergrößern. Bei breit wachsenden Sorten kann die Stellung andererseits so flach sein, dass die Leitastverlängerungen unter die Waagerechte zu stehen kommen, in Fruchtholz umgebildet werden und dann ihrer Gerüstastfunktion nicht mehr gerecht werden. In diesem Fall müssen Leitäste hochgebunden oder über einen steil stehenden Trieb hochgeleitet werden. Die Beschreibung der einzelnen Erziehungsmaßnahmen erfolgt entsprechend der in harmonisch gebauten Pyramidenkronen vorliegenden Rangfolge Stammverlängerung – Leitäste – Fruchtäste – Fruchtholz.

Die Stärke des jährlichen Rückschnitts der Stammverlängerung orientiert sich an ihrem letztjährigen Zuwachs und an der Austriebswilligkeit von Obstart und -sorte. Wenn alle Knospen der Stammverlängerung Langtriebe ergeben haben, wurde zu kurz angeschnitten. Liegt jedoch eine gewisse Triebverkahlung vor, so wurde zu lang angeschnitten. Ein Rückschnitt um ein Drittel bis zur Hälfte dürfte überwiegend richtig sein.

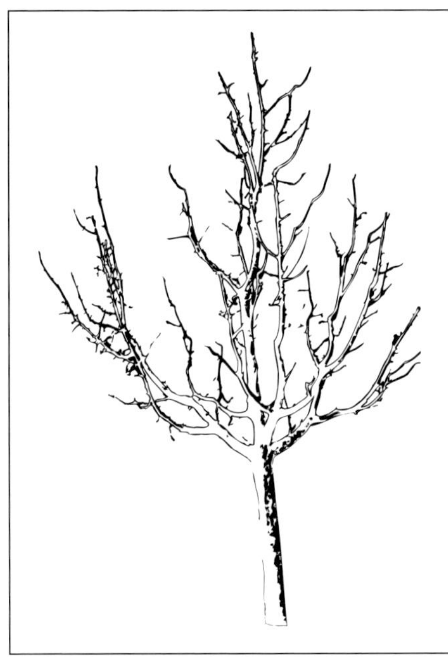

Abb. 77. Stammverlängerung, Leit- und Fruchtäste wurden jedes Jahr unnötig stark eingekürzt, ein Vorgehen, das den Eintritt der Fruchtbarkeit unnötig verzögert.

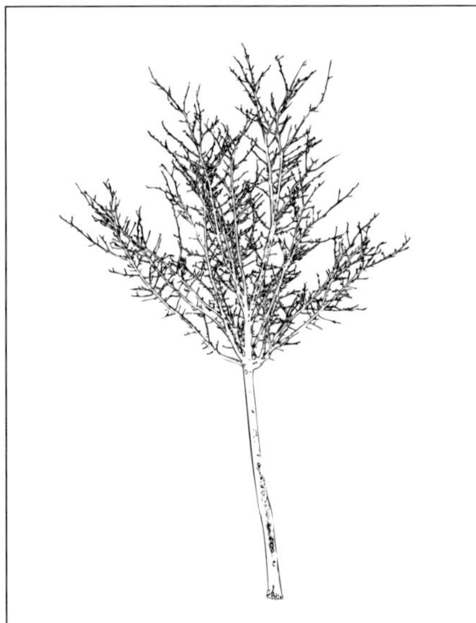

Abb. 78. Der junge Hochstamm wurde noch nie geschnitten; bliebe er weiterhin ungeschnitten, würde er unter Fruchtlast auseinanderfallen. Zur Schaffung einer geordneten Krone müssen einige Äste herausgenommen werden.

Sollten Bäume im Vorjahr nur einen Zuwachs bis 20 cm aufweisen, so wird die Stammverlängerung nicht angeschnitten. Gesunde Endknospen sind besser ausgebildet als Seitenknospen. Sie ergeben deshalb auch einen stärkeren Austrieb. Falls der Konkurrenztrieb stärker entwickelt ist, leitet man auf ihn ab.

Eine zweite Leitastgruppe über den im ersten und zweiten Standjahr angelegten drei Leitästen nahe der Kronenbasis ist aus Belichtungsgründen nicht sinnvoll. Zum Füllen des Kronenraums ist es vielmehr zweckmäßig, die Stammverlängerung über den drei bestehenden Leitästen als große Spindel zu behandeln. Man kann dazu etwa drei gedrungene Fruchtäste bis in zwei Drittel der endgültigen Baumhöhe mit einem gegenseitigen Abstand von etwa 1,00 m anschneiden. Im Raum dazwischen wird nur Fruchtholz geduldet. Steil und eng stehende Holztriebe werden entfernt.

Der Rückschnitt der Leitäste erfolgt wie schon bei der Stammverlängerung beschrieben. Der schwächste Leittrieb ist für den Rückschnitt der anderen maßgebend (Schnitt auf Saftwaage). Im Laufe der Jahre kann zunehmend länger geschnitten werden. Verkahlungen dürfen jedoch nicht auftreten. Etwa 80 cm von der Stammverlängerung entfernt wird auf der Astunterseite der erste Fruchtast angeschnitten, um die Ertragskapazität in Bodennähe zu erhöhen. Ihm folgen zwei Weitere im gegenseitigen Abstand von 0,80 bis 1,00 m, je nach der Wuchsstärke der Bäume. Sie sollen nach außen oder leicht seitlich gerichtet sein, um das Baumvolumen zu füllen, ohne die Belichtung und den Kronenzugang bei Schnitt- und Erntearbeiten zu behindern. Fruchtäste sollen außerdem etwa waagerecht verlaufen und den Leitästen klar untergeordnet sein.

An den Leit- und Fruchtästen befindet sich das Fruchtholz. Es wird generell nicht angeschnitten. In den ersten Jahren des Baumaufbaus kann man noch den einen oder anderen Holztrieb zur Fruchtholzgewinnung waagerecht binden. Der Fruchtholzstand sollte einerseits nicht zu dicht, andererseits nicht so licht sein, dass auf den Astoberseiten Rindenpartien durch Sonnenbrand gefährdet sind. Besonders Steinobstbäume sind für Sonnenbrand anfällig und büßen häufig ganze Äste ein, wenn man Bezirke mit abgestorbener Rinde nicht rechtzeitig vor der Infektion mit Holzkrankheiten schützt (siehe Wundpflege, Seite 14).

Behandlung vernachlässigter Jungbäume

Ist die Erziehung junger Bäume vernachlässigt worden, so muss man den entstandenen Schaden beseitigen. Die dafür erforderlichen Maßnahmen lohnen sich jedoch nur, wenn die Bäume nicht irreparabel durch Krankheiten oder mechanische Beschädigung geschwächt sind.

Bäume, die noch nie geschnitten wurden, müssen neu aufgebaut werden. Wenn keine intakte Stammverlängerung vorhanden ist, muss nach einer Ersatzmöglichkeit gesucht werden. Entweder findet sich dafür ein günstig stehender Ast, auf den man ableiten kann oder – besteht diese Möglichkeit nicht – man sägt die geschädigte Stammverlängerung heraus und baut eine Hohlkrone auf.

Vernachlässigte Bäume weisen häufig in unterschiedlicher Höhe zu viele gleichwertige Äste auf. Man liest unter ihnen die günstigsten für nur eine Etage mit drei bis vier Leitästen aus und sägt die überzähligen auf Astring weg. Stehen bleiben einige gut verteilte schwächere Zweige als Fruchtholz. Möglicherweise muss man den neuen Gerüstästen durch Spreizen oder Stäben noch einen weiteren Ansatzwinkel am Stamm oder eine andere Richtung geben. Zu stark abgesunkene Äste kann man aufbinden oder auf Reiter der Astoberseite zurücksetzen.

Alle nach innen wachsenden starken Zweige und Triebe auf den nunmehrigen Leitästen werden weggeschnitten. Zu dicht stehendes Seitenholz wird unter Schonung des jüngeren und flach stehenden Holzes ausgelichtet.

Erst danach kann an einen Rückschnitt zur Stabilisierung des Gerüsts und zur Anregung des Triebwachstums gedacht werden. Sind die Kronen noch verhältnismäßig jung, so genügt ein Rückschnitt der Ast- und Zweigverlängerungen. Bei schon etwas älteren Bäumen mit schwacher Neutriebbildung kann auch ein Rückschnitt ins zwei- bis mehrjährige Holz sinnvoll sein. Dabei ist die unter „Erziehung der Jungbäume“ angeführte Rangordnung Stammverlängerung – Leitäste – Fruchtäste – Fruchtholz einzuhalten. Bitte den Bäumen nicht den in Gärten gar nicht seltenen, an Heckenschnitt erinnernden Anschnitt aller Triebe der Kronenperipherie (= Topfschnitt) verpassen!

Die beschriebenen Korrekturen sind in den folgenden Jahren fortzusetzen, bis die anfänglichen Fehler ausgemerzt sind.

Abb. 79. Überbaute Kronen tragen schöne Früchte im oberen Bereich, jedoch auch minderwertige in der bodennahen, pflegeleichten Kronenbasis.

11.4.4 Instandhaltung der Ertragsbäume

Das Ende des Erziehungsschnitts ist gekommen, wenn die Gerüstäste so weit erstarkt sind, dass sie ihre noch immer zunehmende Fruchtlast tragen können ohne unter ihr abzukippen. Die Kronen füllen dann auch weitgehend ihren zugedachten Standraum aus und nähern sich ihrer Endhöhe. Ab diesem Stadium werden Stammverlängerung, Leitäste und Fruchtäste nicht mehr angeschnitten.

Ziel des Erhaltungsschnitts ist es, die gebildeten Assimilate von nun an weitgehend in Früchte und nur in so viel Neuwuchs

Abb. 80.
Alter gut aufgebauter Hochstamm, der immer noch sehr leistungsfähig ist.

umzusetzen, wie für regelmäßige Blütenbildung und hohe Blütenqualität nötig ist. Der Schnitt beschränkt sich auf das Auslichten der Kronen und auf die Verjüngung des Fruchtholzes. Die Bäume werden lichtdurchlässig gehalten, um ein Wandern der fruchtbaren Zone nach außen und oben zu verhindern. Auch eine Höhen- und Seitenbegrenzung durch Ableiten auf tiefer- oder stammnah ansetzende Äste ist von Zeit zu Zeit erforderlich, um die Baumpflege und Ernte zu erleichtern.

Irgendwann werden fruchtbeladene Äste dennoch absinken und eine flachere Stellung einnehmen. Bis zu einem gewissen Grad begünstigt das die Fruchtbarkeit der Bäume und beugt einem anhaltend starken Wuchs der Gerüstäste vor. Bei zu starkem

Abb. 81.
Alter Hochstamm, der nur noch für das Landschaftsbild und die auf ihm angesiedelte Tierwelt Bedeutung hat. Schnittmaßnahmen können ihn begrenzt vitalisieren.

Absinken (unter die Horizontale), gefolgt von zu schwacher Trieberneuerung, benutzt man einen Ständertrieb auf der Astoberseite zum Aufbau einer neuen (sekundären) Leitast- oder Fruchtastverlängerung. Nicht benötigte Ständertriebe sind jedoch regelmäßig zu entfernen, um die Harmonie des Kronenaufbaus zu erhalten.

Eingriffe werden auch erforderlich, wenn sich Leitäste aufrichten, zu Konkurrenten der Stammverlängerung werden und das Kroneninnere dicht machen, wenn nicht rechtzeitig dagegen vorgegangen wird, z. B. durch Ableiten auf einen flacher gestellten Ersatzast. Dieselbe Entwicklung kommt auch im Verhältnis Fruchtast zu Leitast vor. Entsprechende Störungen des Kronenbaus kann man vornehmlich an großen Kronen von Birne und Süßkirsche beobachten.

Überbauungen beugt man am besten durch das Lichthalten der Gerüstastspitzen vor. Das Ableiten der Gerüstäste auf tiefer und flach gestellte Seitenzweige – früher als Abdecken der Baumkronen gehandhabt – provoziert nicht selten starken Spitzenwuchs. Besser ist es, den Leitästen von vornherein eine flachere Stellung zu geben. Wenn sie unter Fruchtlast noch etwas weiter absinken, begrenzen sie ihren Zuwachs auf natürliche Weise.

Eine andere Situation ergibt sich, wenn Bäume durch zu hohe Erträge oder auch andere Ursachen stark geschwächt wurden. Wenn Auslichten und angepasster Fruchtholzschnitt keine ausreichende Vitalisierung bewirken, muss stärker – verjüngend – eingegriffen werden. Bei gepflegten Kronen genügt dazu meistens schon ein stärkeres Auslichten, unterstützt durch etwas stärkeren Fruchtholzschnitt. Kümmernde und insbesondere vernachlässigte Bäume verlangen dagegen häufig eine durchgreifende Regeneration.

Behandlung vernachlässigter Altbäume

Eine Sanierung ungepflegter Bäume erscheint nur sinnvoll, wenn sie noch weitgehend gesund sind. Anderenfalls ist es besser, diese Bäume durch junge zu ersetzen. Abstriche von dieser Forderung können allenfalls bei Streuobstbäumen gemacht werden, die aufgrund ihrer ökologischen Bedeutung nach Möglichkeit erhalten werden sollen.

In Anbetracht der meist großen und unübersichtlichen Bäume muss man die Schnittmaßnahmen strategisch angehen. Die Schere ist zunächst zur Seite zu legen, gearbeitet wird nur mit der Säge. Es ist auch nicht sinnvoll, die Kronen in einem Jahr sanieren zu wollen. Bedenken Sie, dass sich im Laufe der Jahre ein bestimmtes Verhältnis zwischen der Kronen- und Wurzelausdehnung herausgebildet hat. Dieses darf nur begrenzt zugunsten der Wurzel eingeengt werden, weil sonst der beabsichtigte Regenerationsschub über das Ziel hinausschießt und zu viel Wachstum bringt. Das bedeutet, die groben Schnittarbeiten werden besser auf zwei Jahre verteilt.

Der erste Arbeitsschritt gilt der Schaffung von Lichtschächten in den Kronen, um allen Kronenbereichen wieder ausreichenden Lichtgenuss zu verschaffen. Haben sich mehrere Stammverlängerungen entwickelt, so liest man die am günstigsten stehende aus und entfernt die anderen. Einem Auseinanderschlitzen der Kronen wird so vorgebeugt. Zu entfernen sind auch alle über der ersten Leitastgruppe der neuen Stammverlängerung angesiedelten Leitäste zuzüglich der entbehrlichen Fruchtäste. Starke Äste auf der Oberseite von Leit- und Fruchtästen, die in das Kroneninnere wachsen, müssen ebenfalls weichen. An der Garnierung der verbleibenden Äste schneidet man noch nicht herum.

Zu überlegen ist, ob man die groben Korrekturen im ersten Jahr auf den oberen Kronenbereich konzentriert und im folgenden Jahr die Kronenbasis behandelt. Man kann bei diesem Vorgehen erwarten, dass die anfangs ungestörte Kronenbasis den Wuchsimpuls im Gipfel dämpft.

In den folgenden Jahren kann an der Kronenarchitektur noch Feinarbeit geleistet werden. Hierbei wird auch überaltertes Fruchtholz ausgelichtet und durch Aufleiten auf junges Holz gekräftigt.

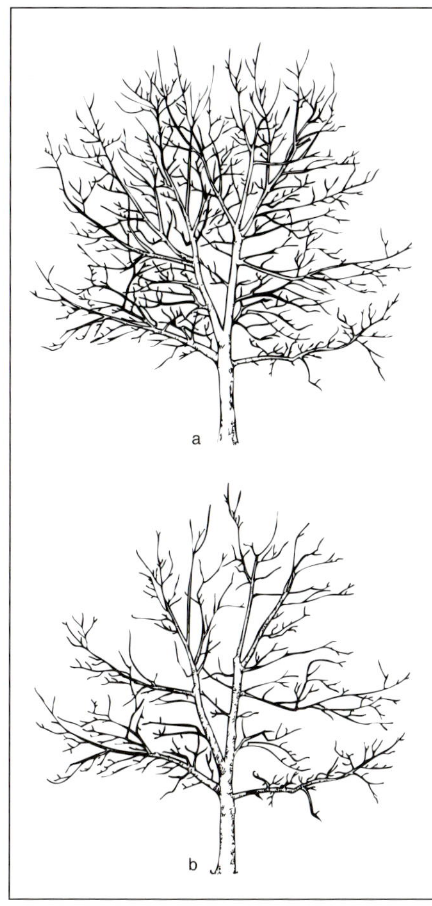

Abb. 82. Lichtmangel schließt hohe Fruchtbarkeit aus: a = langjährig ungeschnittener Hochstamm mit Lichtmangel im Kroneninneren; b = derselbe Hochstamm nach dem Auslichten, das Kroneninnere wird wieder fruchtbar.

Abb. 83. Kein erhaltungswürdiger Baum für den Erwerb, dafür umso mehr für Garten und Landschaft.

11.5 Dreiastkrone und Palmette

Im Erwerbsanbau spielen diese Baumformen nicht mehr die Rolle wie in vergangener Zeit. Man kann sie eigentlich als Übergang von den naturnahen Baumformen zu den naturentfernten verstehen. Aus dieser Sicht sind sie noch für den Erwerb interessant. Für den Obstliebhaber stellen sie eine weniger strenge und aufwendige Möglichkeit des Spalierobstbaus dar als klassische Spaliere.

Die Bäume werden an einem Drahtgerüst erzogen. Dieses ist für das Formieren der Krone und für das Anheften stark behangener Fruchtäste erforderlich.

Als Pflanzmaterial verwendet man ein- oder zweijährige Bäume mit wenigstens zwei gegenüberstehenden, kräftigen und flach angesetzten Seitentrieben in etwa 70 cm Höhe. Diese in Reihenrichtung orientierten Triebe werden in einem Winkel von 45 bis 60° am unteren Draht angeheftet und mäßig zurückgeschnitten. Die Stammverlängerung schneidet man unter der Ebene der Leittriebspitzen ab.

In den folgenden Jahren wird die Stammverlängerung durch Schnitt weiterhin so zurückgehalten, dass sie sich kaum stärker als die Leitäste entwickelt. Sollte sie einmal trotzdem zu stark werden, so kann man sie auch einmal ins zweijährige Holz zurücknehmen. Bei Dreiastkronen werden an der Stammverlängerung keine weiteren Leitäste angeschnitten. Der Raum über dem Basisgerüst wird mit leichten Fruchtästen und Fruchtholz ausgefüllt. Bei der Palmette wird dagegen nach dem Erstarken der untersten Leitäste ein weiteres Leitastpaar in 1,20 m Höhe angeschnitten. Im Jahr darauf oder noch ein Jahr später schließt man den Baumaufbau mit einer Etage aus zwei Fruchtästen ab.

Starke, in die Fahrgasse ragende Triebe werden nicht geduldet. Das Fruchtholz von Palmetten muss, dem geringeren Abstand der Leitäste entsprechend, kürzer gehalten werden als bei der Dreiastkrone. Schwache Triebe auf den Leitästen bleiben bei beiden Formen ungeschnitten, starke werden entweder entfernt oder bei ungenügender Garnierung auf Zapfen geschnitten. In den ersten Jahren kann man in gewissem Umfang Triebe auch waagerecht binden. Im Endzustand nehmen die Bäume Rechteckform an. Die Fruchtholzbehandlung erfolgt nach den bei Spindel- und Pyramidenkronen beschriebenen Kriterien.

11.6 Spalierformen für Apfel und Birne

Die meisten Spalierformen von Apfel und Birne haben eine strenge, naturentfernte Krone, bestehend aus einem oder mehreren Leitästen und dem daran befindlichen Fruchtholz. Letzteres wurde in der Blüte der Formobstbäume dem klassischen Fruchtholzschnitt unterworfen. Heute bevorzugt man wegen des geringeren Arbeitsaufwandes eine etwas längere Variante.

11.6.1 Spaliergerüste

Spalierbäume kann man an frei stehenden oder an verschiedenen Haus- und sonstigen Wänden befindlichen Spaliergerüsten erziehen. Diese müssen vor dem Pflanzen der Bäume errichtet werden, weil die Bäume von Anfang an auf sie als Halt und Formierhilfe angewiesen sind. Spaliergerüste sind jedoch keine reinen Zweckinstrumente. Durch ihre streng geometrische Gliederung bilden sie – zusammen mit den Bäumen – ein wesentliches gestaltendes Element mit ästhetischer Ausstrahlung.

Frei stehende Spaliergerüste bestehen aus stabilen Endpfosten aus Holz, Beton oder verzinktem Eisen. Zwischen sie werden in bestimmtem Abstand Zwischenpfosten gesetzt. Ihr gegenseitiger Abstand hängt davon ab, ob das Gerüst ganz aus Holz (Abstand etwa 3,00 m) oder gemischt aus Pfosten, Spanndrähten (möglichst rostfrei) und daran befestigten Spa-

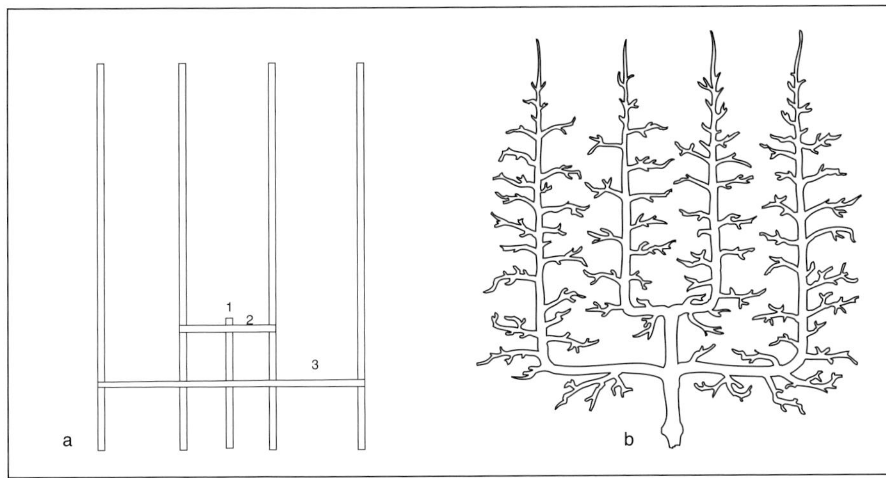

Abb. 84. Erziehung einer Verrier-Palmette: a = Gerüst für eine vierarmige Verrier-Palmette; 1 = Baumpfahl, 2 und 3 = Hilfslatten für die Formierung der waagerechten Palmetten-Arme.; b = ausgewachsene Verrier-Palmette.

lierlatten erstellt wird (in diesem Fall bis 4,00 m mit einer bis zum Boden reichenden Spalierlatte in der Mitte zum Abstützen der Last).

Der unterste Holzriegel oder Spanndraht verläuft etwa 50 cm über dem Boden in Stammhöhe. Für waagerechte Kordons ist das bereits das ganze Spalier. Für höhere Formen folgen zwei weitere Holzriegel bzw. Spanndrähte in 1-m-Abständen. An den horizontalen Holzriegeln bzw. Spanndrähten werden gehobelte Spalierlatten (30 × 30 mm) senkrecht im Abstand von je 60 cm für Kordons und von 30 bis 40 cm für alle mehrarmigen Spalierformen befestigt.

Wandspaliere sind weitgehend identisch aufgebaut. Der gute Halt an den Wänden ermöglicht jedoch wesentlich höhere Spaliere. An Wänden wirken Holzkonstruktionen besonders gut. Ihre Riegel werden mit Abstandhaltern an die Hauswand geschraubt und die senkrechten Latten in den oben genannten Abständen aufgeschraubt. Dabei sind möglichst korrosionsbeständige Schrauben zu verwenden, um einem Verfärben des Holzes vorzubeugen. Von der Hauswand sollten die Spalierlatten 10 bis 15 cm Abstand haben, damit die Bäume nach Regen rasch abtrocknen können und immer gut durchlüftet sind.

Da die Mauermaße im Einzelfall festliegen, sind die angegebenen Maße nur als Anhaltspunkte zu betrachten.

11.6.2 Klassischer Fruchtholzschnitt

In der älteren Fachliteratur wird der klassische Fruchtholzschnitt häufig sehr ausführlich beschrieben, woraus der Eindruck entstehen kann, es handele sich bei ihm um eine komplizierte Materie. Dem ist jedoch nicht so, wenn man sich auf das Wesentliche konzentriert.

Triebe, die direkt der Stammverlängerung oder den Leitästen von streng erzogenen Formen entspringen, erhalten folgenden **Sommerschnitt**:

- ❍ Frühzeitig abgeschlossene Triebe bleiben unbehandelt.
- ❍ Mäßig stark wachsende Triebe entspitzt man auf 10 bis 12 cm, sobald sie 15 bis 20 cm lang sind und noch keine Endknospe gebildet haben. Die meisten dieser Triebe werden nach einiger Zeit aus den oberen Knospen wieder austreiben. Damit sie sich nicht zu stark entwickeln, werden sie bei einer Länge von 10 cm auf den untersten Austrieb zurückgesetzt und dieser wird auf 6 cm gekürzt.
- ❍ Starke Triebe nimmt man bei 10 bis 12 cm Länge zwecks ausreichender Schwächung auf ihr erstes voll ausgebildetes Blatt zurück. Nach einigen Wochen erfolgt meist ein Wiederaustrieb. Man lässt diesen 12 bis 15 cm lang werden und entspitzt ihn erneut etwa 10 cm über der ersten Schnittstelle.

- Bei jungen kräftigen Bäumen können die zweimal entspitzten Triebe noch einmal austreiben. In diesem Fall werden die neuen Austriebe knapp über der zweiten Schnittstelle abgeschnitten. Weitere Sommerbehandlungen finden nicht mehr statt.

Langtriebe am Fruchtholz werden allgemein etwas kürzer pinziert. Man belässt ihnen jedoch wenigstens zwei gut entwickelte Augen. Fruchtspieße, Ringelspieße und Fruchtruten werden nie pinziert, weil sie die für die Blütenbildung optimale Wuchsstärke nicht überschreiten.

Der kritische Leser fragt sich nun vielleicht, warum das intensive Pinzieren den Wuchs schwächt, was so gar nicht in Einklang mit der Wirkung vieler Schnitteingriffe am Neuwuchs entspricht. Bei genauerer Überlegung zeigt sich jedoch, dass beim Pinzieren eine völlig andere Situation vorliegt als beim Rückschnitt von verholzten Trieben. Vor allem sind die Knospen noch nicht voll ausgebildet. Das Pinzieren hemmt eine gewisse Zeit ihre Weiterentwicklung. Der Wiederaustrieb ist deshalb infolge der schlechteren Knospenentwicklung geschwächt.

Beim **Winterschnitt** kommt es darauf an, das Fruchtholz einerseits vital zu halten, andererseits jedoch starke Triebe weiterhin zu schwächen. Fruchthölzer sollten den ihnen zugestandenen Raum nicht überschreiten. Man lässt sie deshalb nicht länger werden als ungefähr 30 cm. Wesentliche zielführende Maßnahmen dafür sind:

- Starke einjährige Triebe an Stamm und Leitästen werden auf (schwache) Nebenaugen knapp über der letzten Pinzierstelle zurückgeschnitten. Sie können zwecks weiterer Wuchsschwächung und zur Blühförderung zusätzlich in der Mitte angebrochen werden.
- Langtriebe an der Spitze von Fruchtholzsystemen werden auf einen Fruchtspross mit Blütenknospe zurückgenommen.
- Schließt in einem Fruchtholzsystem der Fruchtspross unter dem Spitzentrieb mit einer Blattknospe ab, so wird der übergeordnete Spitzentrieb nur zurückgeschnitten, nicht entfernt, um den Wuchsimpuls vom untergeordneten Fruchtholz fernzuhalten. Der Rückschnitt auf Blütenknospe erfolgt erst im nächsten Jahr.
- Ältere und nicht mehr sonderlich vitale Fruchtholzsysteme werden auf einen tiefer liegenden Spieß abgeleitet, verjüngt. Auf diese Weise wird auch ihre Ausladung reduziert.

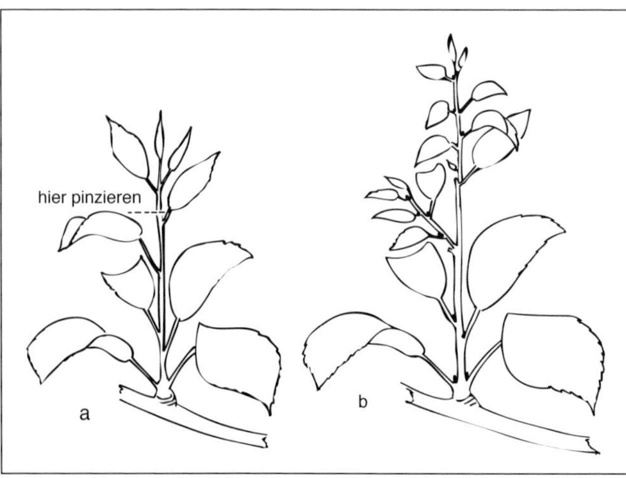

Abb. 85. Klassischer Fruchtholzschnitt: a = erstes Pinzieren; b = danach Austrieb von zwei Knospen; der Spitzentrieb muss bei anhaltendem Wachstum nochmals pinziert werden.

11.6.3 Schnurbäume (Kordons)

Der Schnurbaum kann als Grundform weiterer Spalierformen angesehen werden, denn viele sind nichts anderes als mehrere zu einer Krone zusammengefasste Schnurbäume. Unterformen des Schnurbaums sind der senkrechte, der schräge und der waagerechte Schnurbaum (Kordon).

Senkrechte und schräge Kordons werden im Abstand von 60 cm gepflanzt. Der etwas weitere Pflanzabstand gegenüber zusammengesetzten Spalierformen erklärt sich durch die höhere Wuchsstärke dieser einarmigen Spalierformen. Niedriger als 2,70 m sollte man sie nur bei schwach wachsenden fruchtbaren Sorten ziehen. Sonst hat man einen ständigen Kampf mit dem Wachstum auszufechten. Pflanzmaterial sind einjährige Veredlungen mit kurzen vorzeitigen Trieben oder unverzweigte Ruten. Beide schneidet man nach dem Pflanzen nicht an. Bei den unverzweigten Bäumen wird ab Stammhöhe bis etwa 30 cm unter der Spitze jede dritte Knospe gekerbt, um sie sicher zum Austrieb zu bringen.

Die Stammverlängerung wird regelmäßig an ihre Spalierlatte gebunden und jedes Jahr nur so weit zurückgeschnitten, wie für das Austreiben aller Knospen notwendig ist. Je länger der Vorjahrestrieb ist, desto länger wird er auch angeschnitten. Den Austrieb der Seitenknospen kann man durch Kerben fördern. Etwa alle 10 cm sollte ein Fruchtholz am Stamm ansetzen. Zu dicht stehende Triebe werden frühzeitig ausgebrochen, ebenso Triebe, die zur Wand stehen sowie steil stehende Konkurrenztriebe. Hat der Kordon seine Endhöhe erreicht, so schneidet man seinen Verlängerungstrieb jährlich sehr kurz, um ihn nicht höher werden zu lassen.

Vordringliches Erziehungsziel ist es, nur Triebe zur Entwicklung kommen zu lassen, die für die Form und Fruchtbarkeit verwertbar sind. Alle nicht von selbst blühfähigen Seitentriebe müssen geschwächt und in Fruchtholz umgewandelt werden. Wichtigste Maßnahme dafür ist das Entspitzen der noch krautigen Triebe. „Wenn bei der Ausführung des Winterschnitts außer an den Verlängerungen auch an den Seitenzweigen viel geschnitten werden muss, so ist der Beweis erbracht, dass die Bäume den Sommer über vernachlässigt wurden, und wenn künftighin diese Bäume während ihres Wachstums nicht sorgfältiger behandelt werden, wird es nur in Ausnahmefällen gelingen, die ersehnte Fruchtbarkeit zu erlangen“, so NICOLAS GAUCHER (1903).

Schräge Schnurbäume werden, ihr Name sagt es schon, schräg im Winkel von 45° gepflanzt, im Übrigen jedoch genau so erzogen wie die senkrechte Form. Sie sollen aufgrund ihrer geneigten Stellung weniger stark wachsen als senkrechte Schnurbäume.

Waagerechte Schnurbäume wurden in der Vergangenheit gern als Trennelement zwischen verschiedenen Gartenbereichen verwendet. Ihr Stamm wird in 60 cm Höhe waagerecht abgebogen. Die Spitze der Stammverlängerung muss jedoch zwecks Wuchsförderung immer schräg nach oben weisen. Der hinter ihr liegende Zuwachs wird, der Stammverlängerung folgend, immer wieder am Spaliergerüst waagerecht geheftet bis die Endlänge des Spalierarms erreicht ist.

Statt eines einarmigen waagerechten Kordons kann auch einer mit je einem nach links und rechts weisenden Arm erzogen werden.

Säulenbäume sind viel einfacher zu behandeln. Ihrer genetischen Veranlagung entsprechend bilden sie von Natur aus das gewünschte kurztriebige Fruchtholz. Langtriebe treten nur in sehr geringer Zahl auf. Beim Schneiden sind nur diese zu entfernen. Sehr dicht gewordene Fruchtholzsysteme muss man gelegentlich auslichten.

11.6.4 U-Formen

Nach dem senkrechten Kordon ist die **einfache U-Form** (= doppelter senkrechter Kordon) am leichtesten zu erziehen. Da sich die Wuchskraft auf zwei Leitäste verteilt, können auch relativ niedrige Bäume erzogen werden. Außer der einfachen Form kennt man auch die zweifache.

Wer mehrere einfache U-Bäume nebeneinander wünscht, pflanzt sie im Abstand von jeweils 80 cm (= zweimal Rastermaß der Spaliergerüste) genau zwischen zwei senkrechte Spalierstäbe. Unverzweigte einjährige Veredlungen sind das geeignetere Pflanzmaterial. Man schneidet sie in 50 cm Höhe an. Die beiden obersten Augen sollen zwei Triebe liefern, die man für die Bildung der zwei Leitäste benötigt. Zunächst lässt man die Neutriebe schräg nach oben wachsen. Ein zu steiles Wachstum wird durch Anheften an die Spalierstäbe verhindert. Sobald die Triebe 50 cm lang sind, biegt man ihre untere Hälfte waagerecht. Kurz vor der linken bzw. rechten Spalierlatte (= Biegestelle des Triebes nach oben) biegt man danach beide Triebe unter leichtem Drehen vorsichtig nach oben und heftet sie an die beiden Spalierlatten. Als Ergebnis erhält man die ge-

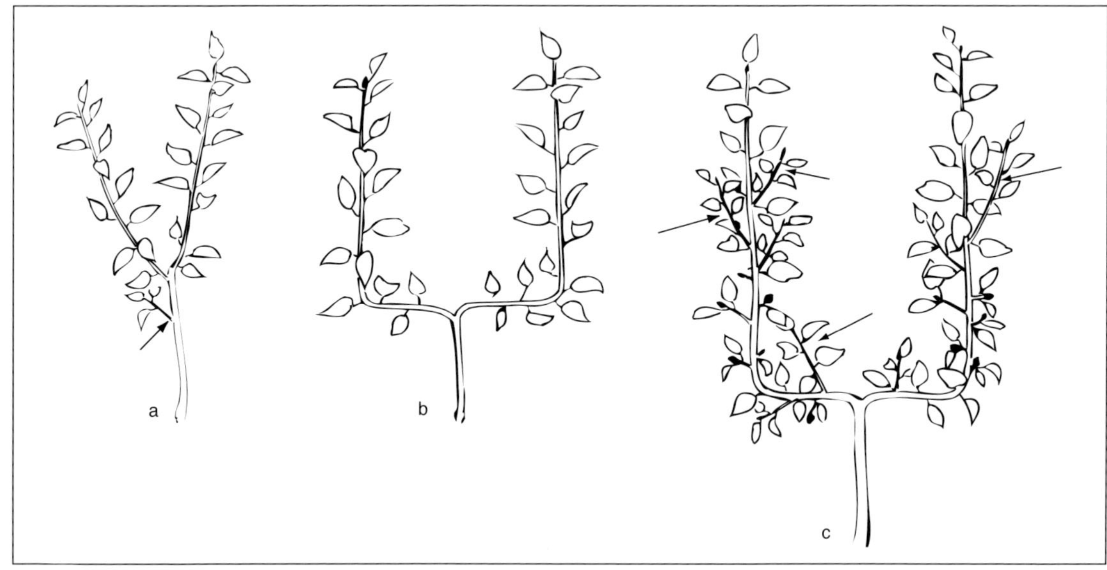

Abb. 86.
Erziehung einer einfachen U-Form:
a = Pflanzschnitt;
b = Formieren der U-Form;
c = Langtriebe durch Sommerschnitt in Fruchtholz umwandeln.

wünschte U-Form mit zwei senkrechten Leitästen im Abstand von 40 cm.

Für eine **doppelte U-Form** pflanzt man die Bäume im Abstand von 160 cm genau zwischen zwei senkrechte Spalierlatten – bei einem Rastermaß der Spalierlatten von 40 cm – und erzieht zwei U-Paare auf den kurzen Armen eines auf 80 cm verbreiterten U. Man geht zunächst wie bei der Erziehung eines zweiarmigen waagerechten Kordons vor. Seine Arme werden 40 cm links und rechts vom Stamm nach oben gebogen. Im folgenden Winter schneidet man sie auf 30 cm über der Biegung zurück. Im Sommer darauf zieht man auf den beiden 30-cm-Armen je eine U-Form in der schon beschriebenen Weise heran.

In der Folgezeit ist darauf zu achten, dass sich die Leitäste gleichmäßig entwickeln. Das ist bei der doppelten U-Form schwieriger als bei der einfachen. Ausgleichende Korrekturen sind durch ungleich hohes Anschneiden im Winter und durch Pinzieren der stärker wachsenden Leitäste im Sommer möglich. Eine Wuchssteuerung ist auch möglich, indem man stärkeren Ästen mehr Früchte belässt als schwächeren.

Die Erziehung und Instandhaltung des Fruchtholzes aller U-Formen ist in Kapitel 11.6.2 „Klassischer Fruchtholzschnitt" beschrieben.

11.6.5 Verrier-Palmetten

Verrier-Palmetten können mit und ohne Stammverlängerung gezogen werden. Solche mit Stammverlängerung haben eine ungerade Anzahl von Leitästen, ohne Stammverlängerung eine gerade. Als leichter erziehbar gelten Verrier-Palmetten ohne Stammverlängerung. Im Folgenden sollen deshalb die Verrier-Palmetten ohne Stammverlängerungen detaillierter beschrieben werden.

Verrier-Palmetten setzen sich aus mehreren über einander angeordneten und unterschiedlich breiten U-Formen zusammen. Deren Leitäste werden zunächst waagerecht und dann senkrecht gezogen. Der gegenseitige horizontale und vertikale Abstand der Leitäste gleicht immer dem Rastermaß des Spaliergerüsts. Bei größeren Formen müssen deshalb die unteren Leitastpaare eine bedeutende Strecke waagerecht wachsen, bevor sie senkrecht gestellt werden können. Geläufig sind Verrier- Palmetten mit zwei oder drei Leitastpaaren.

Vorgeformte Verrier-Palmetten werden in Baumschulen nur selten angeboten. Man pflanzt deshalb entweder unverzweigte einjährige Veredlungen auf der mittelstark wachsenden Unterlage M 26 oder bereits verzweigte.

- Unverzweigte Pflanzen schneidet man auf 60 cm Höhe zurück. Außer der Spitzenknospe sollen in etwa 50 cm Höhe zwei gegenüber liegende Augen nicht zu steil austreiben. Ihre Triebe sollen dem Aufbau der ersten Leitastetage dienen.
- Bei Pflanzen mit vorzeitigen Trieben liest man in Stammhöhe zwei gleich starke, einander gegenüberliegende und flach ansteigende Triebe für die erste Leitastetage aus. Sie werden nicht angeschnitten. Die Stammverlängerung wird auf einen Seitentrieb knapp über den zukünftigen Leitästen abgeschnitten, der Seitentrieb seinerseits auf Astring gesetzt. Auf diese Weise sollen sich im folgenden Sommer eine schwache Stammverlängerung und zwei kräftige Zweige als zukünftige Leitäste entwickeln.

Der weitere Aufbau soll am Beispiel einer sechsarmigen Verrier-Palmette erläutert werden. Die Leitäste der ersten Etage müssen zügig etwa 1,50 m Länge erreichen, bevor sie in 1,20 m Entfernung vom Stamm an der dritten Spalierlatte senkrecht nach oben geleitet werden. Das kann zwei bis drei Jahre dauern. Voraussetzung für ihr flottes Wachstum sind schräg nach oben gerichtete Triebspitzen (siehe waagerechter Schnurbaum, Seite 91). Bei ausreichender Länge werden die Äste waagerecht gestellt. Man kann sich diese Arbeit erleichtern, indem man kurze Stäbe in entsprechender Höhe am Spaliergerüst anbringt und die Leitäste an ihnen festbindet. Das Biegen der Äste nach oben fällt leichter, wenn man auf der Innenseite der Biegung mit der Säge einige Einschnitte bis zur Astmitte in Abständen von 2 cm anbringt. Diese Sägeschnitte verhindern das Abbrechen der Zweige und verheilen rasch.

Das Wachstum der Stammverlängerung muss in dieser Zeit durch kurzen Anschnitt im Winter und Pinzieren im Sommer – soweit notwendig – gebremst werden. Die Baummitte würde andernfalls zu sehr erstarken und den Aufbau der ersten Etage stören. Außer den Leitästen darf sie keine weiteren Verzweigungen tragen. Erst wenn die äußeren Leitäste eine Höhe von 60 cm über ihrer Basis erreicht haben, kann an der Stammverlängerung 40 cm über der ersten eine zweite Etage angeschnitten werden.

Die weitere Erziehung gleicht jener der ersten Etage. Zu beachten ist, dass die Spitzen ihrer Leitäste (Arme) etwa 20 cm unter der Höhe der ersten Etage zu halten sind. Zu schnell hochgezogen, würden sie aufgrund ihrer günstigeren (höheren) Stellung in der Krone den Leitästen der ersten Etage stark Konkurrenz machen. Wenn auch sie die Höhe von 60 cm über ihrer Basis erreicht hat, kann die dritte Etage 40 cm über der zweiten entwickelt werden. Sie wird wie die beiden ersten erzogen.

Solange die Krone noch nicht vollendet ist, sollen die äußeren Leitäste immer die längsten sein. Zur Mitte hin werden die Äste immer kürzer gehalten. Das Gleichgewicht zwischen ihnen wird im Wesentlichen durch Rückschnitt, Entspitzen und unterschiedlich starkes Ausdünnen der Früchte bewahrt. Hat das äußere Astpaar seine vorgesehene Höhe erreicht, so können die übrigen Verlängerungen nachgezogen werden. Von da an werden sie jährlich auf schlafende Augen an der Triebbasis zurückgeschnitten.

Das Fruchtholz an den Leitästen wird wie beim Kordon beschrieben erzogen und in Stand gehalten.

11.7 Spalierformen für Steinobst

Die Steinobstarten eignen sich aufgrund ihres längeren Fruchtholzes weniger für streng erzogene Spaliere als Kernobst. Sie werden deshalb bevorzugt als Fächer oder als formlose Spaliere mit langem Fruchtholz erzogen.

11.7.1 Fächerspaliere

Aprikose, Pfirsich und Sauerkirsche eignen sich besonders für diese Erziehungsform. Pflaumen- und Süßkirschenfächer findet man weit weniger, weil für diese Obstarten lange Zeit keine wuchsschwächende Unterlage zur Verfügung stand und in den Gärten nicht genügend Platz für die oft bis 5,00 m breiten Fächer vorhanden war. Diese Situation hat sich mittlerweile geändert. Der Erziehung von Pflaumen- und Süßkirschenfächern steht also grundsätzlich nichts mehr im Wege.

Fächerspaliere kann man mit oder ohne Mitteltrieb erziehen. Erzieht man sie ohne einen solchen, so besteht weniger die Gefahr, dass die Mitte des Spaliers stark durchtreibt und die Seitenäste schwächt. In der englischen Fachliteratur findet man nur die nachfolgend beschriebene Fächerform ohne Mitte.

Als Pflanzmaterial sind einjährige Veredlungen mit Seitentrieben unverzweigten Ruten vorzuziehen, sofern sie in Stammhöhe (50 cm) auf beiden Seiten zwei gut platzierte Seitentriebe aufweisen. Sie bilden den Grundstock für den Fächer. Der Mitteltrieb und alle übrigen Seitentriebe werden weggeschnitten. Die zwei verbliebenen Triebe werden an Bambusstäbe geheftet, die zuvor im Winkel von 45° an den Querdrähten eines Drahtrahmens befestigt wurden. Danach werden sie – die zukünftigen Leitäste – auf 40 cm Länge zurückgeschnitten. Zusätzlich blendet man noch drei Knospen unter der Spitze.

Die weitere Erziehung soll wie folgt ablaufen. Die Verlängerungen der beiden Leitäste werden jährlich so angeschnitten, dass sich immer genügend viele und ausreichend starke Seitentriebe auf ihrer Ober- und Unterseite bilden. Unter ihnen liest man schon im Sommer diejenigen mit einem Abstand von 50 bis 60 cm aus und heftet sie fächerförmig verteilt an den Drahtrahmen. Sie bilden als zukünftige Fruchtäste mit den beiden Leitästen das Gerüst des Fächers. Starke Holztriebe – auch Wasserschosse oder Räuber genannt – werden schon in frühem Stadium entfernt. Der jährliche Rückschnitt der Leit- und Fruchtäste soll eine ausreichende Verzweigung und eine annähernd rechteckige Fächerform ergeben. Eine zu steile Stellung der Leitäste und ein zu langes Anschneiden könnte die Ausfüllung der bodennahen Zone mit Fruchtholz gefährden.

An Leit- und Fruchtästen befindet sich das Fruchtholz, das bei Pfirsich und Sauerkirsche regelmäßig ausgelichtet und verjüngt werden muss, um einer Verkahlung des Fächers vorzubeugen. Dabei sollten die Wuchs- und Fruchtungseigenschaften der Obstarten und -sorten berücksichtigt werden.

11.7.2 Formlose Spaliere

Bei formlosen Spalieren hört jede Art von Symmetrie und Zwang auf. Man verteilt nur die Zweige und Äste über die zur Verfügung stehende Fläche und gestattet dabei den Bäumen eine weitgehend natürliche Entfaltung, wenn das Fruchtholz nur genügend Entwicklungsspielraum zwischen den Leitästen und Fruchtästen findet.

Das Baumgerüst besteht wieder aus einer Stammverlängerung mit zwanglos nach beiden Seiten orientierten Leit- und Fruchtästen. Es kann einer Palmette nahe kommen oder völlig unregelmäßig gebaut sein, ganz wie es die Situation zulässt. Stark wachsende Birnen- und Apfelspaliere haben in der Vergangenheit die Fenster ganzer Häuserfronten eingerahmt und in besonderem Maße zur Verschönerung der Ortschaften beigetragen.

Als Pflanzmaterial empfehlen sich wieder einjährige Veredlungen auf mittel- bis stark wachsender Unterlage. Das Baumgerüst wird in Anlehnung an die Palmette oder Dreiasthecke erzogen. Die Leit- und Fruchtäste müssen jedoch nicht immer gleich stark oder mit derselben Neigung wachsen. Trotzdem gleichen sich im Laufe der Zeit manche ungleiche Entwicklungen aus, ganz wie bei sich selbst überlassenen Naturkronen. Zu beachten ist nur, dass das Fruchtholz gut belichtet ist und genügend Entwicklungsraum vorfindet sowie in ausreichendem Maße vital gehalten wird. Zu diesem Zweck wird es eher lang als kurz geschnitten. Triebe, die zur Wand oder steil in die Krone wachsen, werden entfernt. Im Übrigen sind auch bei formlosen Spalieren die art- und sorteneigenen Besonderheiten bei der Erziehung und Instandhaltung der Kronen zu beachten.

12 Artgerechte Kronenbehandlung der Baumobstarten

Mit dem Schneiden der Bäume lenken wir ihre Wuchsintensität und ihre räumliche Ausdehnung, steuern den Ertrag und die Fruchtqualität. Dabei formen unsere Ansprüche aus Naturkronen Kulturformen. Dennoch bleiben wesentliche Grundzüge des naturgegebenen Wuchsverhaltens und des Fruchtholzes erhalten.

Von herausragender Bedeutung ist neben der Blühfreudigkeit der Obstbäume die für Fruchtansatz und Fruchtqualität wichtige Blütenqualität. Insbesondere Apfel und Birne weisen unter den vielen Blüten einer Baumkrone Unterschiede im Blütenbau auf. Bei entsprechender Sachkenntnis kann man schon während der Blüte erkennen, welche Blüten gute Aussichten für guten Fruchtansatz und ausreichendes Größenwachstum haben.

Hochwertige Blüten haben

- weder zu kurze noch zu lange Stiele,
- einen kräftigen Blütenbecher und
- mehr Staubblätter, Griffel und Samenanlagen als schwache Blüten.

Großkronige Bäume weisen diesbezüglich im Allgemeinen eine deutlich größere Variationsbreite auf als kleine Bäume. Kaum überraschen dürfte die in Ausfalljahren vorliegende geringere Blütenqualität als in Hochertragsjahren, wenn man an die Möglichkeit einer Überbeanspruchung des Kohlenhydrathaushaltes im Vorjahr, dem Blütenbildungsjahr, denkt. Augenscheinliche Folgen davon können im Niedrigertragsjahr Früchte mit weniger Zellen und auch mit Schalenberostungen sein. Wenn diese negativen Merkmale nicht immer zum Tragen kommen, so liegt das am Vermögen der Fruchtansätze, gewisse Entwicklungsrückstände unter günstigen Wachstumsbedingungen noch aufholen zu können. Dennoch bedeuten Qualitätsblüten grundsätzlich einen günstigen Start für die Entwicklung hochwertiger Früchte.

12.1 Apfel

Die Masse der Apfel-Blütenknospen sitzt an der Spitze von 1 bis 25 cm langen Trieben. Unter sehr günstigen Bedingungen können auch noch kürzere und längere Triebe Blüten bilden. Daraus hervorgehende Früchte sind jedoch qualitativ weniger wertvoll. Verschiedene Sorten – z. B. 'Braeburn', 'Elstar', 'Golden Delicious' und 'Jonagold' – bilden auch an der Seite von Langtrieben Blüten. Diese sind allerdings meistens von geringerer Qualität. Sie haben stets weniger gut ausgebildete Samen als Kurztriebfrüchte. Ertragsbedeutsam können sie in den ersten Standjahren oder in Frostjahren sein, weil sie später aufblühen als Terminalblüten und tiefe Temperaturen dadurch besser überstehen.

Die Langtriebe bilden neben den Kurztrieben das Begleitholz der Fruchtäste. Ihre Seitenknospen entwickeln sich im Folgejahr zu fruchtbaren Spießen und Fruchtruten. Diese Fruchtholzpartien an zweijährigen Zweigen sind die wertvollsten insgesamt, weil sie blüh- und ansatzfreudig sind und hohe Fruchtqualität begünstigen.

Abb. 87. Im Erwerbsanbau haben nur gängige Marktsorten eine Chance. Für Garten und Landschaft sollte man auf robuste oder resistente Sorten zurückgreifen.

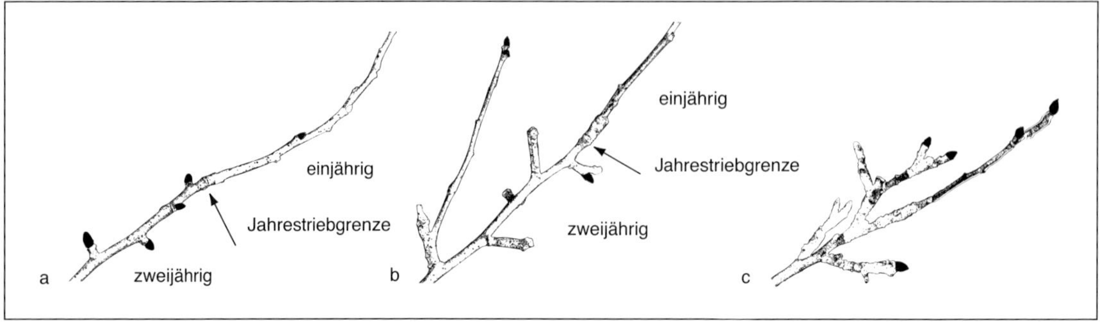

Abb. 88.
Fruchtholz des Apfels: a = Zweig mit geringwertigen Blütenknospen am einjährigen Abschnitt und hochwertigen Spießen am zweijährigen Zweigabschnitt; b = wenn einjährige Triebe seitliche Blütenknospen aufweisen und zu Blüten entwickeln, legen sie für das nächste Jahr überwiegend keine Blütenknospen an – der normalerweise mit Fruchtspießen besetzte zweijährige Triebabschnitt setzt dann mit dem Ertrag aus; c = bei guter Belichtung und ausreichender Fruchtausdünnung ist auch mehrjähriges Fruchtholz (Quirlholz) leistungsfähig.

Die Fruchtsprosse des dreijährigen Astabschnitts fruchten zum ersten Mal. Sie bringen große Früchte von guter Qualität hervor. Die Königsfrüchte sind etwas größer als die Seitenfrüchte im Fruchtstand. Dieser Unterschied verwischt sich jedoch weitgehend, wenn man beim Ausdünnen die Obergrenze der zulässigen Behangdichte nicht überschreitet. Das bedeutet, man kann beim Ausdünnen Fruchtständen auch zwei oder drei Früchte zugestehen, wenn nur nicht mehr Früchte am Baum verbleiben als beim Ausdünnen auf eine Frucht pro Fruchtstand. Da der dreijährige Astabschnitt in der Regel den stärksten Fruchtbehang aufweist, beginnt hier häufig die Alternanz.

Für einen Baum macht es nun einen großen Unterschied aus, ob sein Ertrag auf weniger oder mehr Fruchtständen heranwächst. Je mehr Blüten-/Fruchtstände ohne Fruchtbesatz bleiben, desto eher kann er wieder relativ viele Blütenknospen anlegen. Fruchttragende Fruchtruten aus Seitenknospen von Fruchtständen schließen nämlich mit hoher Wahrscheinlichkeit mit einer Blattknospe ab, solche aus frühzeitig entblüteten mit einer Blütenknospe. Dieses Verhalten ist umso stärker ausgeprägt, je stärker das Triebwachstum ist. Bei sehr ruhigen Bäumen kann das an Fruchtkuchen sitzende Fruchtholz auch mehrere Jahre hintereinander fruchten – ein deutlicher Hinweis auf die Bedeutung eines nur mäßigen Triebwachstums hinsichtlich regelmäßiger Ernten (siehe Kap. 9).

Das Fruchtholz am vierjährigen und mehrjährigen Astabschnitt ist mit der Hypothek des Vorjahresertrags hinsichtlich seiner Versorgung mit Kohlenhydraten und Nährstoffen belastet. Es ist relativ schwach ausgebildet und bietet nur wenige Möglichkeiten zur Blütenbildung und zur Entwicklung einer ausreichenden Ernte von Qualitätsfrüchten. Mit fortschreitendem Alter des Fruchtholzes leiden Zuwachs, Fruchtbarkeit und Fruchtqualität immer mehr. Es entsteht das sogenannte Quirlholz mit zahlreichen schwachen Verzweigungen.

Das Nachlassen der Leistungsfähigkeit des alternden Fruchtholzes wird noch zusätzlich durch seine geringere Belichtung infolge von mehr oder weniger starkem Lichtmangel in der inneren Kronenregion beschleunigt. Der erste Schritt zur Erneuerung der nicht mehr leistungsfähigen Fruchtholzpartien ist der Auslichtungs- und Fruchtholzschnitt, flankiert von weiteren kräftigenden und gesund erhaltenden Kulturmaßnahmen.

Die beschriebenen blütenbiologischen Verhältnisse gehen im Wesentlichen auf Untersuchungen an großkronigen, relativ wüchsigen Bäumen zurück. Mittlerweile arbeiten wir heute jedoch überwiegend mit kleinen Baumformen. Ihre Fruchtholzzusammensetzung ist weit einheitlicher als bei den extensiven Baumformen. Auch spielen beim angestrebten ruhigen Baum durch den weitgehenden Wegfall starker Langtriebe die hormonellen Wechselwirkungen zwischen vegetativen Langtrieben und dem Fruchtholz eine weit geringere Rolle. Nach Beobachtungen in modernen Pflanzungen ermöglicht auch kurztriebiges, mehrjähriges Fruchtholz sehr gute Fruchtqualität, wenn nur Belichtung und

Pflege stimmen. Das haben auch schon im vorigen Jahrhundert Obstbaupioniere an Spalierbäumen gezeigt.

Von den Wuchseigenschaften der Sorten und ihrem Einfluss auf Beginn und Höhe des Ertrags, seine Regelmäßigkeit und die Fruchtqualität handeln Untersuchungen von J.M. Lespinasse und J.F. Delort (1986). Sie beziehen sich zwar auf die Erziehungsform der „Vertikalen Achse“, haben jedoch auch für andere Baumformen Bedeutung. Die derzeit praktizierten Erziehungsprinzipien der Schlanken Spindel unterscheiden sich nur geringfügig von jenen der „Vertikalen Achse“, und auch die Gerüstäste von Pyramidenkronen kann man im Ertragsalter ganz entsprechend behandeln.

Aufgrund ihrer Wuchs- und Fruchtungseigenschaften werden die Apfelsorten von Lespinasse und Delort in vier **Typ-Klassen** eingeteilt:

- Typ I, Spur-Typen, Beispiel 'Red Chief': Ihre Gerüstäste neigen stark zur Verzweigung an der Basis (basitone Förderung). Die Dominanz der Stammverlängerung ist nur mäßig ausgebildet. Die Mehrzahl der Fruchtspieße befindet sich an zwei Jahre alten oder älteren Ästen.
- Typ II, Beispiele 'Red Delicious', 'Gloster', 'Goldparmäne': Die Hauptäste sind stark und weitwinklig am Stamm verankert. Die Dominanz der Stammverlängerung ist stärker ausgebildet als bei Spurtypen. Die basitonen Eigenschaften sind jedoch noch stark und fördern vor allem auf stark wachsenden Unterlagen die Entwicklung tief angesetzter Verzweigungen.
- Typ III, Beispiel 'Golden Delicious' Die Stammverlängerung dominiert über die Seitenäste. Diese Sorten eignen sich deshalb besonders für direkt an der Stammverlängerung ansetzende Fruchtäste (charakteristisch für die „Vertikale Achse“). Die Fruchtäste sind im Winkel von 60 bis 90° an der Mittelachse verankert.
- Typ IV, Beispiele 'Granny Smith', 'Morgenduft': Diese Sorten verzweigen sich vor allem im oberen Drittel der Zweige und Äste (akrotone Förderung). Das verleiht den Bäumen eine zylindrische Form. Gerüstäste verlängern sich durch Oberseitenförderung über Fruchtbögen. Die fruchtbare Zone wandert stärker als bei 'Golden Delicious' an die Baumperipherie.

Auch die Fruchtaststellung der Sorten gegenüber der Senkrechten wirkt sich auf Fruchtbarkeit, Fruchtgröße und Zuckergehalt der Früchte deutlich aus. Die Wuchsstärke der Äste wird durch den Winkel, mit dem sie am Stamm ansetzen, repräsentiert. Die Baumkronen weisen diesbezüglich drei Zonen auf:

- Zone A (0 bis 30°) mit starkem Triebwachstum, insbesondere nach Reduzierung des Kronenvolumens.
- Zone B (30 bis 120°) mit ausgeglichenem Verhältnis zwischen der Wuchsstärke der Triebe und ihrer Fruchtbarkeit, mit einem Optimum zwischen 30 und 45°.

Tab. 10. Blütenknospenposition – Fruchtgewicht – Ertrag am Beispiel 'Golden Delicious', Bäume nicht ausgedünnt

Blütenknospenposition	Mittleres Fruchtgewicht (in g)	Anteil am Ertrag (in %)
Einjähriger Langtrieb		
Spitzenknospen	124	10
Seitenknospen	110	25
Zweijähriger Astbereich		
Fruchtspieße	129	28
Fruchtruten	139	17
Dreijähriger und älterer Astbereich		
Quirlholz	108	20

- Zone C (120 bis 180°) mit beachtlicher Ertragsleistung bei ausreichendem Lichtgenuss, jedoch nur mittlerer Fruchtqualität und ungenügender Fruchtfarbe bei roten Sorten.

Die Zone mit der besten Fruchtqualität ändert sich mit der Sorte und ihrer Typklasse. Sie erstreckt sich beispielsweise bei 'Goldparmäne' auf den Bereich von 10 bis 70°, bei 'Starkrimson' auf 0 bis 80°, bei 'Golden Delicious' auf 30 bis 120°, bei 'Gala' auf 45 bis 100° und bei 'Granny Smith' auf 70 bis 180°. Das Wissen um diese Gegebenheiten erleichtert das Schneiden auf Qualität ganz erheblich.

Durch konsequentes Nichtanschneiden der Stammverlängerung bleibt ihre Apikaldominanz erhalten: Die Entwicklung steil stehender Triebe an der Stammverlängerung wird vermieden, jene von flach angesetzten Fruchtästen gefördert. Sobald diese unter der Last der Früchte zu sehr absinken – die Zone B verlassen – sollten sie erneuert werden. Sie können sich dann nicht zu bleibenden Gerüstästen entwickeln und zu Konkurrenten der Stammverlängerung werden.

Sorten des Fruchtungstyps III ergeben bei Verwendung guter Pflanzware auch ohne Schnitt kegelförmige Kronen. Sorten der übrigen Fruchtungs-Typen verhalten sich wuchsmäßig total anders. Sie müssen geschnitten werden, um dem Wuchsbild des Typs III nahe zu kommen:

- Bei basiton betonten Sorten sind steile Triebe an der Kronenbasis zu vermeiden und die Entwicklung der Stammverlängerung ist zu fördern. Dazu soll man einige Seitenzweige im oberen Bereich schonen und notfalls auch die Spitze der Stammverlängerung anschneiden, vor allem, wenn sie mit Blütenknospen besetzt ist.
- Akroton geförderte Sorten sind besonders anfällig gegen Überbauung der Kronen. Deshalb sollten Seitentriebe und -zweige im oberen Baumbereich im Sommer entspitzt, zurückgesetzt oder ganz entfernt werden, um die tiefer liegenden Zweige als Gegengewicht zu fördern.

Bei entsprechendem Vorgehen lässt die Wuchskraft der Stammverlängerung nach vier bis fünf Standjahren auf natürliche Weise durch das Fruchten im oberen Baumbereich nach, und die Wuchskraft der Fruchtäste oben und unten ist nahezu ausgeglichen.

Angemessene Pflanzabstände und Baumhöhen bei der Verwendung unterschiedlich wüchsiger Sorten-Unterlagen-Kombinationen und die Berücksichtigung der vorliegenden klimatischen und standörtlichen Gegebenheiten sind Voraussetzungen für eine erfolgreiche Entwicklung zum ruhigen Baum. Zu dichtes Pflanzen und zu frühes Begrenzen der Kronenhöhe durch Schnitt bilden keinen guten Lösungsansatz zur Wachstumssteuerung.

Abb. 89. Auch bei der Birne gibt es eine Reihe widerstandsfähiger Sorten.

12.2 Birne

Infolge des recht ähnlichen Bauplans der Birne verteilen sich ihre Blütenknospen auf annähernd dieselben Trieblängen wie beim Apfel. Wie bei ihm werden die meisten Blüten in Spitzenknospen angelegt. Bei verschiedenen Sorten können Langtriebe jedoch auch seitliche Blütenknospen bilden.

Viele Birnensorten tragen ihre Blüten an Kurztrieben von 0,1 bis 10 cm. Typische Vertreter mit kurzem Fruchtholz sind

'Gellerts', 'Gräfin von Paris' und 'Gute Luise'. Eine weitere Gruppe, zu der 'Vereinsdechantsbirne' (Syn. 'Doyenne du Comice') und 'Alexander Lucas' gehören, blühen bevorzugt an mittellangem Holz. Sorten mit teilweise recht langem Fruchtholz sind 'Tongern' (Syn. 'Durandeau') und 'Williams Christ'.

Die Blühwilligkeit der Knospen nimmt, wie beim Apfel, von den jüngeren zu den älteren Astabschnitten ab, sie bleibt jedoch über einen längeren Zeitraum als bei Apfel erhalten. Die Knospen an überaltertem Quirlholz sind überwiegend schwach und vegetativ. Sie machen auf die Bedeutung einer ausreichenden Fruchtholzverjüngung aufmerksam.

Junge Birnbäume können trotz guten Blütenbesatzes in den ersten Standjahren Schwierigkeiten beim Fruchtansatz haben. Auch aus diesem Grund werden zweijährige Bäume der wuchsstärkeren einjährigen Pflanzware vorgezogen. Selbst ältere Bäume können bei hoher Wuchsintensität noch unter schwachem Fruchtansatz leiden, vor allem die Sorte 'Vereinsdechantsbirne'. Die Bedeutung einer übermäßigen Wuchsstärke für nicht ausreichenden Fruchtansatz möge der Leser auch daran ablesen, dass bis vor wenigen Jahren der Einsatz von Wachstumshemmern, insbesondere bei Jungbäumen, im belgischen und niederländischen Birnenanbau weitgehend Standard war. Eine andere Möglichkeit, junge Bäume verschiedener Sorten früher fruchtbar zu machen, besteht in der Anwendung von Gibberellinen. Man erzeugt damit parthenokarpen Fruchtansatz, d.h. samenlose Früchte mit etwas veränderter Fruchtform.

Im Wuchs unterscheiden sich Birnbäume von Apfelbäumen durch eine deutlich stärkere Apikaldominanz. Um einer vorzeitigen Überbauung der Kronen vorzubeugen, darf die Stammverlängerung nicht zu schnell hochgezogen werden. Geeignete Maßnahmen hierfür sind nicht zu flach gestellte Basisäste und das Zurücksetzen der Stammverlängerung auf einen höchstens 30 cm langen Seitentrieb. Bei der Erziehung nach dem V- oder dem Mikado-System verteilt sich die Wuchskraft der Bäume auf zwei bis vier schräg stehende Leitäste und trägt damit auch zur Wuchsberuhigung der Baummitte bei. In den ersten Standjahren ist sehr verhalten zu schneiden, um rasch das durch die Pflanzweise vorgegebene Kronenvolumen und anschließend eine Beruhigung des Triebwachstums zu erreichen. Von diesem Zeitpunkt an ist das Fruchtholz laufend kurz zu schneiden: „Man muss die Birnen an die Bäume schneiden". Dabei sind Langtriebe bis auf einige wenige grundsätzlich wegzuschneiden.

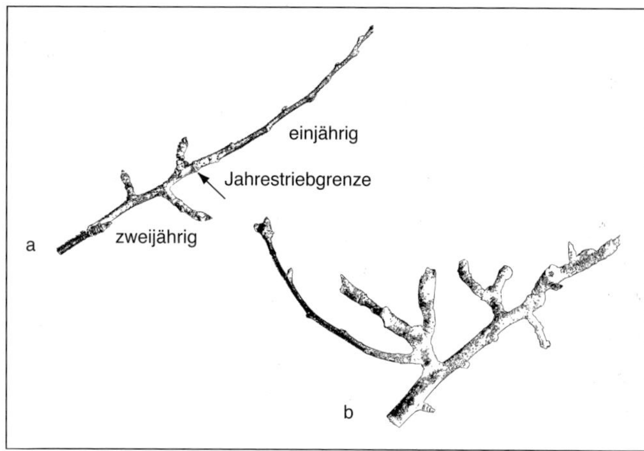

Abb. 90. Fruchtholz der Birne: a = die Verhältnisse am ein- und zweijährigen Zweigabschnitt entsprechen weitgehend jenen bei Apfel, während die Seitenknospen der Langtriebe noch weniger fruchtbar sind als bei Apfel; b = durch hohen Vorjahresertrag geschwächtes mehrjähriges Fruchtholz bleibt vegetativ.

Bis zu einer umfassenden Triebberuhigung der Bäume können mehrere Jahre verstreichen. In Problemfällen muss man alle zur Verfügung stehenden Maßnahmen zur Wachstumsberuhigung nutzen. Außer den schon Genannten bieten sich auch unter dem Gesichtspunkt der Arbeitseffizienz vor allem an:

- Der Schnitt auf schlafende Augen an der Basis der Mittelastverlängerung gegen Ende Juni,
- Stummelschnitt von einjährigen Langtrieben an Fruchtästen auf etwa fünf Augen zum selben Termin – das kann auch zum Wiederaustrieb führen – oder
- Anbrechen in der Mitte der problematischen Triebe gegen Winterende.

Letztendlich sollten die Bäume an Stammverlängerung und Fruchtästen zur anhaltenden Sicherung des Schwachwuchses

Abb. 91.
Quitten sind genügsam und ertragreich.

viel kurzes Fruchtholz aufweisen, wie man das in sehr konsequenter Form von Spalierbäumen kennt. Langtriebe sind nur in sehr begrenzter Anzahl für den Ersatz oder die Verjüngung von überalterten Fruchtästen erforderlich.

12.3 Quitte

Die Blütenknospen der Quitte weisen hinsichtlich ihrer Position am Fruchtholz und ihrer Entwicklungsrhythmik zwar viele Gemeinsamkeiten mit Apfel und Birne, aber auch einige Besonderheiten auf.

Besonders fällt der Blütenstand mit nur einer Blüte und einer bis 10 cm langen Sprossachse mit sehr großen Laubblättern auf. Die Blüten entfalten sich deutlich später als die Laubblätter der Blütenstandsachse, und die Kelchblätter der Blüten können nach der Blüte noch weiterwachsen und bleiben bis zur Ernte erhalten. Die Blühzeit fällt auf Mitte Mai bis Anfang Juni, ist also deutlich später als bei Apfel und Birne und so gut wie nicht von Spätfrösten gefährdet. Auch Alternanz kennt man weit weniger als bei den Hauptkernobstarten.

Blütenknospen werden an Kurz- und an Langtrieben gebildet. Ihre Entwicklung setzt sehr spät, Mitte September/Anfang Oktober, ein. Der Blütenimpuls kann sogar noch im März oder April auftreten. Wie bei Apfel setzt die Blütendifferenzierung an Langtrieben später ein als bei Kurztrieben. Das bringt unterschiedliche Entwicklungsgrade der Kurztrieb- bzw. Langtriebblüten mit sich, die bis zur Blühzeit bestehen bleiben.

Auf die Fruchtgröße wirken sich die Entwicklungsunterschiede der Blüten an Kurztrieben und Langtrieben weit weniger aus als beim Apfel. Ein Grund dafür dürfte die einblütige Blütenknospe der Quitte sein.

Einen nennenswerten erwerbsmäßigen Anbau von Quitten kennt man in Mitteleuropa nicht. Der größte Teil der Quittenbäume steht in Hausgärten. Die gebräuchliche Baumform dort ist die Pyramidenkrone. Erfahrungen mit Spindelkronen liegen so gut wie nicht vor. Spezifische Erziehungsschwierigkeiten sind nicht bekannt. In der Fachliteratur über Quittenanbau findet man nur allgemeine Hinweise auf die Notwendigkeit eines Auslichtungs- und Fruchtholzschnittes zur Sicherung der Fruchtholzvitalität und der Fruchtbarkeit. Da die Früchte sehr groß und schwer sind, ist auf stabile Fruchtäste mit weitem Ansatzwinkel am Stamm zu achten.

Abb. 92.
Quitten fruchten an Lang- und an Kurztrieben reich und bringen dort vollwertige Früchte.

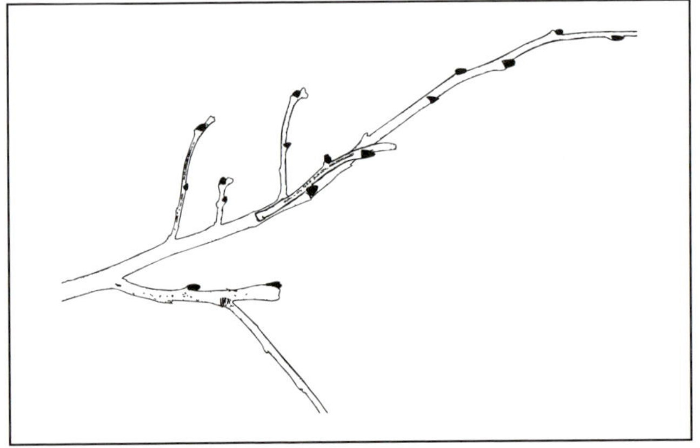

12.4 Süßkirsche

Süßkirschen legen den größten Teil ihrer Blüten an Kurztrieben an. Im Gegensatz zum Kernobst gehen bei allen Steinobstarten die Blütenknospen aus Seitenknospen der Triebe hervor. Terminalknospen sind ausnahmslos als Blattknospen ausgebildet. Als weitere Besonderheit weisen

Steinobstblütenknospen nur Blütenanlagen und keine Blattanlagen auf. Alle Blütenanlagen einer Knospe sind gleichstark ausgebildet. Die aus einer Knospe hervorgehenden Früchte sind deshalb auch alle gleichgroß, ganz im Gegensatz zu den bei Apfel bestehenden Unterschieden zwischen der Königsblüte und den Seitenblüten einer Blütenknospe.

Die Kurztriebe der Süßkirsche sind zehn Jahre und mehr lebensfähig und können über eine Reihe von Jahren regelmäßig fruchten. Alternierende Erträge kennt man deshalb weit weniger als bei Apfel und Birne. Die Vitalität des Fruchtholzes lässt aber auch bei der Süßkirsche im Laufe der Jahre nach – hauptsächlich durch zunehmenden Lichtmangel im Kroneninneren. Betroffene Triebe bilden dann nur noch schwache Terminalknospen und kümmerliche Blütenknospen aus. Beim Fortbestand der ungünstigen Entwicklungsbedingungen sterben die Triebe ab.

Für hohe Erträge und gute Fruchtqualität sind zwei- bis dreijährige Zweigpartien nötig. Dort entwickeln sich in starkem Maße die erwünschten leistungsfähigen Kurztriebe mit vielen Blüten mit ausgeprägtem Fruchtungsvermögen. An die Fruchterträge von Kernobst reichen jedoch auch bestens gepflegte Süßkirschenbestände nicht heran. Im Durchschnitt erreichen sie nur etwa ein Drittel eines Kernobstertrages.

Langtriebe tragen nur zu einem sehr geringen Teil zum Ertrag bei. Man findet allenfalls an ihrer Basis einige Blütenknospen. Bedeutung haben Langtriebe für die Bildung der Kurztriebe. Dafür reicht jedoch ein mittleres Wuchsniveau der Bäume völlig aus.

Das Wuchsbild der Süßkirsche lässt zwei für die Erziehung und Instandhaltung der Bäume hervorstechende Eigenschaften erkennen,

- eine besonders stark ausgeprägte Apikaldominanz und
- die Eigenart, dass auch flach stehende Äste sich noch in späteren Jahren steil aufrichten können.

Abb. 93. Süßkirschen gedeihen auf undurchlässigen Böden schlecht, Sauerkirschen sind genügsam.

Die starke Apikaldominanz zeigt sich schon in der Baumschule. Kaum eine andere Obstart bildet so unwillig vorzeitige Triebe und macht es dem Baumschuler schwer, günstige, d.h. gut verzweigte einjährige Veredlungen anzuziehen. Auf die einzelnen Sorten bezogen, bestehen hierin natürlich auch Unterschiede. Gut verzweigen beispielsweise die Sorten 'Johanna', 'Oktavia', 'Regina', 'Starking Hardy Giant' und 'Valeska" Eine mittlere Neigung zur Bildung vorzeitiger Triebe haben 'Burlat', 'Kordia', 'Sam', 'Große Schwarze Knorpel' und 'Star'. Ausgesprochen schlecht verzweigen sich 'Celeste', 'Hudson', 'Summit', 'Sweetheart' und 'Sylvia'.

Zu der starken Apikaldominanz kommt die Förderung der Verzweigung im Spit-

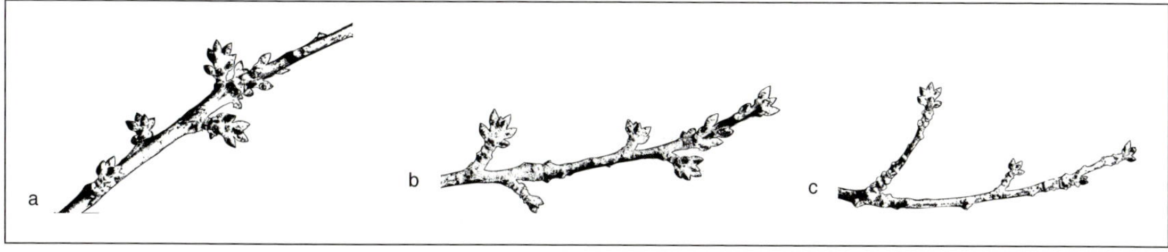

Abb. 94. Fruchtholz der Süßkirsche: a = Langtriebe tragen allenfalls an ihrer Basis einige Blütenknospen, am leistungsfähigsten sind die Buketttriebe am zweijährigen Holz; b = mit fortschreitendem Alter geht der Besatz der Buketttriebe immer mehr zurück; c = auch recht altes Fruchtholz ist noch blühfähig, die Anzahl an Blütenknospen ist jedoch sehr niedrig.

zenbereich der Triebe (Akrotonie) hinzu. Wer kennt sie nicht, die Triebquirle an der Spitze der Süßkirschenzweige, die man zumindest in der Erziehungsphase schon im Frühjahr ausbrechen sollte, um die Entwicklung von darunter ansetzenden und weiter gestellten Langtrieben zu fördern?

Die starke Dominanz der Mittelachse macht man sich bei der Spindelerziehung zunutze, indem man den Mitteltrieb grundsätzlich bis zum Erreichen der Endhöhe nicht anschneidet. Damit erreicht man flach am Mittelstamm angesetztes Seitenholz. Wenn vorwiegend steile Triebe zum Baumaufbau benutzt werden müssen, sind sie wie auch zu stark gewordene, nach der Methode-Zahn grundsätzlich auf einen 30-cm-Stummel zurückzuschneiden. Ein Austrieb an seiner Unterseite mit flachem Abgang wird als zukünftiger Fruchtast nachgezogen.

Dieses Vorgehen kommt auch der Baumgesundheit sehr entgegen. Sollte über die Schnittwunde eine Infektion mit Bakterienkrebs (*Pseudomonas syringae*) erfolgen, so passiert kaum etwas. Eine Infektion an der Stammverlängerung selbst hätte dagegen beinahe sicher das Absterben des über der Infektionsstelle liegenden Baumteiles zur Folge.

Man kann mit den beschriebenen Maßnahmen auf das arbeitsintensive Herabbinden von Trieben verzichten. In ähnlicher Weise verfährt Brunner (1990) aus Ungarn zum Flachstellen von Gerüstästen. Auch er schneidet steil stehende Seitentriebe an und zwar stets auf eine nach oben gerichtete Knospe. Diese zieht die volle Wuchskraft an sich und wächst zu einem starken Trieb heran. An der Unterseite des zurückgeschnittenen Triebes entwickelt sich meistens ein schwächerer und flach gestellter Trieb. Auf ihn wird der starke Leittrieb im folgenden Jahr zurückgesetzt. Der zweimalige Rückschnitt des Ursprungstriebes gab der Methode den Namen „Sektorieller Doppelschnitt“. Bei konsequenter Anwendung kann man damit sehr lichtdurchlässige Baumformen erziehen.

Welche Möglichkeiten sich zur Begrenzung der Baumhöhe anbieten, können Sie in Kapitel 11 im Abschnitt „Die Erziehung der Schlanken Spindel“ nachlesen. Eine wesentliche Hilfe bei der Begrenzung der Baumhöhe ist die Verwendung einer schwach wachsenden Unterlage. Nicht umsonst wurde GiSelA 5 zur derzeit bevorzugten Süßkirschenunterlage.

Eine Übertragung der für stark akroton betonte Apfelsorten von Lespinasse entwickelten Baumform „Solaxe“ auf die Süßkirsche erscheint zwar interessant, dürfte jedoch durch das Fehlen einer ausreichenden Baumgipfelbelastung mit Früchten kaum aussichtsreich sein. Die bei der Erziehung der Solaxe in etwa 1,80 m abgebogenen Baumgipfel würden sich auch sicher früher oder später wieder steil aufrichten.

Ein steiles Aufrichten von Trieben ist auch bei ursprünglich flach angesetzten Seitenästen von Spindeln noch möglich. Man behilft sich in diesem Fall mit dem Absetzen der betroffenen Äste auf Aststummel.

12.5 Sauerkirsche

Auch bei der Sauerkirsche findet man die Masse der Blütenknospen an Kurztrieben, den sogenannten Buketttrieben. Nur deren Endknospe kann das Wachstum der Kurztriebe über die Jahre fortsetzen. Sie muss zu diesem Zweck kräftig ausgebildet sein, was nur bei einem Jahreszuwachs von wenigstens 1 cm gewährleist ist. Sie kann dann sowohl jene für die Ernährung der Früchte notwendige Blattmasse als auch gut entwickelte seitliche Blütenknospen hervorbringen. Bei zu schwacher Entwicklung werden in zunehmendem Maße weniger und schwächere Blütenknospen angelegt. Diese Kurztriebe verkümmern und werden zunehmend unfruchtbar.

Die kräftigsten Kurztriebe mit sehr gut entwickelten Blütenknospen befinden sich am zweijährigen Zweigabschnitt. Schon am dreijährigen Holz sind die blühenden Kurztriebe merklich entwicklungsgehemmt, d.h. dünner und kürzer und mit weniger Blütenknospen besetzt. An vierjährigen und älteren Astabschnitten ist die Entwicklungshemmung zunehmend stärker ausgebildet. Eine hohe Fruchtproduktion ist deshalb an junge Kronenpartien gebunden.

Im Gegensatz zur Süßkirsche tragen auch 25 bis 60 cm lange einjährige Triebe wesentlich zum Ertrag bei. Davon tragen die Schwächeren auf ihrer gesamten Länge Blütenknospen, die Stärkeren und Längeren in ihrer Mitte auch einige Blattknospen.

Charakteristisch ist bei der Sauerkirsche die Verkahlung der älteren Fruchtäste mit schwachen Kurztrieben und Langtrieben, eine besonders ins Auge fallende Erscheinung bei der Sorte 'Schattenmorelle'. Ihr muss in erster Linie durch verstärkte Stickstoffdüngung begegnet werden. Der Rückschnitt in verkahlte Bereiche ist meist zwecklos, weil die seitlichen Knospen der schwächeren Langtriebe ausnahmslos Blütenknospen sind. Schlafende Augen sind nur in sehr geringer Zahl vorhanden.

Eine weitere Möglichkeit, etwas gegen die Verkahlung zu tun, besteht in einer jährliche Behandlung mit 15 g Gibberellinsäure pro 1000 l etwa drei Wochen nach der Blüte bei einer Länge der Jahrestriebe von vier bis fünf Blättern. Auf diese Weise wird die Anlage von Blütenknospen eingeschränkt und jene von Blattknospen gefördert. Merkliche Produktionssteigerungen bis zu 40 % sollen so möglich sein.

Die Apikaldominanz ist bei der Sauerkirsche nur schwach ausgeprägt. Man kann deshalb in Ausrichtung auf die Produktion für Frischmarkt oder Verwertung ohne besondere Erziehungsschwierigkeiten die verschiedensten Baumformen anziehen, angefangen bei der dominierenden Pyramidenkrone über Hohlkrone und Flachkrone bis hin zu Spindeln.

Für die Handpflücke sind im Interesse einer hohen Pflückleistung niedrige Spindeln oder breit fallende Pyramidenkronen günstig. Eine ausreichende Fruchtgröße erfordert einen mittelstarken Jahreszuwachs und jährliche Schnittmaßnahmen. Zu scharfer Schnitt ergibt jedoch starken Durchtrieb und Ertragsrückgang. Besteht ein Bedarf an mehr Verjüngungsholz, so können im Vollertragsalter auch größere Schnitteingriffe vorgenommen werden. Dabei wird an Pyramidenkronen vorteilhaft die Stammverlängerung auf einen Seitenast zurückgesetzt. Es entsteht dadurch eine kombinierte Pyramiden-/Hohlkrone, welche die Pflege- und Erntearbeiten erleichtert.

Abb. 95. Bei der Sauerkirsche stellen die Seitenknospen der Langtriebe überwiegend Blütenknospen dar; deshalb verkahlen die Triebe nach der ersten Ernte. Das Fruchtholz muss durch Rückschnitt auf eine Blattknospe ständig verjüngt werden.

Für die mechanische Ernte sind aufstrebende Äste mit nur wenigen oder keinen stärkeren Vergabelungen günstig. Die Leitäste sollten locker an der Stammverlängerung verteilt sein und können in größerer Anzahl als bei Bäumen für die Handpflücke gezogen werden. Auf eine für das Ansetzen der Schüttelaggregate ausreichende Stammhöhe von wenigstens 1,00 bis 1,20 m ist hinzuarbeiten.

12.6 Pflaume und Zwetsche

Die Blühintensität wird im Wesentlichen durch die Anzahl und Länge der Kurztriebe dieser Obstart bestimmt. Je nach der Sorte konzentrieren sich die Blütenknospen auf Kurztriebe mit einer Länge zwischen 1 und 10 cm. In diesem Bereich nimmt der Blütenbesatz mit der Länge der Triebe zu. Schon im oberen Längenbereich der angeführten Längenklasse können die Kurztriebe auch seitliche Blattknospen anlegen. In noch stärkerem Maße trifft das für den Übergangsbereich zwischen Kurz- und

Abb. 96. Zwetschen sind zwar universell anbauwürdig; für den Erwerb kommen jedoch Gebiete mit verbreiteten Niederschlägen und tiefen Temperaturen während der Blüte weniger in Betracht (Schwierigkeiten bei der Befruchtung).

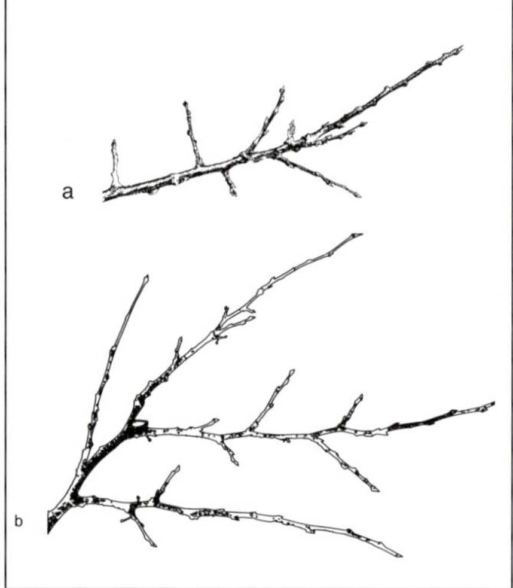

Abb. 97. Zwetschen fruchten an mäßig starken Langtrieben und an Kurztrieben: a = große Früchte entstehen am zweijährigen Zweigabschnitt; b = altes Fruchtholz liefert viele, jedoch relativ kleine Früchte.

Langtrieben zu. Auch mäßig lange Langtriebe bilden noch in reichem Maße Blütenknospen aus. Bei zu starkem Wuchs überwiegen jedoch deutlich die Blattknospen.

Das wertvolle Fruchtholz mit hochwertigen Blütenknospen findet sich wieder am zweijährigen Zweigabschnitt. Mit höher werdendem Astalter geht die Wertigkeit des Fruchtholzes zurück. Hohe Blütenqualität und guter Ertrag erfordern deshalb eine ausreichende vegetative Entwicklung der Fruchtäste durch angemessene Düngung und rechtzeitige Verjüngung durch Schnittmaßnahmen. Aus dieser Sicht wird der höhere Stickstoffbedarf der Pflaumen gegenüber dem Kernobst verständlich. Deutlich wird auch, dass ruhige Pflaumenbäume eine gänzlich andere Variationsbreite der Trieblänge aufweisen als Kernobstbäume, d.h. erheblich wüchsiger sein müssen.

Die Stärke der Apikaldominanz gleicht jener bei der Sauerkirsche, und wie bei ihr ist die Erziehung der verschiedensten Kronenformen grundsätzlich möglich. Verschiedene Sorten können jedoch mit ihrem steilen Wuchs, teilweise verbunden mit Schlitzastbildung, bei der Erziehung erhebliche Schwierigkeiten bereiten, so z. B. 'Bühler Frühzwetsche', 'Katinka' und 'Hauszwetsche'. Zu steil angesetzte Triebe kann man bei ihnen auf Beiaugen der Triebbasis zurückschneiden. Man bekommt dann meistens flach gestellte Neutriebe. Die Sorten 'Ortenauer' und 'Italienische Zwetsche' ('Fellenberg') weisen hingegen einen erziehungsfreundlichen flachen Astabgangswinkel auf.

Die Ertragstreue der Pflaumen und Zwetschen ist zwar höher als bei Apfel und Birne. Unter einem zu starken Fruchtbehang leidet jedoch neben der Fruchtgröße auch die Blütenbildung und es kann zu Alternanz kommen. Ein sortengerechter Fruchtholzschnitt und rechtzeitige Fruchtausdünnung sind deshalb unumgänglich.

12.7 Aprikose

Das Blühverhalten der Aprikose ähnelt sehr dem des Pfirsichs. Die Mehrzahl der Blüten findet sich an Kurztrieben. Es gibt jedoch auch Sorten mit vielen Blüten am Langtrieb. Beide Sortengruppen sind auf eine alljährliche Bildung kräftiger Langtriebe angewiesen, weil vor allem diese produktive Kurztriebe hervorbringen bzw. selbst schon im Jahr ihrer Entwicklung Blüten anlegen.

Blütenknospen kommen einzeln oder paarweise vor, sind links und rechts einer

Holzknospe oder einzeln neben einer Holzknospe angeordnet. Als Triebarten findet man

- Kurztriebe = Buketttriebe mit einer Holzknospe an der Spitze und mehreren Blütenknospen an der Seite,
- schwache Langtriebe mit einzeln stehenden Blütenknospen oder gemischten Knospen,
- starke Langtriebe, die beinahe auf ihrer gesamten Länge gemischte Knospen tragen und
- sehr starke Langtriebe mit vorzeitigen Trieben, die mit Holz-, Blüten- und gemischten Knospen in wechselnder Anordnung besetzt sind; vorwiegend an sehr wüchsigen Bäumen.

Viele Aprikosensorten zeichnen sich durch eine außerordentlich hohe Blühstärke aus. Auf sie muss unbedingt hingearbeitet werden, weil aufgrund der sehr frühen Blüte beinahe jährlich mit Ausfällen durch Blütenfrost oder schlechtes Blühwetter mit eingeschränktem Fruchtansatz bzw. mit starkem Fruchtfall zu rechnen ist. Alternanz ist nicht grundsätzlich ein Problem, kann jedoch durch übermäßigen Behang oder unzureichende Ernährung (schwaches Wachstum) ausgelöst werden.

Das Wachstum der Bäume ist in den Anfangsjahren einer Pflanzung meist sehr stark. Sortenbedingt kann es steil oder auch flach ausfallen und damit die gleichen Erziehungsprobleme mit sich bringen wie schon bei der Pflaume beschrieben. Da nicht selten Jahrestriebe von 1,50 m Länge mit vorzeitigen Trieben gebildet werden, müssen für ein tragfähiges Kronengerüst bei Pyramidenkronen Leitast- und Stammverlängerungen mehrere Jahre um ein Drittel bis zur Hälfte zurück geschnitten werden. Es können sonst lange kahle Äste entstehen, die nur an ihrer Spitze Früchte tragen. Damit unerwünschte starke Vergabelungen vermieden werden, sind überflüssige Jahrestriebe wie auch Konkurrenztriebe frühzeitig auszubrechen oder auch noch später auf Stummel zu schneiden.

Bei der Erziehung von Spindeln stellt sich das Problem mit starkem Wuchs in abgeschwächtem Maße, weil für Spindeln schwächer wachsende Unterlagen verwendet werden als für Pyramiden- und Hohlkronen. Die ausreichende Verzweigung an günstiger Stelle erreicht man am besten durch flaches Formieren der Fruchtäste. Diese sollten keinesfalls angeschnitten, sondern nur periodisch erneuert werden. Auch die Stammverlängerung muss man einige Jahre ungehindert wachsen lassen. Mit dem Eintritt der Fruchtbarkeit lässt ihr Wachstum von selbst nach. Falls sie nicht unter Fruchtlast abkippt, kann man sie in akzeptabler Höhe kappen.

Abb. 98. **Aprikosen gedeihen am besten in niederschlagsarmen, warmen Regionen. Außerhalb davon ist der Anbau risikoreich.**

Die Apikaldominanz ist nur mäßig ausgeprägt. Es fällt deshalb nicht schwer, recht unterschiedliche Baumformen anzuziehen. Am weitesten verbreitet sind derzeit noch Pyramidenkrone und Hohlkrone. In Ungarn sind als modernere Form Schräghecken verbreitet und sehr leistungsfähig. Ansonsten besteht in den bedeutenden Aprikosen-Anbaugebieten ein Trend zur Spindelerziehung.

Weit größer als bei jeder anderen Obstart ist die Gefahr, dass Rinden- und Holzverletzungen Ausgangspunkte von Infektionen mit Bakterienbrand (*Pseudomonas syringae*) und weiteren Holzkrankheiten ergeben. Schnittarbeiten im Winter sollten grundsätzlich unterbleiben, weil die gesetzten Wunden wesentlich langsamer verheilen als nach dem Schneiden während der Vegetation. Im intensiven Anbau wird deshalb ausschließlich um die Blühzeit geschnitten. Größere Wunden sollten möglichst mit einem Wunderverschluss vor Infektionen geschützt werden.

12.8 Pfirsich

Der Pfirsich besitzt von allen Obstarten die größte Variationsbreite blühfähiger Triebe. Vom schwächsten Kurztrieb bis zum längsten Langtrieb werden in den seitlich gelegenen Blattachseln Blüten angelegt. Folgende Triebarten kommen vor:

- Kurztriebe mit einer Blattknospe an der Spitze; die Seitenknospen sind ausschließlich generativ.
- Langtriebe ohne vorzeitige Triebe, besetzt mit Blüten- und Blattknospen. Die Blütenknospen werden immer auf einer oder beiden Seiten der Blattknospen (sog. gemischte Knospen) angelegt. Diese Triebe werden auch als wahre Fruchttriebe bezeichnet und
- sehr starke Langtriebe (Räuber) mit vorzeitigen Seitentrieben. Letztere sind teilweise schon blühfähig.

Pfirsich-Kurztriebe sind häufig so schwach, dass ihre Spitzenknospe keinen Verlängerungstrieb hervorbringen kann. Da die Seitenknospen keine Blattanlagen besitzen, können auch keine Seitentriebe gebildet werden. Schwache Kurztriebe trocknen deshalb nach dem Fruchten ein und sterben anschließend ab.

Vielfach wird die Meinung vertreten, die Blütenknospen an Kurztrieben wären mangelhaft. Sie klingt, von der Fruchtgröße der Kurztriebfrüchte abgeleitet, plausibel, trifft jedoch nicht den Kern der Sache. Da Kurztriebblüten frühzeitig angelegt werden, sind sie auch von guter Qualität. Dass Ihre Früchte im Allgemeinen nicht ausreichend groß werden, liegt am hohen Fruchtansatz der Kurztriebe und an ihrer eingeschränkten Blattfläche. Sobald man den Fruchtbehang ausreichend stark ausdünnt, geraten auch Kurztriebfrüchte recht gut. Der Aufwand für das Ausdünnen lässt sich jedoch minimieren, wenn man die Wachstumsbedingungen so günstig gestaltet und verhältnismäßig scharf schneidet, dass vorzugsweise Langtriebe und kaum Kurztriebe gebildet werden.

Auch zu starker Wuchs ist ungünstig. Langtriebe mit vorzeitigen Trieben werden meist so stark und ihr Ansatzwinkel wird so steil, dass sie für den Kronenaufbau ungünstig sind. Man sollte sie auch deshalb in frühem Entwicklungsstadium aus den Kronen nehmen, weil ihre Blütenknospen an den vorzeitigen Trieben nur schlecht ausgebildet und für die Fruchtproduktion ungeeignet sind.

Links: Abb. 99. Pfirsiche stellen an das Klima verhältnismäßig hohe Ansprüche.

Rechts: Abb. 100. Pfirsichbäume müssen gut wachsen, wenn sie hohe Ernten bei guter Qualität bringen sollen. Ein hoher Anteil besonders starker Triebe (Räuber) stört die Kronenarchitektur und erhöht den Schnittaufwand.

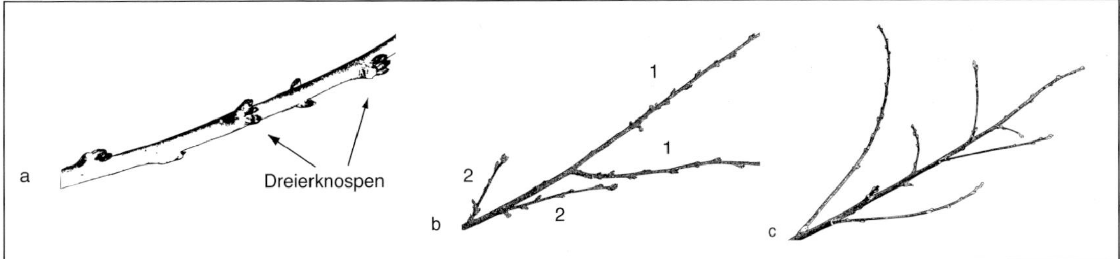

Abb. 101.
Fruchtholz bei Pfirsich:
a = Ausschnitt aus einem Langtrieb mit den wertvollen Dreierknospen;
b = Langtriebe (1) mit hochwertigen Blütenknospen und guten Regenerationsmöglichkeiten sowie nach der Ernte absterbenden Kurztrieben (2);
c = sehr starker Langtrieb mit vorzeitigen Seitentrieben, an denen sich keine Qualitätsblüten entwickeln.

Die besten Fruchtungsbedingungen stellen mit ihren gemischten Knospen die Langtriebe ohne vorzeitige Verzweigungen dar. Aber auch an ihnen gibt es neben hochwertigen minderwertige Blüten. Es sind dies vor allem die Einerblüten der Langtriebe. Die besten Blütenknospen mit dem höchsten Fruchtungsvermögen stellen die gemischten Knospen der wahren Fruchttriebe dar. Sie sollten den ausschlaggebenden Anteil an der Ernte bringen.

An der Basis der wahren Fruchttriebe befinden sich einige Blattknospen, auf diese folgt eine längere Zone mit Dreierknospen und im Spitzenbereich Zweier- und Blattknospen. Wenn man diese Triebe nicht anschneidet, erhält man im ansteigenden Ertragstadium zunächst viele und auch qualitativ gute Früchte. Die Triebe bilden dann jedoch nur aus den Knospen im Spitzenbereich Neutriebe. Die basalen Blattknospen treiben nicht aus und sterben ab. Setzt man diese „Nichtbehandlung" einige Jahre fort, so verkahlen die Bäume nach anfänglich gutem Ertrag ziemlich rasch. Ertrag und Fruchtqualität lassen dann sehr nach.

Um mit Sicherheit jedes Jahr kräftige Fruchttriebe zu bekommen, müssen wahre Fruchttriebe durchweg angeschnitten werden. Damit der Austrieb aus den basalen Blattknospen erfolgt – die neuen Fruchttriebe sollen möglichst nahe am Tragast oder an der Stammverlängerung entstehen – muss der Rückschnitt in die Zone der kräftigen Dreier- oder auch Zweierknospen erfolgen und je nach Wuchsstärke nur sechs bis acht Blütenknospenpaare je Trieb übrig lassen. Auf diese Weise ergibt sich eine sehr gute Fruchtqualität und mit hoher Sicherheit regelmäßiger Ertrag. Auf eine Fruchtausdünnung kann man bei diesem Vorgehen weitgehend verzichten.

Bei engen Pflanzabständen wie bei der Spindel muss das Fruchtholz insbesondere am Mittelast über dem Basisgerüst sehr kurz gehalten werden. Dazu schneidet man vom ersten Tragjahr an die auf 20 cm Abstand ausgelichteten wahren Fruchtzweige auf vier bis höchstens sechs gemischte Blütenknospen zurück. Von den basalen Neutrieben wählt man im nächsten Frühjahr die zwei basisnächsten aus. Der unterste dieser Neutriebe wird auf einen Stummel mit zwei Augen, der andere auf vier bis sechs gemischte Knospen geschnitten. Er liefert den diesjährigen Ertrag, die Austriebe des Zapfens das nächstjährige Tragholz bzw. den Erneuerungszapfen – ein Vorgehen wie beim Schnitt der Weinrebe.

Vorbedingung für das Gelingen des kurzen Fruchtholzschnitts sind eine nicht zu hohe Düngung und verstärkter Sommerschnitt. Andernfalls könnte der Wuchs doch schwer kontrollierbar werden.

Die Apikaldominanz hält sich bei Pfirsich wie bei der Aprikose in Grenzen. Deshalb kann man sowohl Pyramidenkronen, Flachkronen, Schräghecken, Spindeln und Spalierformen – vorzugsweise freie – erziehen, ohne dabei auf große Schwierigkeiten zu stoßen.

12.9 Walnuss

Die Blüten der Walnuss sind nicht wie bei den bisher behandelten Obstarten zwittrig ausgebildet, sondern es stehen männliche und weibliche Blüten getrennt voneinander auf demselben Baum. Die männlichen

Abb. 102.
Ein Minimalschnitt bei Walnussbäumen käme dem Ertrag und der Fruchtgröße zustatten.

Blüten formen dicke walzenförmige Blütenstände (Kätzchen). Diese gehen aus vorjährigen Achselknospen hervor. Die weiblichen Blütenknospen sitzen dagegen an der Spitze von vorjährigen Trieben. Jede weibliche Blüte besitzt zwei auffällige Narben. Je zwei bis drei Blüten, bei mancher Sorte auch mehr, sitzen zusammen und bilden eine Ähre. Aus ihnen gehen die Nüsse hervor. Ertragsbestimmend sind also die Blütenstände mit weiblichen Blüten.

Auch bei der Walnuss konzentrieren sich die Blütenknospen auf charakteristische Trieblängen-Bereiche. Männliche Blütenstände (Kätzchen) werden bevorzugt an Trieben von 5 bis 25 cm Länge angelegt. Weibliche Blütenknospen findet man dagegen vorzugsweise an vegetativ stärker entwickelten Trieben von 15 bis 35 cm und darüber. Je länger die Triebe sind, desto höher ist auch die Wahrscheinlichkeit, dass die Endknospen weiblich geprägt sind, relativ viele Blüten enthalten und die Entwicklung von großen Nüssen begünstigen. Seitlich am Trieb angeordnete weibliche Blütenknospen werden in weit geringerem Maße und dann vor allem knapp unter der Spitzenknospe und in Jahren mit reichlicher Blütenbildung angelegt. Neuere ungarische Züchtungen sind speziell auf die Bildung seitlich angelegter Blütenknospen ausgerichtet, um höhere Erträge zu ermöglichen.

Auf Ertragssteigerung angelegte Kulturmaßnahmen sollten auf die Förderung des Triebwachstums und bessere Belichtung des Kroneninneren hinauslaufen. Das Ertragspotenzial voll entwickelter Walnusskronen wird beinahe ausnahmslos nicht ausgeschöpft, weil sie normalerweise nicht geschnitten werden und deshalb an der physiologisch und belichtungsmäßig bevorzugten Peripherie fruchten, nicht aber im Kroneninneren. Die Kronen sind jedoch für einen Vollschnitt einfach zu hoch. Das dürfte auch der Grund dafür sein, dass Walnussbäume in der Literatur häufig als nicht schnittbedürftig angesprochen werden.

Aus physiologischer Sicht ist diese Ansicht nicht haltbar. Warum auch sollte die Lichtfrage für Walnussbäume weniger bedeutsam sein als für die übrigen Obstarten? Ein minimaler Aufwand für die Erziehung und Instandhaltung der Kronen wäre der Walnussproduktion deshalb sicher dienlich. Bei der Erziehung der Jungbäume kann man noch ohne Weiteres die spätere weitausladende Entwicklung der Gerüstäste als Maßstab für ihre Anzahl und den höhenmäßigen Abstand voneinander berücksichtigen. Die Kronen werden dann in den späteren Jahren nicht so schnell zu dicht. Man kann auch noch die aus schlafenden Augen entstehenden sehr starken Wasserschosse erreichen, sie entfernen und auf diese Art frühzeitigem Lichtmangel im Kroneninneren vorbeugen.

Wenn bei älteren Bäumen auch an einen jährlichen Vollschnitt nicht zu denken ist, könnte man dennoch zu dicht stehende, den Lichteintritt störende Äste gelegentlich entfernen und damit Lichtschächte in die Kronen schaffen und so im Kroneninneren die Bildung von leistungsfähigem Fruchtholz ermöglichen. Damit die Kronen nicht zu hoch werden, empfiehlt sich auch das Ableiten der Stammverlängerung in etwa 4,00 m Höhe auf einen Seitenast. Das mesotone Wuchsbild der Walnuss kommt einer betont breiten Krone entgegen. Dennoch sollte man überlegen, ob sich der damit verbundene hohe Aufwand lohnt und die mit dem Arbeiten in beachtlicher Höhe verbundene Gefahr nicht unterschätzen.

Der Schnitttermin ist entgegen verbreiteter Ansicht nicht kritisch. Es kann sowohl im Spätwinter als auch im Sommer in die Kronen eingegriffen werden. Größere Eingriffe in den Sommer zu verlegen bedeutet einen geringeren Wuchsanreiz. Man kann auch den erzielten Belichtungseffekt beim belaubten Baum besser beurteilen als im unbelaubten Zustand. Da größere Wunden am Stamm nur langsam verheilen, sollten sie in jedem Fall mit einem Wundverschluss geschützt werden.

12.10 Haselnuss

Auch die Haselnuss bildet rein männliche und rein weibliche Blütenknospen aus. Wie bei der Walnuss sind die zahlreichen männlichen Blüten in Kätzchen zusammengefasst. Die weiblichen Blütenstände setzen sich aus zwei bis drei Einzelblüten zusammen. Sowohl männliche als auch weibliche Blütenknospen werden bevorzugt an den Seitentrieben von wüchsigen vorjährigen Trieben angelegt. Im Gegensatz zu den auffälligen Kätzchen sind die weiblichen Blütenknospen recht unscheinbar. Zur Zeit der Blüte sieht man nur die fadenförmigen dunkelrot gefärbten Narben ihrer Einzelblüten.

Haselnüsse können als Strauch oder in Baumform erzogen werden. Beide Formen haben ihre Vor- und Nachteile. Sträucher werden leicht zu dicht und lassen dann im Ertrag nach. Sehr störend sind ihre zahlreichen Bodentriebe. Diese müssen laufend entfernt werden. Wenn man sie ausreißt, werden auch die an der Basis sitzenden Knospen mit der Rinde ausgerissen, sodass weniger Neutriebe gebildet werden als beim Wegschneiden der überzähligen Bodentriebe. Die Strauchform soll auch weniger Ertrag bringen als die Baumform.

Beim Pflanzen von Haselnusssträuchern belässt man nur drei bis vier kräftige Triebe und schneidet diese auf 30 bis 40 cm zurück. Die Pflanzen dürfen sich dann einige Jahre frei entwickeln. Der Schnitt beschränkt sich auf das Entfernen von Bodentrieben. Versäumt man dies anhaltend, so werden die Sträucher sehr dicht und geraten unter Lichtmangel. Die Bodentriebe bilden kaum kräftiges Fruchtholz, sondern treiben sich gegenseitig in die Höhe, ans Licht, wie wir das von einem Fichtenbestand kennen. Zur Befriedigung ihres Lichthungers sollte man die Sträucher auch innen offen halten. Dazu kann der eine oder andere Ast periodisch herausgenommen werden.

Fußstämmchen werden auf die Unterlage Baumhasel (*Corylus colurna*) veredelt. Sie bilden kaum Bodentriebe und erleichtern damit die Bodenpflege. Die Erneuerung der Kronen kann jedoch nicht aus Bodentrieben erfolgen, sondern muss durch Schneiden eingeleitet werden. Derlei Haselnussbäumchen erzieht man auf einem 30 bis 40 cm hohen Stamm. Zur Wahl steht eine Pyramidenkrone mit fünf bis sechs Gerüstästen oder eine Hohlkrone. Im letzteren Fall werden der Mitteltrieb und alle steil nach oben strebenden Triebe beim Pflanzschnitt weggeschnitten. Dieses Auslichten des Kroneninneren muss auch in den späteren Jahren beibehalten werden, um die Kronenmitte fruchtbar zu halten.

Abb. 103. Position der Blütenknospen von heimischen Nussarten: a = Fruchtholzpartie der Haselnuss mit männlichen Kätzchen und unscheinbaren weiblichen Blütenknospen (siehe Pfeile); b = Fruchtholzpartie bei der Walnuss, Spitzenknospen von stärkeren Trieben können weibliche Blütenknospen darstellen, männliche Blütenknospen werden immer an der Seite von vornehmlich schwächeren Trieben angelegt.

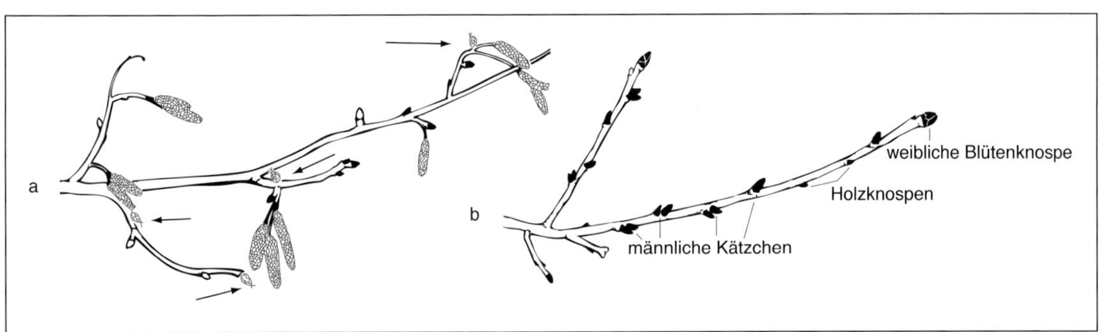

Abb. 104. Haselnuss-Fußstämmchen machen keine störenden Bodentriebe; nach einem Auslichtungsschnitt treiben schlafende Augen am Astring willig aus.

Denkbar ist auch die Erziehung von spindelförmigen Kronen. Wie bei Apfel und Birne könnte man bei ihnen zu starke und steil stehende oder nicht mehr ausreichend vitale Fruchtäste auf Astring oder Zapfen schneiden. An deren Basis finden sich austriebswillige schlafende Augen, aus denen rasch wieder kräftige Fruchtäste aufbauen lassen. Versuche in dieser Richtung liegen jedoch derzeit nicht vor. Alle Stammtriebe von Veredlungen müssen laufend entfernt werden, weil sich diese zu Lasten der Edelsorte kräftig entwickeln und den Ertrag drücken.

Je lockerer die Kronen der Sträucher oder Baumkronen erzogen werden, um so eher können sich ertragreiche Fruchttriebe an den Gerüstästen entwickeln. Ein mäßiger, gelegentlich angewandter Rückschnitt des Seitenholzes der Gerüstäste und das Auslichten von schwachem Fruchtholz fördert die Ausbildung von leistungsfähigem Fruchtholz und ergibt größere und besser gefüllte Nüsse. Bei verdichteten, im Schnitt vernachlässigten Kronen verlagert sich der Ertrag dagegen an die Kronenperipherie und in die Höhe.

Wenn ein regelmäßiger Ersatz der älteren Äste und Triebe nicht erfolgt, lassen Wachstum, Ertrag und Fruchtgröße früher oder später nach. In solchen Fällen kann man auch Haselnusskronen verjüngen, indem man über einen Zeitraum von zwei bis drei Jahren verteilt einen Teil der überalterten, teils auch zu hohen Äste auf ihre Basis zurücksetzt. Auf diese Weise wird der Wuchs nicht zu stark angeregt und die Ertragsleistung weniger reduziert als bei einmaligem und umfassendem Verjüngen.

13 Erziehungssysteme und Schnitt des Beerenobstes

Die Erziehung von Johannisbeeren, Stachelbeeren, Himbeeren, Brombeeren und Kulturheidelbeeren lehnte sich lange Zeit eng an den natürlichen Wuchs dieser Obstarten an. Im Gartenobstbau ist das auch heute noch so. Die dort meist extensive Pflege ergibt jedoch nur geringe Erträge bei zugleich minimaler Fruchtqualität. Im professionellen Anbau kann dem gegenüber nur bestehen, wer hohe Flächenerträge und beste Fruchtqualität kostengünstig zu erzielen versteht.

So zeigte sich im intensiven Anbau rasch, dass sich Ertrag und Fruchtqualität – besonders die Fruchtgröße – durch Schnittmaßnahmen entscheidend steigern lassen. Die derzeit höchste Intensivierungsstufe stellt der Anbau der genannten Beerenobstarten unter Regendächern dar. Sie kann zwar an dieser Stelle nicht behandelt werden, soll jedoch unbedingt betont werden, weil nur sie in regenreichen Gebieten die Vorzüge einer intensiven Erziehung und Schnittbehandlung voll zur Geltung bringt.

Zu den konventionellen Beerenobstarten gesellten sich in letzter Zeit zwei neue Kulturen. Zaghafte Anfänge im Anbau von Kiwis sind in unseren Regionen dem Gartenobstbau vorbehalten. Es geht dabei weniger um die Art *Actinidia chinensis* als um die frostsicherere *Actinidia arguta*. Zu einer neuen Kultur des Erwerbsobstbaus entwickelt sich in jüngster Zeit der Anbau von Tafeltrauben. Weil dieser auf langjährige Erfahrungen des Weinbaus zurückgreifen kann, erfolgte der professionelle Einstieg in diesen Produktionszweig auf einem sehr hohen Intensitätsgrad.

13.1 Johannisbeere

Der professionelle Anbau von Johannisbeeren konzentriert sich in Deutschland auf wenige Anbaugebiete. Die Erzeugung für den Frischmarkt und die Verwertung sind strikt getrennt. Höchste Qualität für den Frischkonsum erfordert eine beson-

Abb. 105. Johannisbeeren stellen keine hohen Ansprüche an Klima und Boden; sie sind die gegebene Obstart für den Garten.

ders konsequente Erziehung. Die hohen Erntekosten sind nur dann tragbar. Verwertungsware wird hingegen auf großen Flächen relativ extensiv angebaut. Die Erntekosten werden durch Vollerntemaschinen niedrig gehalten. Gartenliebhaber nutzen leider die bestehenden Möglichkeiten einer Qualitätsproduktion beinahe gar nicht. Traditionelle Gewohnheiten stehen ihr hartnäckig entgegen. Wie leicht wäre das von der Sache her zu ändern!

13.1.1 Wachstum und Fruchtbarkeit

Jungpflanzen starten ihre natürliche Entwicklung im Gegensatz zum Baumobst mit mehreren Trieben aus der Basis der Sträucher. Die Triebe verzweigen sich in den folgenden Jahren und bilden einen arttypischen Strauch. Die Triebspitzen sind nur wenige Jahre im Wuchs gefördert. Ihr Längenwachstum ist beschränkt, die Büsche erreichen nur eine begrenzte Höhe. Sie lassen ihre Jugendentwicklung bald hinter sich und befinden sich schon im zweiten bis dritten Laub im Ertragsstadium.

Die Gerüstäste verzweigen sich laufend weiter und werden im Laufe von zwei bis drei Jahren noch fruchtbarer. Gleichzeitig lassen Wuchskraft, Fruchtqualität und vor allem die Fruchtgröße nach. Damit haben die Gerüstäste das Altersstadium erreicht und müssen, weil selbst nicht ausreichend regenerierfähig, durch junge Bodentriebe ersetzt werden.

Die Bildung von Lang- und von Kurztrieben ist art- und sortenverschieden. Schwarze Johannisbeeren wachsen grundsätzlich stärker als Rote und Weiße. Die größten Wuchsunterschiede zwischen den Sorten bestehen bei den Roten und Weißen Johannisbeeren. Obwohl die meisten Knospen Blütenknospen sein können, sind bestimmte Triebe und Sprossorte in der Bildung von Qualitätsblüten bevorzugt. Besonders lange Trauben mit vielen Früchten entwickeln sich im oberen Bereich der Langtriebe an zwei- und dreijährigen Zweigen. Diese tragen bei der Schwarzen Johannisbeere auch den größten Teil zum Gesamtertrag bei. Blüten an übermäßig starken Trieben können jedoch stärker zum Verrieseln neigen. Bei Roter und Weißer Johannisbeere liefern meistens Kurztriebe den größeren Anteil an der Ernte. Sie sind jedoch hinsichtlich der Qualität der Trauben deutlich benachteiligt und das umso mehr, je älter die entsprechenden Zweigsysteme sind.

13.1.2 Anbauformen

Aus wurzelechten Pflanzen werden überwiegend Büsche oder Heckenformen erzogen. Die **Buschform** dominiert für die maschinelle Ernte und für die Selbstversorgung. Büsche sollten etwa zehn Gerüstäste haben, welche zu je einem Drittel ein-, zwei- und dreijährig sind. Bei einem Pflanzabstand von 3 × 1,00 m ergibt sich eine Pflanzdichte von annähernd 3000 Pflanzen/ha. Für die maschinelle Ernte wählt man auch Abstände von weniger als 1,00 m, um möglichst schnell einen geschlossenen Bestand zu erhalten.

Eine reine Liebhabersache sind **Halb- und Hochstämmchen** von Johannisbeere und Stachelbeere. Als Unterlage und Stammbildner dient überwiegend die Gold-Johannisbeere (*Ribes aureum*). Stärkeren Wuchs und besseren Gesundheitsstand ergibt nach neueren Erfahrungen die Jostabeere (*Ribes × nidigrolaria*) mit ihrem reich verzweigten Wurzelwerk. Die Kronen der Stämmchenform bestehen aus der Stammverlängerung und etwa fünf Leitästen.

Im Erwerbsanbau mit Handpflücke hat die **Heckenerziehung** an einem Drahtgerüst bei Roter und Weißer Johannisbeere den Busch völlig verdrängt, denn Hecken bringen einen höheren Flächenertrag in einheitlich hoher Qualität. Die Früchte sind leicht zu ernten, sie reifen gleichmäßig, und man benötigt nur einen Arbeitsgang für die Ernte.

Zur Heckenerziehung verwendet man ein-, zwei- oder dreitriebige Pflanzen. Eintrieber bekommen einen Pflanzabstand von 33 cm in der Reihe und von 2,75 m zwischen den Reihen. Das Fruchtholz soll vorzugsweise quer zur Reihenrichtung stehen. Das Unterstützungsgerüst besteht aus zwei Spanndrähten mit daran senkrecht befestigten Bambusstäben. Dieses wird auch für Zwei- und Dreitrieber verwendet. Der Pflanzabstand von dreitriebigen Pflanzen in der Reihe beträgt 0,75 cm, der Reihenabstand 2,75 bis 3,00 m. Das ergibt eine Pflanzdichte von annähernd 4200 Pflanzen/ha. Ertragszone ist der Bereich zwischen 0,50 und 1,80 m.

An Stelle von Eintriebern werden auch Spindeln erzogen. Man arbeitet dafür mit zwei Gerüstästen an einem Bambusstab. Wenn man davon immer nur einen nach dem Abtragen ersetzt, tritt ein weniger starker Ertragsrückgang ein als bei der Verwendung von Eintriebern. Das Fruchtholz der Spindel ist gleichmäßig nach allen vier Himmelsrichtungen verteilt. Der Pflanzabstand in der Reihe beträgt 0,50 m, zwischen den Reihen wiederum 2,75 bis 3,00 m. Damit kommt man auf rund 7000 Pflanzen/ha. Die Heckenform wird in geringerem Umfang auch für Frischmarktware der Schwarzen Johannisbeere verwendet.

13.1.3 Erziehung und Schnitt

Für die **Erziehung von Sträuchern** sollte gute Pflanzware fünf bis sieben kräftige Triebe aufweisen. Pflanzen mit weniger Trieben brauchen länger zum Strauchaufbau, mehr kann das beim Roden reduzierte Wurzelwerk nicht ausreichend ernähren. Die Folge davon wäre ein zu geringes Wachstum der Triebe im Pflanzjahr.

Beim Pflanzschnitt wählt man fünf kräftige und gleichmäßig verteilte Triebe aus. Alle Übrigen werden knapp am Boden abgeschnitten. Bei relativ schwachen Pflanzen schneidet man die Triebe auf etwa 15 cm zurück, um ihr Wachstum anzuregen. Starke Pflanzen werden nicht angeschnitten. Ein in der Mitte des Strauches befindlicher Trieb kann etwas höher angeschnitten werden als die außen stehenden, um dem Strauch eine leicht pyramidale Form zu geben.

Im Jahr nach dem Pflanzen werden zunächst die jungen Bodentriebe ausgelichtet. Stehen bleiben nur diejenigen Bodentriebe, die zum endgültigen Aufbau der Sträucher noch fehlen. Jeder Busch sollte bis zum Vollertrag auf die schon genannten zehn Gerüstäste kommen. Auch in den folgenden Jahren müssen überzählige Bodentriebe konsequent entfernt werden, am besten bereits nach der Ernte, spätestens jedoch beim Winterschnitt.

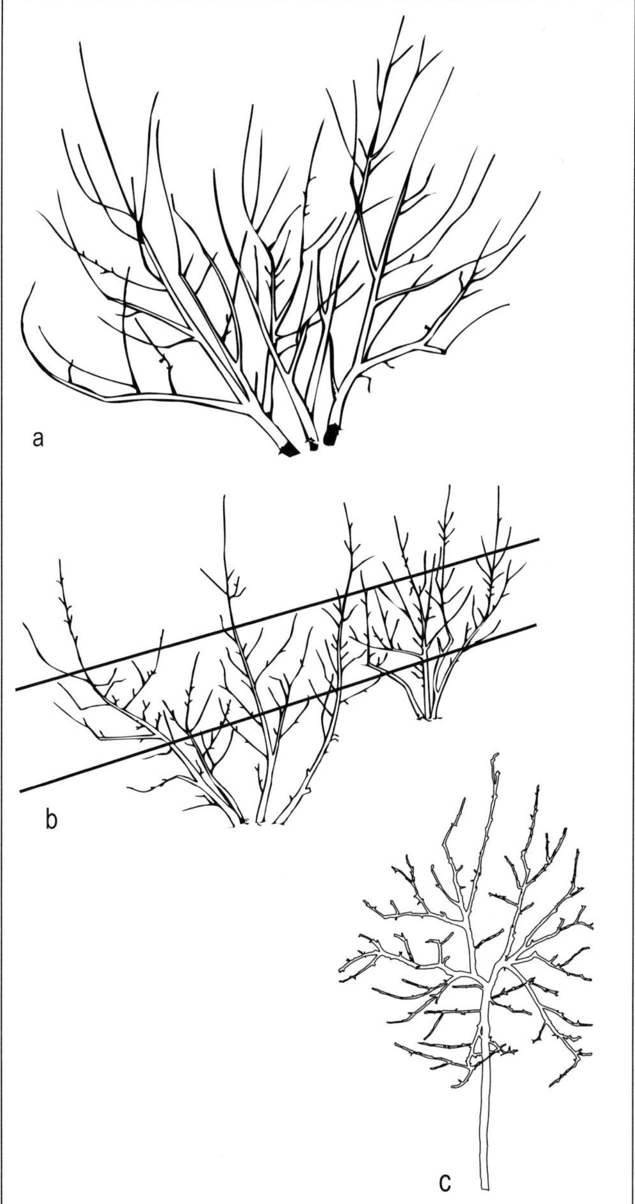

Abb. 106. Erziehungsformen bei Johannisbeere und Stachelbeere: a = Buscherziehung: b = Heckenerziehung; c = Stämmchenerziehung.

Im Stadium des Vollertrags müssen die mit Fruchtholz besetzten Gerüstäste immer gut belichtet sein. Aus zu dicht gewordenen Partien sind immer wieder Leitäste herauszunehmen und zu dicht oder zu schwach gewordenes Fruchtholz ist auszulichten oder zurück zu schneiden. Dieser Fruchtholzschnitt kann, wie später bei der Heckenerziehung dargestellt, gehandhabt werden. Zu entfernen sind auch überzählige Bodentriebe sowie in das Strauchinnere wachsende Langtriebe mit Schattenwirkung. Die Leitastverlängerungen werden möglichst nicht mehr zurückgeschnitten. Anders ist das bei schwach wachsenden Sorten, damit die Büsche unter der Fruchtlast nicht auseinanderfallen und ihre Äste nicht am Boden liegen. Das kommt auch der Bildung kräftiger Erneuerungstriebe und der Stärkung des Fruchtholzes zugute. Wenn die Büsche zu hoch geworden sind, kann man ihre Leitäste auf einen weiter unten platzierten Seitentrieb ableiten.

Ab dem vierten Jahr nach der Pflanzung, sollte der regelmäßige Ersatz abgetragener Leitäste durch Bodentriebe einsetzen, bei Schwarzen Johannisbeeren sogar schon nach dem zweiten Fruchten eines Astes, weil sonst Ertrag, Traubenlänge und Beerengröße rasch abnehmen.

Geht man jedes Jahr in der beschriebenen Weise vor, so bleiben die Büsche viele Jahre lang vital und leistungsfähig.

Für die **Erziehung von Halb- und Hochstämmchen** sollten vorzugsweise Pflanzen mit vier bis fünf Trieben verwendet werden. Von diesen wählt man einen zentral stehenden Trieb als künftige Mitte und die übrigen als Seitenäste aus. Überzählige Triebe werden weggeschnitten. Gleich nach dem Pflanzen bindet man die Stämmchen über der Veredlungsstelle an den über die Krone ragenden Pflanzpfahl, desgleichen den Mitteltrieb. Danach werden Mitteltrieb und Seitentriebe wie bei einer Pyramidenkrone angeschnitten.

In den folgenden Jahren werden die Kronen wie Mini-Pyramidenkronen behandelt. Oberstes Ziel ist die gute Belichtung aller Kronenbereiche, denn nur dann können hochwertige Blütenknospen entstehen. Zu dicht stehende, beschattende Triebe müssen weggeschnitten oder auf zwei Knospen eingekürzt werden. Am besten macht man das kurz nach der Ernte. Der Rückschnitt von Leitästen und Fruchtholz muss intensiver erfolgen als bei der Buschform, weil die Wuchskraft von Stämmchenformen deutlich schwächer ist als die von Büschen.

Da Hoch- und Halbstämmchen keine Bodentriebe entwickeln, ist eine Erneuerung abgetragener Partien nur aus der Basis der Gerüstäste möglich. Zu diesem Zweck müssen Leitäste und Fruchtholz vor allem im Ertragsalter konsequenter und schärfer angeschnitten oder auf einen basisnahen Seitentrieb abgeleitet werden als beim Busch. Die Lebensdauer der Pflanzen ist jedoch selbst bei solch intensiver Schnittpflege geringer als bei der Buschform.

Für die Anzucht von **Heckenformen** benötigen die Jungpflanzen nicht mehr als drei bis fünf kräftige Triebe. Davon werden je nach dem Erziehungsziel nur ein bis drei der stärksten Triebe verwendet. Die Übrigen schneidet man gleich nach dem Pflanzen dicht am Boden ab. Ein wichtiges Erziehungsziel ist es, die Ertragszone schnell zwischen 0,50 und 1,80 m Höhe aufzubauen. Das gelingt am besten bei der Verwendung von Eintriebern, weil das Höhenwachstum umso stärker ist, je weniger Leitäste die Pflanzen haben. Die Leitäste werden nicht angeschnitten. Sie wachsen auch so genügend rasch nach oben.

Darüber hinaus wird im Pflanzjahr nicht viel geschnitten. Wenn sich jedoch starke Seitentriebe entwickeln, können sie im Sommer auf die der Sorte angemessene Länge entspitzt werden. Dabei schneidet man auch gleich alle Seitentriebe unter 50 cm Höhe weg.

Im Jahr nach dem Pflanzen entstehen viele Seiten- und Bodentriebe. Letztere werden im Mai/Juni ausnahmslos entfernt (ausgerissen), es sei denn, man muss noch den einen oder anderen Leitast nachziehen. Im Winter darauf schneidet man starke und zu tief angesetzte Seitentriebe sowie Konkurrenztriebe weg. Die Übrigen lichtet man bei zu dichtem Stand aus. Verlängerungstriebe der Leitäste werden bis zum Erreichen der Endhöhe nicht angeschnitten. Auch darf man nicht vergessen, sie alle 20 cm anzubinden.

Ist die Endhöhe nach zwei bis drei Jahren erreicht, so werden von da an die Leitäste jedes Jahr auf einen hoch angesetzten und gut entwickelten Seitentrieb zurückgenommen. Jetzt belässt man auf beiden der Fahrgasse zugewandten Seiten von Ein-, Zwei- und Dreitriebern beim **Winterschnitt** nur sechs bis zehn einjährige Seitentriebe. Alle in Reihenrichtung wachsenden und auch die über 60 cm langen Triebe werden auf kurze Stummel geschnitten. Bei Spindeln dürfen sich die Seitentriebe nach allen Richtungen entwickeln.

Man erkennt junge Triebe leicht an ihrer hellen Rindenfarbe. Das ältere abgetragene Holz ist wesentlich dunkler und muss aus Belichtungsgründen konsequent entfernt werden. Man kann dabei auch auf kurze Stummel zurückgehen und so dafür sorgen, dass immer viele junge Triebe nachwachsen – das Fruchtholz im Folgejahr.

Von den jungen Trieben sind grundsätzlich die flach stehenden bleistiftstarken besonders erwünscht. Sie bringen die längsten Trauben und sind sehr fruchtbar. Im Einzelfall kann man jedoch noch beträchtliche Art- und Sortenunterschiede feststellen. Die optimale Fruchtholzlänge liegt z. B. bei den Sorten 'Jonkheer van Teets' und 'Red Lake' bei 20 cm, bei 'Rolan' bei 30 cm, bei 'Rovada' bei 40 cm und bei 'Rondom', 'Rotet' und 'Heinemanns Spätlese' noch darüber.

Überlange Triebe der ersten Gruppe werden kurz, bei 'Rolan' und 'Rovada' mittellang und bei 'Rondom', 'Rotet' und 'Heinemanns Rote Spätlese' lang geschnitten. Die einjährigen Triebe der Weißen Johannisbeere werden überwiegend kurz geschnitten. Bei Schwarzen Johannisbeeren sollten sie in keinem Fall angeschnitten werden, weil die Blütenknospen im Triebspitzenbereich die beste Fruchtqualität versprechen.

Auch an das Nachziehen neuer Leitäste für abgetragenes Holz sollte man jetzt denken. Man beginnt damit im dritten bzw. vierten Jahr, um zwei Jahre später die ersten überalterten Leitäste austauschen zu können.

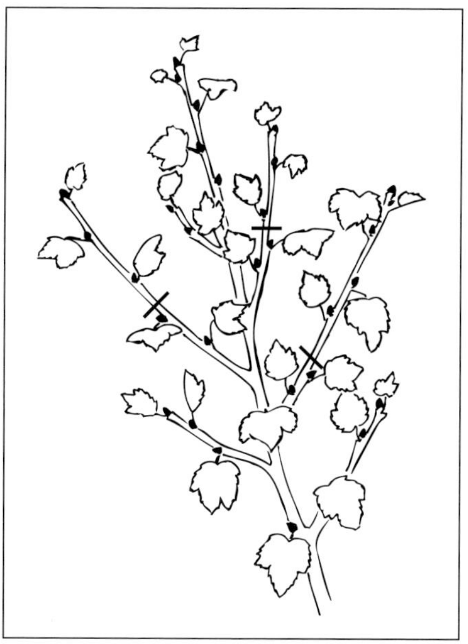

Abb. 107. Sommerschnitt bei Johannisbeere und Stachelbeere. Holztriebe kürzt man etwa zwei Wochen vor der Ernte auf zwei Blätter ein; Früchte und Blütenknospen werden dann besser ausgebildet.

Sommerschnitt hat sich bei der Heckenerziehung sehr bewährt. Dabei kann man kräftige Neutriebe von stark wachsenden roten Sorten ab 15 cm Länge zweimal im Abstand von zwei Wochen entspitzen. Diese Triebe werden so fruchtbarer und bilden kräftige Blütenknospen aus. Wer vor der Ernte steil stehende Triebe auf dem Fruchtholz entfernt, fördert die Blütenausbildung und erleichtert sich die Ernte. Nach der Ernte kann man überzähliges Fruchtholz auslichten, starke Triebe auch zurückschneiden und so einen großen Teil der Winterschnittarbeiten vorwegnehmen.

13.2 Stachelbeere

Die Erziehung der Stachelbeere weist viele Parallelen zu jener der Johannisbeere auf. Das Schneiden und Ernten dieser stacheligen Obstart ist jedoch häufig mit besonderen Unannehmlichkeiten verbunden. Dichte und niedrige Sträucher sind die denkbar ungünstigste Kombination, denn wer will sich schon in gebückter Haltung beim Schneiden und Ernten auch noch pieksen lassen?

Oberstes Ziel bei der Erziehung für den Frischmarktanbau muss das Arbeiten in aufrechter Haltung und die leichte Zugänglichkeit der Früchte bei der Ernte sein. Im Gartenobstbau sind deshalb Halb- und Hochstämmchen weit häufiger vertreten als bei der Johannisbeere. Hingegen sind die im Erwerbsanbau für den Frischverzehr dominierenden Heckenformen genau so wie bei der Johannisbeere kaum eingeführt. Der professionelle Anbau in Buschform hat nur für die Erzeugung von maschinell geernteter Verwertungsware Bedeutung.

13.2.1 Wachstum und Fruchtbarkeit

Stachelbeeren wachsen deutlich schwächer als Johannisbeeren. Die Triebe sind dünner, kürzer und nehmen oft eine flache bis hängende Stellung ein. Der Aufbau der Sträucher und Hecken dauert deshalb ein bis zwei Jahre länger als bei der Johannisbeere. Man könnte die Anlaufzeit zwar durch verstärkte Stickstoffdüngung verkürzen, nimmt dann aber in Kauf, dass die Anfälligkeit der Pflanzen für den Amerikanischen Stachelbeermehltau deutlich ansteigt. Anfällige Sorten sind dann kaum befallsfrei zu halten.

Nur ordentlich gepflegte Stachelbeerpflanzen treiben jährlich so kräftig, wie es für die Bildung von leistungsfähigem Fruchtholz nötig ist. Die Blütenknospen werden an Lang- und an Kurztrieben gebildet. Langtriebe tragen wie bei der Johannisbeere die größeren, Kurztriebe die meisten Früchte. Durch angemessene Schnittstärke kann und sollte man die Langtriebbildung fördern und Kurztriebe ausreichend vital halten. Dann sind auch die Früchte an Buketttrieben schön groß.

Aus jeder Blütenknospe geht meistens eine Frucht hervor, es können aber auch zwei oder gar mehr sein. Je höher der Fruchtbesatz der traubigen Blütenstände ist, desto kleiner sind die Früchte und umso größer ist die Variabilität der Fruchtgröße. Im Falle von drei Früchten pro Fruchtstand fällt die Fruchtgröße von der größten über eine mittelgroße zur kleinsten rapide ab. Entsprechende Sorten müssten im Interesse einer guten und gleichmäßigen Fruchtgröße eigentlich ausgedünnt werden, z. B. ‘Gelbe Hinnonmäki’.

13.2.2 Anbauformen, Erziehung und Schnitt

Stachelbeeren können auf ganz ähnliche Weise wie Johannisbeeren erzogen werden. Es sei deshalb auf die dort gemachten Ausführungen verwiesen, um Wiederholungen zu vermeiden. Nur die für die Stachelbeere charakteristischen Aspekte sollen noch ergänzt werden.

Die **Buschform** ist nur noch für die maschinelle Ernte von Verwertungsware zu vertreten. Doch selbst dafür sollte die Anzahl der Leitäste auf drei bis fünf beschränkt werden, um mehr Höhe zu gewinnen als es mit mehr Leitästen gewöhnlich möglich ist und um mehr Platz für das Nachziehen von Ersatztrieben zu haben.

Auch Büsche sollten bis zum dritten oder vierten Standjahr eine Höhe von 120 bis 150 cm erreichen. Häufig endet ihr Höhenwachstum jedoch schon bei 1,00 m. Gründe dafür können hängender Wuchs, zu viele Leitäste, übermäßige Fruchtbarkeit oder mangelhafte Ernährung sein. Auch tief angesetztes starkes Seitenholz bremst das Höhenwachstum der Leitäste. Man sollte in diesem Fall wie bei der Heckenerziehung der Johannisbeere beim Schnitt alles Seitenholz bis auf eine Höhe von 40 cm entfernen.

Die Leitäste werden nur angeschnitten, wenn sie wenigstens 5 mm stark oder vom Amerikanischen Stachelbeermehltau befallen sind. Gesunde Triebe kann man auch nur entspitzen. Die Anzahl der Seitentriebe an einem Leitast muss auf die Wuchskraft der Pflanzen abgestimmt werden. Etwa acht bis zehn Seitentriebe je Leitast können als Leitwert gelten. Diese Seitentriebe sollen nahe am Leitast gehalten und lang gelassen werden. Im Interesse einer guten Belichtung müssen alle steil stehenden Triebe im Busch regelmäßig entfernt werden.

Dieselben Grundsätze gelten auch für **Halb- und Hochstämmchen**. Die in Gärten anzutreffenden Pflanzen sind meistens viel zu dicht, sodass weder genügend Licht in die Kronen eindringen noch der Gartenliebhaber ohne Verletzungsgefahr schneiden oder ernten kann. Als gute Alternative bietet es sich an, eine offene Krone ohne Mitteltrieb und mit drei schräg nach oben gerichteten Leitästen, nach Art einer Hohlkrone, aufzubauen. Der Abstand von Leitast-Seitentrieben sollte bei 15 bis 20 cm gehalten werden. An älterem Seitenholz werden Ständertriebe ganz entfernt, seitliche Triebe auf 10 cm Abstand gebracht und auf zwei bis drei Augen geschnitten.

Die gegebene Erziehungsform für den Frischmarkt ist die **zwei- oder dreitriebige Hecke** an einem 1,50 m hohen Drahtrahmen mit vier Drähten zwischen 0,50 und 1,60 m Höhe. Diese können untereinander in Leitast-Abstand mit Garbenschnüren verknotet werden. Die Leitäste der Stachelbeerpflanzen werden um die Schnüre geschlungen und nach oben geleitet, wie man das aus dem Unterglas-Tomatenanbau kennt.

Eintrieber und **Spindeln** sind ebenfalls möglich. Der Abstand von Leitast zu Leitast liegt bei der dreiarmigen Erziehung bei 30 cm, bei der zwei- und einarmigen bei 40 cm und bei der Spindelerziehung bei 60 cm. Da für Spindeln und Eintrieber kaum spezielles Pflanzmaterial mit einem oder zwei möglichst starken Trieben verfügbar ist, werden für alle Formen handelsübliche Pflanzen mit etwa fünf Trieben verwendet.

Damit die Hecken ihre vorgesehene Höhe so schnell wie möglich erreichen, müssen alle Möglichkeiten zur Stärkung des Wachstums der Leitäste genutzt werden. Sie werden deshalb nur angeschnitten, wenn ihre Spitzen Mehltaubefall aufweisen oder wenn sie sich ungenügend verzweigen. Bei ungleicher Länge ist ein Ausgleich durch Schneiden nötig.

Als Fruchtholz sind bleistiftstarke und 30 bis 40 cm lange Seitentriebe besonders erwünscht. Sie sollen außerdem flach gestellt sein, weil dann ihre Früchte nach unten hängen und leicht zu pflücken sind. Dieses lange Fruchtholz wird nicht angeschnitten, um einer starken Verzweigung zuvorzukommen (Ausnahme Mehltaubefall). Aus pflücktechnischen Gründen lässt man nur Triebe stehen, die quer zur Heckenrichtung stehen. Auch Buketttriebe und kurze schwache Triebe werden vom Schnitt verschont. Man lichtet sie allenfalls aus.

Abb. 108.
Ihrer Dornen wegen sollten Stachelbeeren eigentlich nur in Heckenform erzogen werden.

Eine Verjüngung abgetragener Leitäste ist erst nach ungefähr sechs Jahren erforderlich. Man leitet dazu entweder auf einen bodennahen Seitentrieb ab oder verwendet einen Bodentrieb.

In volltragenden Anlagen soll der Schnitt die Pflanzen lichtoffen halten und einer übermäßigen Fruchtbarkeit vorbeugen. Das erforderliche Auslichten kann auch im Sommer – etwa eine bis zwei Wochen vor der Ernte – erfolgen. Frühere Behandlungen können Neuaustrieb und Förderung des Mehltaubefalls bewirken. Das richtige Maß liegt vor, wenn man in alle Bereiche greifen und unbeschwert ernten kann.

13.3 Kulturheidelbeere

Die hochbuschige Kulturheidelbeere hat so spezifische Ansprüche an den Boden wie keine andere Obstart. Am besten gedeiht sie auf Wald-, Heide- oder Moorböden, auf denen noch keine Kulturpflanzen gestanden haben. Diese Standorte zeichnen sich vor allem durch eine besonders gute Luft-

Abb. 109. Kulturheidelbeeren benötigen vor allem einen luftdurchlässigen Boden; nicht nur Heidestandorte eignen sich für den Anbau, auch landwirtschaftlich genutzte Böden können kulturfähig gemacht werden.

und Wasserdurchlässigkeit aus. Hoher Humusgehalt und niedriger pH-Wert scheinen dagegen nur einen indirekten Einfluss zu haben. Auf den natürlichen Standorten leben die Heidelbeerpflanzen in Symbiose mit Mykorrhiza-Pilzen. Diese verbessern die mineralische Ernährung der Heidelbeerpflanzen und machen sie gegen Schaderreger widerstandsfähig. Auf natürlichen Standorten ist der Infektionsgrad der Heidelbeer-Wurzeln mit Mykorrhiza-Pilzen viel höher als auf Ackerböden. Als Ursache für die höhere Mykorrhiza-Dichte kann man den hohen Ligningehalt der Waldstandorte ansehen. Das Mulchen mit Nadelholzrinde oder Sägemehl auf ehemaligen Ackerflächen dürfte ähnlich wirken und zum guten Gedeihen von Heidelbeeren wesentlich beitragen.

Anbauform, Wachstum und Fruchtbarkeit

Heidelbeeren werden für die Handpflücke und für die maschinelle Ernte ausschließlich in Strauchform erzogen. Heckenformen wie bei der Johannisbeere und Stachelbeere kennt man bis jetzt nicht. Die Sträucher können 1,50 bis 2,00 m hoch werden. Sie wachsen sehr langsam, sodass die volle Ausdehnung erst nach acht bis zehn Jahren erreicht wird. Sechs bis zehn Leitäste bilden dann das Kronengerüst.

Als mittlere Pflanzdichte können 4000 Sträucher/ha angesehen werden. Man erreicht sie bei Reihenabständen von 2,50 bis 3,00 m und 1,00 m Abstand in der Reihe. Es gibt jedoch auch Versuche, die Pflanzdichte auf 6000 Pflanzen und darüber anzuheben, um die Anfangserträge zu steigern. Bei Bedarf kann man dann acht bis zehn Jahre nach dem Pflanzen, wenn die Sträucher ausgewachsen sind, jeden zweiten entfernen.

Die Blüten werden an der Spitze von Lang- und Kurztrieben angelegt. Die qualitativ besten Blütenknospen finden sich an einjährigen Langtrieben und an starkem Seitenholz der zweijährigen Zweige. Mit fortschreitendem Fruchtholzalter werden die Sträucher immer fruchtbarer, die Beeren zunehmend kleiner und die Pflückleistung geringer. Die Pflanzen übertragen sich leicht und lassen ohne entsprechende Schnittmaßnahmen im Wachstum sehr nach. In dieser Situation kann sich auch Alternanz einstellen.

Die Entwicklung der Heidelbeersträucher beginnt mit einigen Bodentrieben. Diese wachsen in den folgenden Jahren zu Leitästen heran. Im zweiten Jahr verzweigen sich die Bodentriebe. An ihrer Spitze und an einigen Seitenknospen darunter werden Blütenknospen angelegt. Aus diesen entwickeln sich im folgenden Jahr Blütentrauben mit bis zu zwölf Blüten. Unterhalb der Blüten bilden sich weitere Seitentriebe, die im nächsten Jahr fruchten.

Junganlagen werden mit zwei- oder dreijährigen Pflanzen erstellt. Weil sich die Pflanzen nur langsam entwickeln, kommt man mit schon älteren Pflanzen schnell in Ertrag. Die Sträucher werden am besten im Herbst gepflanzt, weil sie dann besser einwurzeln als bei Frühjahrspflanzung. Man senkt die Pflanzen nur soweit in den Boden ein, dass ihr Wurzelballen leicht über die Bodenoberfläche hinaus ragt und deckt mit 10 bis 20 cm Rinde oder Sägemehl ab. Ein Pflanzschnitt erübrigt sich.

Zur Förderung des Triebwachstums hat es sich sehr bewährt, im ersten und zweiten Standjahr alle Blüten während der Blühzeit zu entfernen. Man bringt sich so zwar um einen schwachen Anfangsertrag, wird jedoch im Jahr danach ertragsmäßig umso mehr belohnt.

Nach dem dritten Laub setzt der Erhaltungsschnitt ein. Entfernt werden nur beschädigte, schwache oder sehr tief angesetzte Triebe. Die Bodentriebe werden jedes Jahr auf einen bis zwei beschränkt. Ganz anders als bei der Johannisbeere werden jedoch nur wenige gebildet.

Nennenswerte Schnitteingriffe fallen erst ab dem vierten Jahr an. Das älteste Fruchtholz ist jetzt zwei oder drei Jahre alt und muss entfernt werden. Ein Jahr später ist auch schon der eine oder andere abgetragene Leitast durch eine Bodentrieb zu ersetzen oder auf einen kräftigen Seitentrieb zurückzunehmen. An zweijährigen Leitästen wird nur das schwache Seitenholz weggeschnitten. Entfernt werden außerdem nach innen wachsende und bodennahe Triebe, sofern sie nicht als Ersatz für abgetragenes Fruchtholz benötigt werden. Ein voll entwickelter Strauch sollte nach dem Schnitt nicht mehr als sechs bis acht gut verzweigte zwei- und dreijährige Leitäste und einen bis zwei Bodentriebe haben.

Der bisher beschriebene Schnitt stellt sich ausschließlich als Ausdünnungsschnitt dar. Je nach der vorliegenden Wuchsintensität, der Fruchtbarkeit der Sträucher und der Sorte sowie den gestellten Anforderungen an die Fruchtgröße kann jedoch im Einzelfall auch ein mehr oder weniger starkes Anschneiden der Triebe sinnvoll sein.

Langjährig ungeschnittene, d.h. vergreiste Sträucher kann man verjüngen und wieder leistungsfähig machen, indem man alle Triebe und Äste am Erdboden abschneidet. Es erscheinen dann zahlreiche Bodentriebe, die man schon im Sommer vereinzeln sollte. Drei Jahre später sind die Pflanzen wieder im Vollertrag.

Wie bereits angedeutet, werden alle Schnittarbeiten im Winter vorgenommen. Da Heidelbeerholz sehr hart ist, empfiehlt sich im professionellen Anbau die Verwendung von Akkuscheren. Eine Arbeitserleichterung und Zeitersparnis ermöglicht auch der Einsatz von 60 cm langen Stangenscheren. Vor Verletzungen durch das harte scharfkantige Holz schützen Lederhandschuhe.

Abb. 110. Wer auf große Beeren Wert legt, muss Heidelbeeren durch Auslichten und Rückschnitt der Langtriebe im Wachsen halten.

13.4 Himbeere

Die Himbeerpflanze stellt einen Halbstrauch dar. Sie bildet kein langlebiges Pflanzengerüst aus. Ausdauernder ist nur ihr Wurzelsystem. Aus Adventivknospen am Wurzelhals oder an Seitenwurzeln entwickeln sich 1,50 bis 3,00 m lange Ruten. Aufgrund ihrer unterschiedlichen Entwicklungsrhythmik unterscheidet man Sommer- und Herbsthimbeeren.

Sommerhimbeeren haben einen zweijährigen Entwicklungsrhythmus. Im ersten Jahr wachsen nur Ruten mit Blütenknospen heran. Die besten Blütenknospen findet man zwischen dem zweiten und dritten

Abb. 111. Verschiedene Himbeersorten sind sehr anfällig gegen Wurzelkrankheiten; die Sortenwahl ist deshalb sehr wichtig für den Anbauerfolg.

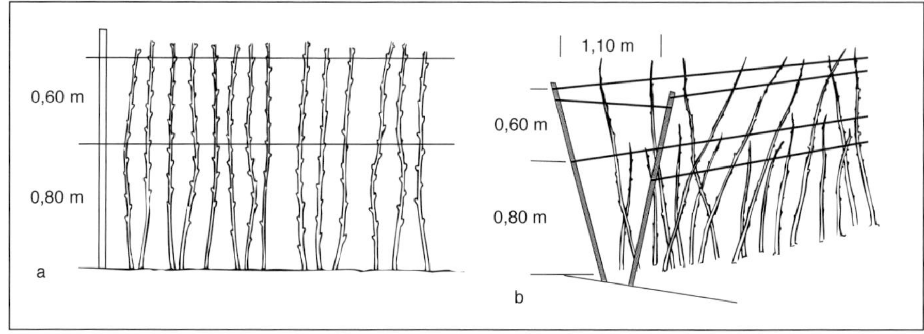

Abb. 112. Erziehungsformen bei der Himbeere: a = am senkrechten Drahtrahmen; b = nach dem V-System.

Drittel der Ruten. In Richtung Rutenspitze und Rutenbasis nimmt die Qualität (Größe) der Blütenknospen laufend ab. Im zweiten Jahr verzweigen sich die Ruten. Am Ende der Seitentriebe erscheinen die Blütenstände. Diese weisen im geförderten Bereich mehr Blüten auf als in den benachteiligten, sie blühen zuerst auf und tragen die größten Früchte. Einige Zeit nach der Ernte sterben die Ruten ab.

Herbsthimbeeren fruchten bereits im oberen Drittel der im gleichen Jahr gewachsenen Ruten. Die Ernte beginnt ungefähr Anfang August und dauert bis zu den ersten Frösten. Im zweiten Jahr entstehen in den beiden unteren Rutendritteln Seitentriebe mit Blüten/Früchten. Normalerweise schneidet man die Ruten jedoch im Winter nach der Herbsternte am Boden ab. Bei diesem Vorgehen verzichtet man auf die grundsätzlich mögliche zweite Ernte zugunsten eines besseren Jungrutenwachstums und größerer Früchte.

Den in jüngerer Zeit zunehmenden Ausfällen bei sommertragenden Himbeeren durch **Wurzelsterben** versucht man neuerdings mit verbesserten Anbaumethoden entgegen zu arbeiten. Zur Diskussion stehen dabei der einjährige Anbau, der Einsatz von Regenschirmen und die Dammkultur, ergänzt durch die Anwendung von gut verrottetem Kompost zwecks Erhöhung der natürlichen Gegenspieler der Wurzelfäule-Erreger. Auch die Züchtung trägt ihren Anteil an den Bemühungen bei. Gegen Wurzelfäule resistent sind z. B. die Sommerhimbeersorten 'Rubaca', 'Wei-Rula' und 'Sanibelle' bzw. die Herbsthimbeere 'Autumn Bliss'.

Sommerhimbeeren werden überwiegend als **senkrechte Hecke** erzogen. Hierbei werden acht bis zehn Ruten pro laufendem Meter an zwei Drähte in 1,00 bzw. 1,60 m Höhe geheftet. Beim **Oldenburger V-System** verläuft beiderseits des V in 1,60 m Höhe ein Draht, an dem acht Ruten/m, also insgesamt 16 Ruten fest gemacht werden. Beide Drähte werden bis zur Blüte zusammengefasst. Dadurch wachsen die seitlichen Blütenstände der Ruten nach außen. Während der Blüte klappt man die Drähte nach außen an das V-förmige Gerüst. Die Jungruten können dadurch in der Mitte hoch wachsen. Die Ernte ist so ohne Beeinträchtigung durch die Jungruten möglich.

Herbsttragende Himbeeren werden nicht so hoch wie Sommerhimbeeren. Aber auch sie benötigen eine Unterstützung. Hierzu dienen Drahtgitter oder in Beetbreite (30 bis 50 cm) gespannte Drähte. Die Reduzierung im Mai auf 20 Ruten je laufendem Meter fördert die Ausreife der verbleibenden Ruten, verfrüht die Ernte und kommt der Fruchtgröße zugute.

Üblicherweise pflanzt man im Herbst oder Frühjahr wurzelnackte Ruten mit einigen kräftigen Erneuerungsknospen an der Rutenbasis. Bei dieser **Pflanzware** muss man jedoch immer wieder mit Ausfällen oder einem weniger befriedigenden Austrieb rechnen. Man pflanzt deshalb zunehmend getopfte kleine Grünpflanzen ab Mitte Mai. Als Pflanzabstand wählt man je nach der Wüchsigkeit der Sorte und der Bodenqualität Abstände von 30 bis 50 cm in der Reihe und von 2,50 bis 3,50 m zwischen den Reihen.

Wurzelnackte Pflanzen verlangen einen **Pflanzschnitt** auf etwa 40 cm Länge. Sie fruchten sonst schon im Pflanzjahr. Ertrag im Pflanzjahr schwächt jedoch die Entwicklung von jungen Pflanzungen empfindlich. Der Drahtrahmen muss im Jahr der Pflanzung erstellt werden, damit die Ruten angebunden werden können. Sie reiben sonst im Wind an einander und erleiden leicht Rindenschäden, die ihrerseits das Eindringen von Krankheiten und Schädlingen begünstigen. Mit verschiedenen Haken und Klammern kann man die Ruten am Drahtrahmen festmachen.

Der **Erziehungs- und Instandhaltungsschnitt** in Himbeerkulturen erfolgt in verschiedenen Etappen. Kurz vor dem Austrieb kürzt man jährlich zu lange Ruten auf 2,00 m Länge ein. Man eliminiert damit die an der Rutenspitze sitzenden Blütenknospen, aus denen deutlich kleinere Früchte hervorgehen als aus den Knospen im Mittelteil der Ruten.

Nach dem Austrieb werden neben überzähligen Ruten noch alle von der Rutenkrankheit befallenen oder nicht gleichmäßig ausgetriebenen knapp am Boden abgeschnitten.

Ab Ende Mai sind bei zu dichtem Stand die Ausläufer auszulichten. In diesem Stadium lassen sie sich leicht von Hand aus dem Boden ziehen. Man sorgt damit dafür, dass die Bestände nicht zu dicht werden und kräftigt die verbleibenden Ruten. Dabei konzentriert man sich auf schwache vergabelte und krumme wie auch zu starke Ruten. Letztere neigen verstärkt zu Rindenrissen, den Eintrittspforten für Krankheiten und spezifische Schädlinge. Die besten Ruten sind solche mit rund 1 cm Durchmesser in 1,00 m Rutenhöhe.

Nach der Ernte schneidet man abgetragene Ruten am Boden ab. Es sollten dabei keine Stummel stehen bleiben, weil sich an ihnen leicht Schädlinge und Krankheiten ansiedeln. Offensichtlich dichte Bestände können nochmals ausgelichtet werden. Man belässt jedoch pro laufendem Meter einige Ruten mehr als bei den Anbausystemen angeführt. Es könnte ja im Winter noch zu Ausfällen kommen.

Die verbliebenen Ruten sind noch relativ weich und gegen Beschädigungen empfindlich. Man befestigt sie deshalb bald nach dem Auslichten am Drahtrahmen.

13.5 Brombeere

Brombeeren wachsen deutlich stärker als Himbeeren. Ihre Ranken können mehrere Meter lang werden. Unter den erhältlichen Sorten gibt es rankende und aufrecht wachsende, solche mit Stacheln und stachellose. Da es in der letzteren Gruppe auch sehr gut schmeckende und großfrüchtige Sorten gibt, besteht keinerlei Anlass mehr, die altbekannte Sorte 'Theodor Reimers' (mit Stacheln) anzubauen. Brombeeren sind im Vergleich zu Himbeeren auch wesentlich empfindlicher gegen tiefe Wintertemperaturen.

Die Entwicklungsrhythmik entspricht weitgehend den Gegebenheiten bei Sommerhimbeeren. Aus Adventivknospen an der Strauchbasis wachsen in der ersten Vegetationsperiode zwischen Anfang Mai und Mitte September die Ranken heran. Ein beträchtlicher Teil ihrer Seitenknospen treibt schon im gleichen Jahr zu sogenannten Geiztrieben aus. In der Mehrzahl der Blattachseln werden Blütenknospen angelegt.

Im zweiten Jahr treiben Blatt- und Blütenknospen aus. Die umfangreichsten Blütenstände und die größten Früchte finden sich an den wachstumsgeförderten

Abb. 113.
Bei den Brombeeren sind nur noch stachellose Sorten anbauwürdig; gut ausgereift schmecken bewährte Sorten ausgezeichnet.

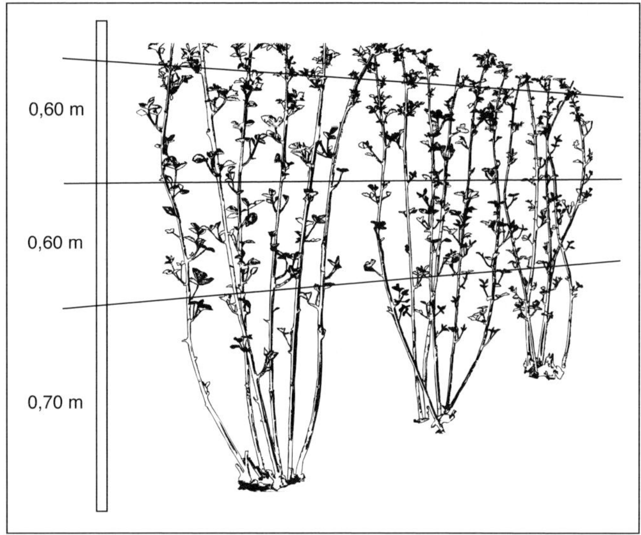

Abb. 114. Erziehung der Brombeere am Drahtrahmen.

Rankenabschnitten. Im Spitzenbereich der Ranken weisen die Blütenstände weniger Blüten und später auch kleinere Früchte auf. Nach der Ernte sterben die Ranken ab.

Aufrecht wachsende Brombeeren erhalten in der Reihe einen Pflanzabstand von 1,50 m, starkwüchsige, rankende Sorten werden bis 4,00 m weit gepflanzt. Der Reihenabstand liegt einheitlich bei 2,50 bis 3,00 m.

Für den Halt der Ruten und Ranken beider Wuchsformen ist ein Drahtgerüst erforderlich. Aufrecht wachsende Brombeeren erhalten ein Erziehungsgerüst mit zwei Drähten, an die bis zu sechs Ranken/Pflanze fächerförmig geheftet werden. Für rankende Sorten spannt man drei Drähte,

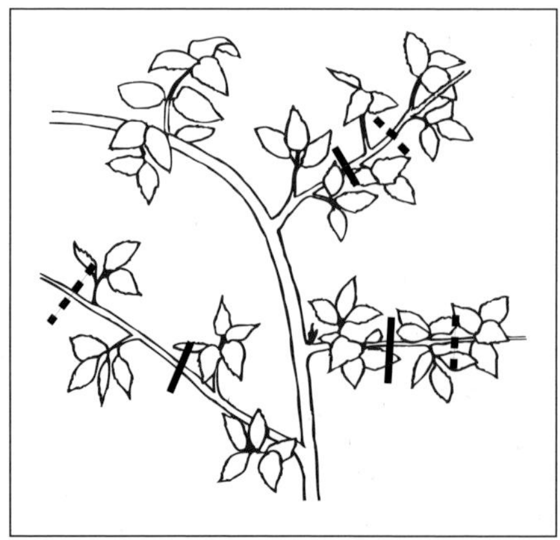

Abb. 115. Sommerschnitt bei der Brombeere. Geiztriebe werden bei beginnender Verholzung auf vier Blätter geschnitten (--); bei Vegetationsbeginn schneidet man auf zwei Augen nach.

an denen vier bis sechs Ranken entlanggeführt werden.

Die Erziehung und der Instandhaltungsschnitt folgen der Entwicklungsrhythmik der Ranken. Im ersten Jahr sollen sich aus Basisknospen eine bis drei Ranken bilden. Sie werden nach genügender Erstarkung an die Drähte des Unterstützungsgerüsts geheftet. Möglicherweise treiben schon einige Knospen zu Geiztrieben aus. Dann schneidet man sie auf drei bis vier Augen zurück sobald sie 40 cm lang sind.

In den nächsten Jahren sollen sich zunehmend lange und kräftige Ranken – das Tragholz für das jeweils nächste Jahr – bilden. Davon lässt man schon im Sommer ihrer Entstehung nicht mehr als sechs stehen und heftet sie an die Spanndrähte, um ein Abbrechen zu verhindern. Es entwickeln sich nun reichlich Geiztriebe, die auf die beschriebene Weise einzukürzen sind. Das Auslichten und Anbinden von Ranken muss möglicherweise wiederholt werden, desgleichen der Rückschnitt von nachgewachsenen Geiztrieben.

Ab dem dritten Jahr setzt der Ertrag ein. Abgetragene Ruten schneidet man nicht wie bei der Himbeere unmittelbar nach der Ernte ab, sondern belässt sie als Wind- und Frostschutz bis zum Winterschnitt am Drahtrahmen.

In den Spätwinter oder an den Frühjahrsanfang fällt der Winterschnitt. Die abgetragenen Tragruten sind zu entfernen – Astscheren können dabei sehr hilfreich sein – das neue Tragholz am Drahtrahmen zu verteilen und die Ranken zurückzuschneiden. Zumindest die dünnen Rankenspitzen sollten bis in ihren stärkeren Bereich zurück genommen werden, denn daran ergibt sich keine gute Fruchtgröße.

Auch die Geizstummel vom vorjährigen Sommerschnitt werden zur Förderung der Fruchtgröße noch auf ein bis zwei Augen geschnitten. Man entfernt damit auch eventuelle Infektionen mit der Rankenkrankheit am weg geschnittenen Triebteil.

Der Schnitt von rankend und von fächerförmig erzogenen Pflanzen unterscheidet sich lediglich in der Stärke des Rückschnitts und in der Formierung der Tragruten.

13.6 Kiwis

Kiwis lieben ein mildes Klima ohne strenge Fröste und heiße Sonne. Bekannt sind die großfrüchtige, rauschalige *Actinidia chinensis* und die kleinfrüchtige *Actinidia arguta*. Erstere stellt höhere Ansprüche an das Klima als die kleinfrüchtige Form, und sie ist auch wesentlich frostempfindlicher. Winterfrost kann die Pflanzen bis zum Erdboden erfrieren lassen, Spätfrost schädigt die jungen Triebe, Blüten und junge Fruchtansätze. Außerhalb des Weinklimas sollte man es von vornherein nur mit dem Anbau der *arguta*-Form versuchen.

13.6.1 Wachstum und Fruchtbarkeit

Als Schlingpflanzen verfügen beide Arten über ein enormes Längenwachstum der Triebe. Zum Halten der schweren Pflanzen ist ein stabiles Unterstützungsgerüst nötig. Dafür bieten sich als Alternativen an:

- eine Pergola, deren oben aufliegende Balken – auch Drähte sind möglich – einen Abstand von 60 cm aufweisen,
- ein T-Gerüst, bestehend aus 1,80 m hohen Pfosten (über dem Boden) mit einem 1,20 m breiten Querjoch an der Spitze und drei darauf horizontal verlaufenden Drähten oder
- ein etwa 1,80 m hoher Drahtrahmen mit zwei bzw. drei Spanndrähten.

Pergola und T-Gerüst ermöglichen den Blättern einen hohen Lichtgenuss, schützen die nach unten hängenden Früchte vor Sonnenbrand und erleichtern ihre Ernte. Ein freistehender Drahtrahmen muss in windiger Lage recht stabil gebaut sein, um die auftretenden Windkräfte abfangen zu können.

Gepflanzt wird im Abstand von 4,00 bis 6,00 m in der Reihe bei einem Reihenabstand von etwa 4,00 m. Als Pflanzmaterial kommen Stecklinge, die unter Sprühnebel bewurzelt wurden, oder Okulanten auf Sämlingsunterlage in Frage.

Abb. 116. Sogenannte Minikiwis gewinnen derzeit das zunehmende Interesse von Profis und Gartenliebhabern.

Kiwipflanzen tragen von Natur aus rein **männliche oder weibliche Blüten** auf getrennten Pflanzen. Auf neun weibliche Exemplare soll ein männliches entfallen. Männliche und weibliche müssen zu gleicher Zeit blühen. Die weiblichen Blüten erkennt man an einer starken Anschwellung unter den Blütenblättern, dem Fruchtknoten. Die Bestäubung erfolgt hauptsächlich durch Bienen.

Neuzüchtungen von *Actinidia arguta* besitzen nun auch **zwittrige Blüten**. Sie sind also ohne männliche Partner voll fruchtbar. Bei guter Bestäubung setzt beinahe jede Frucht an. In diesem Falle kann Handausdünnung nötig werden. Sollte die Blütenbildung unbefriedigend sein und Alternanz auftreten, so kann man nach genügender Erstarkung der Pflanzen – Stammdurchmesser etwa 2 cm – durch Ringeln (4 mm breiten Rindenstreifen im Juli ablösen) Abhilfe schaffen.

13.6.2 Erziehung und Schnitt

Die Pflanzen werden mit einem Stamm erzogen, der bis zum untersten Querdraht reicht. Er ist zu schwach um sich selbst zu tragen und gerade zu wachsen. Er muss deshalb bis zu seiner Erstarkung mehrmals an einen Pfahl gebunden werden. Alle seitlichen Austriebe bis zu den untersten Hauptarmen reibt man kurz nach dem Austrieb ab. Bei einer Pergola- oder einer T-Anlage ist der Stamm also bis in 1,80 m Höhe unverzweigt. Von dort aus zieht man je einen Trieb nach links und rechts und heftet sie am mittleren Draht des Gerüsts oder in der Mitte der Pergolabalken fest. Es empfiehlt sich jedoch nicht, sie um Spanndrahte zu winden, weil sie sich sonst möglicherweise strangulieren und den Saftfluss erschweren. Diese zwei Triebe bilden in den folgenden Jahren die Hauptarme der Pflanze.

Bei der Verwendung eines Drahtrahmens mit zwei bis drei Etagen wiederholt man das geschilderte Verfahren zwei- oder dreimal, jeweils in der Höhe der bleibenden Seitenarme.

Zur Eindämmung des starken Wachstums sind Winter- und Sommerbehandlungen notwendig. Ohne sie darf man nicht auf eine gute Fruchtgröße hoffen. An den Hauptarmen entwickeln sich Jahr für Jahr Seitentriebe. Man belässt davon beim **Winterschnitt** nur solche mit einem gegenseitigen Abstand von 30 bis 40 cm. Alle Übrigen werden entfernt. Die belassenen Fruchttriebe werden auf zwei oder drei Augen zurückgenommen. Diese treiben im folgenden Vegetationsjahr aus. Aus Basisknospen der Neutriebe entwickeln sich Blüten bzw. Früchte.

Triebe, welche direkt aus dem älteren Holz der Hauptarme sprießen, sind unfruchtbar, können jedoch im nächsten Jahr fruchtbare Triebe hervorbringen und der Verjüngung abgetragener Partien dienen. Als abgetragen sind alle mehr als zwei Jahre alten Seitentriebe samt ihren Verzweigungen zu betrachten. Sie werden im Winter nach dem Fruchten auf einen einjährigen Trieb zurückgenommen. Auf diese Weise fruchten die Pflanzen immer am kurzen Seitenholz der Hauptarme. Bewährt hat es sich, das Schneiden gleich nach den kalten Wintermonaten vorzunehmen. Schneidet man erst ausgangs des Winters, so bluten die Pflanzen stark.

Kiwipflanzen können den bisherigen Ausführungen zufolge frühestens im dritten Standjahr Blüten und Früchte bringen. Ausnehmend starkes Wachstum kann jedoch wie bei den übrigen Obstarten die Blütenbildung verzögern und den Fruchtansatz stören. Man muss dann auf eine Schwächung des Triebwachstums hinarbeiten durch längeres Anschneiden der Seitentriebe, Ringeln und eine sehr behutsame, vielleicht auch für ein bis zwei Jahre völlig ausgesetzte Stickstoffdüngung.

Im Zuge von **Sommerschnitt** entfernt man alle zu dicht stehenden und für den weiteren Aufbau der Kiwipflanzen nicht benötigten Jungtriebe zwei- bis dreimal während des Triebwachstums. Darüber hinaus kappt man alle tragenden Triebe drei Blätter über ihrer letzten Frucht. Männliche Pflanzen schneidet man gleich nach der Blüte stark zurück, um ihre Ausdehnung in Grenzen zu halten.

13.7 Tafeltrauben

Bis vor wenigen Jahren beschränkte sich die Produktion von Tafeltrauben in Deutschland hauptsächlich auf Spalierherkünfte an Mauern und Hauswänden. Auch Trauben aus Weinbergen wurden in begrenztem Umfang vermarktet. Die in großen Mengen angebotenen großbeerigen Tafeltrauben wurden dagegen aus südlichen Ländern importiert. Seit Sommer 2000 unterliegen Tafeltrauben in Deutschland nicht mehr dem Weinrecht, sondern wurden zu einem obstbaulichen Produkt. Dazu trugen besonders auch neue, großbeerige, pilzfeste und geschmacklich ansprechende Sorten bei, die an unsere Anbaubedingungen angepasst sind. Pflanzrechte sind für Tafeltrauben nicht erforderlich, es dürfen jedoch nur Tafeltraubensorten gepflanzt werden, keine EU-klassifizierten Keltertraubensorten.

13.7.1 Aufbau und Erziehungsformen der Weinstöcke

Ein Rebstock besteht aus Altholz, zweijährigem und einjährigem Holz. Das Altholz ist älter als zwei Jahre und rekrutiert sich aus Stamm und Schenkeln. Der Stamm gibt dem Stock Halt und die richtige Höhe. Schenkel nennt man die Verlängerung des Stammes und seine Seitenarme. Diese geben den Kordonformen ihre charakteristische Form. Bei der modernen Normalerziehung sind sie sehr kurz gehalten oder gar nicht vorhanden. Stamm und Schenkel dienen dem Nährstofftransport und der Speicherung von Reservestoffen. Das zweijährige Holz – Bogen, Strecker und Zapfen – wird im ersten Jahr als Fruchtholz oder Ersatzholz angeschnitten. Vom einjährigen Holz bilden Triebe und Ruten auf zweijährigem Holz das Tragholz (Fruchtholz). Wasserschosse sind Triebe, die aus schlafenden Augen am Altholz hervor gehen. Sie können als Ersatzholz dienen, bei günstiger Entwicklung jedoch auch auf Ertrag geschnitten werden.

Reben brauchen unbedingt eine Unterstützung. Ohne ein Halt gebendes Gerüst würden sie am Boden kriechen. Mit ihren biegsamen Trieben kann man viele unterschiedliche Formen erziehen. Für den Gartenliebhaber empfehlen sich einarmige und zweiarmige senkrechte wie auch waagerechte Kordons zur Bekleidung schmaler und breiter sowie niedriger und hoher Wandflächen. Für größere Häuserfronten greift man zu frei gestalteten Spalieren, deren Arme um Fensteröffnungen und Türen herumgeführt werden. Wie bei Obstspalieren formiert man Stämme und Schenkel mit Hilfe eines Spaliergerüsts oder an Spanndrähten. Die Spalierlatten und -drähte für die Fixierung der Schenkel sollten zwecks guter Durchlüftung und Belichtung nicht weniger als 50 cm voneinander entfernt sein. Das Fruchtholz dieser Erziehungsformen wird durch Zapfenschnitt (siehe dazu Seite 128) kurz gehalten.

Professionell kann man Tafeltrauben zwar wie Weinreben senkrecht mit Halb- oder Flachbogen oder nach dem T-System erziehen. Die vom Markt geforderte Spitzenqualität ist ohne weitergehende Intensivierungsmaßnahmen jedoch kaum zu erzielen. Nicht nur im niederschlagsreichen Bodenseegebiet hat deshalb das in der Schweiz entwickelte **Arenenberger V-System** mit Regendach und Volleinnetzung großen Anklang gefunden. Es bringt zwar höhere Kosten für Drahtrahmen und Regenschutz mit sich und der mechanische Laubschnitt und die Bodenbearbeitung sind schwieriger. Dafür hängen jedoch die Trauben frei, ohne sich am Draht- und Astgerüst zu reiben. Deshalb soll dieses Erziehungssystem etwas später schwerpunktmäßig dargestellt werden.

Die **Pflanzabstände** von Tafeltrauben entsprechen im Liebhaberanbau jenen des

Abb. 117. Widerstandsfähigen Tafeltraubensorten als Nischenkultur gilt derzeit das Interesse von Obsterzeugern.

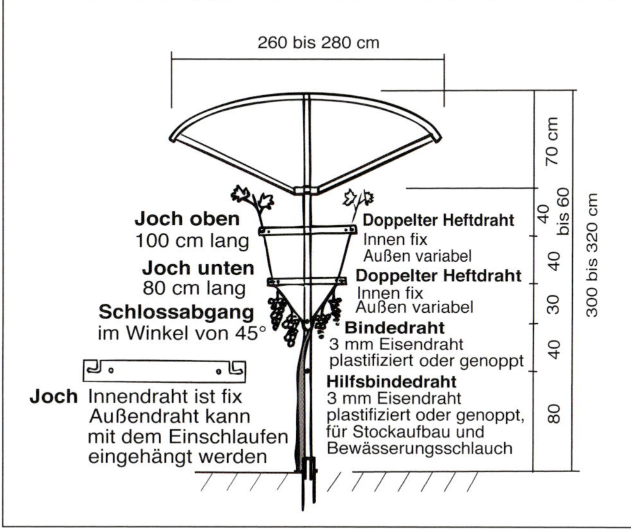

Abb. 118. Arenenberger V-System für Tafeltrauben mit Regendach und Tropfbewässerung (nach HUGENTOBLER 2004).

Spalierobstbaus. Im Erwerbsanbau kommen die Reihenabstände auf 2,30 bis 2,50 m bei der senkrechten Erziehung, auf 2,80 bis 3,00 m beim V-System und auf 3,50 bis 4,00 m bei der T-Erziehung (Tischerziehung). Der Abstand in der Reihe liegt einheitlich zwischen 1,30 und 1,50 m, je nach der Wuchsstärke der Sorten.

Pfropfreben sind das gegebene **Pflanzmaterial** für die Pflanzung von April bis Mai. Containerreben sind wesentlich teurer und kommen nur für den Liebhaberbereich in Frage. Sie können das ganze Vegetationsjahr über gepflanzt werden.

13.7.2 Erziehung und Schnitt von Spalierreben

Vor dem Pflanzen wird ein Drahtgerüst an der Hauswand erstellt. Der unterste Draht wird entsprechend der gewünschten Stammhöhe 40 bis 60 cm über dem Boden gezogen. Alle weiteren Drähte erhalten einen gegenseitigen Abstand von etwa 50 cm. Als Halt für Stamm, Stammverlängerung und weitere senkrechte Elemente, die zur Bekleidung freier Flächen zwischen und neben Fenstern bzw. Türen vorgesehen sind, kann man zusätzlich einige senkrechte Spanndrähte anbringen. Auch bei ihnen ist ein Abstand von 50 einzuhalten, um eine genügende Ausdehnung des Fruchtholzes zu ermöglichen. Ein entsprechend gebautes Spaliergerüst eignet sich für palmettenartige Spalierformen und senkrechte oder waagerechte Kordons gleichermaßen. Für ein freistehendes Spalier mit senkrechten Kordons beschränkt man sich auf einen Drahtrahmen mit senkrechten Stäben im Pflanzabstand (0,80 bis 1,00 m).

Als Pflanzgut wählt man am besten Topfreben mit einem kräftigen, gut ausgereiften Trieb aus der gut verwachsenen Veredlungsstelle. Für Wandspaliere pflanzt man 30 cm von der Wand entfernt schräg zum Spalier geneigt. Als Stockabstand wählt man etwa 2,50 m. Die Veredlungsstelle sollte sich 3 cm über dem Boden befinden. Starke Containerreben kann man schon 20 bis 30 cm über der vorgesehenen Stammhöhe anschneiden, schwache Pflanzen auf vier Augen. Dieser und alle weiteren Schnitte an einjährigen Trieben wird 1 bis 3 cm über dem letzten Auge vorgenommen.

Im Folgenden wird die Erziehung einer Palmette beschrieben. Senkrechte Kordons werden genau so wie die Seitenäste von Palmetten behandelt. Von den Austrieben der Jungrebe lässt man nur den Mitteltrieb und zwei Seitentriebe in der Höhe des ersten Gerüstdrahtes stehen. Alle Übrigen bricht man schon frühzeitig im Sommer aus. Die Seitentriebe werden als erste Gerüstastetage ans Gerüst geheftet. Pflanzte man schwache Reben, so muss noch ein Jahr zugegeben werden, bis die Mitte zur Erziehung der ersten Etage angeschnitten werden kann.

In den folgenden Jahren wird im März der Mitteltrieb jeweils 20 bis 30 cm über dem angepeilten nächsten Gerüstast angeschnitten, die Gerüstäste der ersten und eventueller weiterer Etagen werden um ein Viertel bis ein Drittel gekürzt, um viele Seitenknospen austreiben zu lassen. Vorzeitige Seitentriebe (Geize) an den Gerüstästen aus dem vergangenen Sommer schneidet man auf Zapfen mit zwei Augen.

Im Frühsommer entfernt man alle Austriebe an der Stammverlängerung, Triebe für ein neues Seitenastpaar ausgenommen. Diese werden wiederholt am Gerüst festgebunden. Bilden sie Geiztriebe, so kürzt man diese auf vier bis sechs Blätter ein.

Das erste (unterste) Astpaar bildet aus Seitenknospen häufig schon Fruchtruten. In den Achseln ihrer ersten drei bis fünf Blätter entwickeln sich bereits Blütenstände und Früchte. Diese Fruchtruten könnten 1,00 bis 2,00 m lang werden. Damit die Pflanzen jedoch übersichtlich, gut belichtet sowie luftdurchlässig bleiben, kürzt man die Fruchtruten drei bis vier Knospen über den Früchten ein. Triebe, die keine Früchte tragen und zum Aufbau des Stockes überflüssig sind, werden entfernt.

Von nun an werden die Fruchtruten und Nebentriebe der Gerüstäste im Winter immer wieder auf Zapfen geschnitten und im Sommer dem beschriebenen Grünschnitt unterworfen.

Austriebe am Mittelast werden bis zum Erreichen der Spalier-Endhöhe immer wieder bis auf Knospen für vorgesehene Seitentriebe laufend entfernt.

Mit der beschriebenen Erziehung – jeder einzelne Seitenast stellt einen waagerechten Kordon dar – kann man großflächige Spaliere erziehen. Die alten Kordonarme kommen der Speicherung von Reservestoffen und der Fruchtbarkeit der Spaliere sehr entgegen. Für eine lange Lebensdauer waagerechter Kordonäste es ist günstig, nur Triebe auf der Oberseite der Äste als Tragzapfen anzuschneiden, um die Unterseite frei von Verwundungen und die Leitungsbahnen für den Saftstrom auf dieser Seite voll intakt zu halten. Es sollten grundsätzlich auch nur Zapfen mit einem Mindestabstand von 15 bis 20 cm mit jeweils zwei Augen angeschnitten werden.

13.7.3 Erziehung und Schnitt von Tafeltrauben-Anlagen

Die Anforderungen des Marktes an die Qualität der Weintrauben sind natürlich wesentlich höher als bei Eigenverbrauch. Demgemäß ist auch an die Intensität der Anbaumaßnahmen ein viel strengerer Maßstab anzulegen. Für einen wirtschaftlichen Anbau sollte man deswegen nur klimatisch günstige Flächen – spätfrostgeschützt, niederschlagsarm in den Sommer- und Herbstmonaten – mit hoher Sonnenscheindauer nutzen.

Das eingangs genannte Arenenberger V-System besteht aus einem Metallgerüst mit einem Hilfsbindedraht in 80 cm Höhe, einem Bindedraht in 1,20 m Höhe, dem unteren 80 cm breiten Joch in 1,50 m Höhe und dem oberen mit 100 bis 120 cm Breite in 1,90 m Höhe. Jedes Joch hält außen je zwei Heftdrähte, deren innere durch eine Bohrung im Joch laufen, während die äußeren variabel in einem von zwei abgewinkelten Führungsschlitzen geführt werden. Der Hilfsbindedraht trägt einen Tropfschlauch für die Bewässerung der Anlage. Er wird außerdem für den Stockaufbau benötigt. Über das Gerüst spannt sich ein Regendach. Die ganze Anlage ist mit Volleinnetzung ausgestattet.

Vor dem Pflanzen werden die Wurzeln von Pfropfreben auf 15 cm Länge und der Trieb 2 cm über dem zweiten Auge zurückgeschnitten. Es wird so tief gepflanzt, dass sich die Veredlungsstelle 2 bis 3 cm über der Bodenoberfläche befindet. Bis zum Austrieb wird die Veredlungsstelle angehäufelt, nach dem Austrieb wieder frei gelegt, denn es sollten sich über ihr keine Wurzeln bilden.

Wenn die Jungpflanze mehrere Triebe entwickelt, werden im Juni alle bis auf einen kräftigen und günstig stehenden ausgebrochen. Diesen bindet man im Laufe seines Längenwachstums immer wieder am Pflanzpfahl fest, damit er nicht unter Windeinwirkung abbricht. Entwickelt er Geiztriebe, so werden diese bis zur vorgesehenen Stämmchenhöhe ausgebrochen.

Im Jahr nach dem Pflanzen muss man schwache Pflanzen noch einmal kurz zurückschneiden, um einen durchgehenden geraden Stamm zu bilden. Ausreichend lange und gut verholzte Triebe schneidet man auf vier bis acht Augen an. An der Anschnittstelle sollte der Trieb noch bleistiftstark sein.

Zwei Jahre nach der Pflanzung schneidet man den Stammverlängerungstrieb so an, dass er bis zum Bindedraht reicht und darüber hinaus noch als kurzer Streckbogen mit drei Augen abgebogen werden kann.

Nach dem dritten Jahr wird der Stamm auf einen Seitentrieb in Stammhöhe abgesetzt. Der Stamm soll nun etwa 20 cm unter dem Bindedraht enden, um das Biegen der zukünftigen Fruchtruten zu erleichtern. Er muss auch in Zukunft an einen haltbaren Pflanzpfahl gezogen und so angebunden werden, dass er in den Anfangsjahren durch Fruchtlast nicht krumm gedrückt werden kann.

Obiger Seitentrieb wird nun auf sechs bis acht Augen gekürzt und als Streckbogen am Bindedraht fixiert.

Im folgenden (vierten) Jahr wählt man unter den Austrieben des Streckbogens

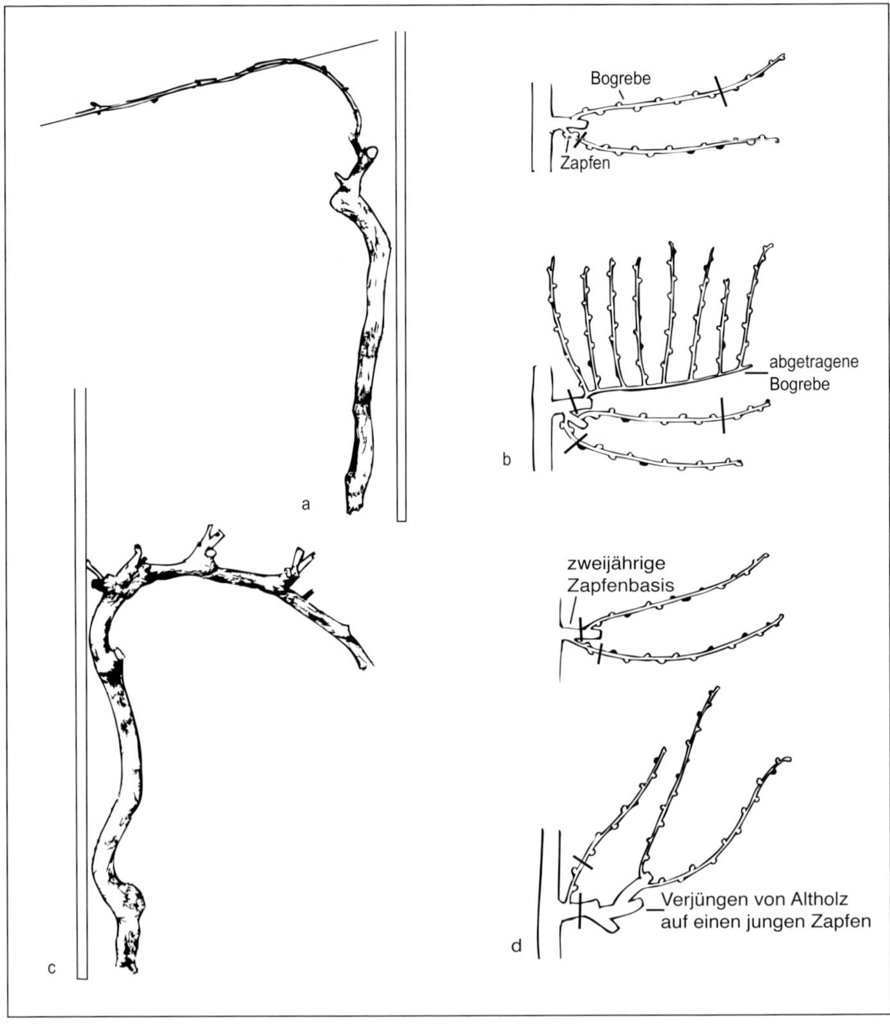

Abb. 119. Schnitt von Tafeltrauben: a = Flachbogenerziehung durch b = Bogrebenschnitt; c = Zapfenerziehung durch d = Zapfenschnitt.

zwei Tragruten aus, schneidet sie auf sechs bis acht Augen und bindet sie als Flachbogen links und rechts des Stammes an. Die Erziehung ist damit abgeschlossen.

Der Schnitt des Fruchtholzes und das Biegen der Tragruten folgt nun Jahr für Jahr der **Flachbogen-/Streckererziehung**. Im Winter wählt man Ruten auf zweijährigem Holz oder Wasserschosse aus Stamm und Schenkeln für die kommende Vegetationsperiode aus. An ihnen sollen sich neue Ruten, Blätter und Trauben entwickeln. Bei dieser Auslese ist zu beachten:

- Die Ruten sollen frei von Hagelwunden, Rindenschäden oder Krankheiten und gut ausgereift sein.
- Der Rutendurchmesser sollte zwischen 6 und 10 mm betragen. Dünnere Ruten können in ihrem Holzkörper nicht ausreichend Reservestoffe speichern. Wesentlich stärkere Ruten haben sehr lange Internodien, einen hohen Markanteil, schlecht ausgebildete Blütenanlagen und lassen sich nur schlecht biegen.
- Die Ruten sollen möglichst nahe an Stamm und Schenkeln stehen. Damit arbeitet man dem Überschreiten der gewünschten Stockhöhe entgegen. Man muss nicht viel Altholz auf die richtige Stockhöhe zurücknehmen und vermeidet so große Schnittwunden, die ja bei

Reben nicht überwallen können, eintrocknen und die Leitungsbahnen unterbrechen.
- Wasserschosse aus schlafenden Augen an altem Holz kommen als Fruchtruten nur in Frage, wenn es der Stockaufbau verlangt.

Die ausgelesenen Fruchtruten werden ab Februar auf sechs bis acht Augen geschnitten, um bestmögliche Traubenqualität und hohe Lebensdauer der Reben zu sichern. Nach dem Biegen dürfen sich zwei Nachbarruten keinesfalls überlagern.

Ein Ersatzzapfen mit ein oder zwei Augen wird nur angeschnitten, wenn der Stock zu hoch wurde. Man wählt dazu an geeigneter Stelle Wasserschosse aus. Werden aus einem letztjährigen Zapfen gewachsene Triebe nicht als Fruchtholz angeschnitten, so ist der alte Zapfen ganz zu entfernen.

Wenn alljährlich in der beschriebenen Weise geschnitten wird, entsteht am Stammende mit der Zeit ein kopfähnliches Gebilde, aus dem geeignete Ruten direkt oder über Zapfen nachgezogen werden können.

Nach dem Schnitt muss zunächst das Unterstützungsgerüst auf Schäden kontrolliert und bei Bedarf repariert werden, außerdem sind lockere Drähte zu spannen. Befestigungsbänder an Stamm und Schenkeln müssen kontrolliert, eingeschnittene Bänder gelöst und erneuert werden.

Danach werden die Fruchtruten gebogen und angebunden. Feuchte Witterung eignet sich dafür besser als trockenes Wetter, weil sich bei diesem Vorgehen weniger Bruchschäden ergeben. Die wichtigsten Arbeitsschritte sind:
- Die Ruten möglichst über die Schnittstelle am alten Bogen biegen, um das Einreißen am Rutenansatz zu verhindern.
- Beide Ruten am aufsteigenden Teil auseinanderziehen, um einer Triebanhäufung an der Basis der angeschnittenen Fruchtruten vorzubeugen.
- Sehr dicke oder steil stehende Ruten vorsichtig behandeln, die Zugkräfte beim Neigevorgang an der Biegestelle mit einer Hand abfangen.
- Die erzielten Flachbögen je nach Länge ein- bis dreimal um den Biegedraht wickeln und dann vor dem letzten Auge – per Papierkordel mit Drahteinlage – anbinden.

Laubarbeiten

Nach dem jährlichen Rückschnitt stellt sich starkes Triebwachstum und die Bildung von Geiz- und von Wassertrieben ein. Der Wuchs der Reben muss deshalb ab Mitte Mai gesteuert, der Neuwuchs geordnet und teilweise eingeschränkt werden.

Alle Triebe, die an Stamm, Schenkel und Kopf austreiben und nicht zum Anschneiden von Zapfen oder Fruchtruten gebraucht werden, werden bei 10 bis 20 cm Länge laufend abgestreift. Bei zu frühem Ausbrechen muss man es nach kurzer Zeit wiederholen, nach zu spätem **Ausbrechen** ist die Triebbasis bereits verholzt. Kurz- und Kümmertriebe auf den Tragruten werden ebenfalls entfernt. Je laufendem Meter Fruchtrute sollten nicht mehr als 10 bis 14 Neutriebe verbleiben.

Diese sind am Anfang ihrer Entwicklung sehr bruchgefährdet. Sie werden deshalb bei einer Länge von 30 bis 50 cm in die unteren Heftdrähte des V-Rahmens eingeschlauft und dabei gleichmäßig verteilt und annähernd senkrecht gestellt. Zur Arbeitserleichterung wird dabei der äußere Heftdraht zunächst ausgehängt und dann wieder hochgehängt. Dabei geraten die Triebe automatisch zwischen die beiden Heftdrähte. Sie können sich jedoch noch nachträglich quer legen oder aus den Heftdrähten herausfallen, solange sie noch keine Ranken bilden. Heftklammern können in diesem Stadium recht hilfreich sein.

Bei entsprechender Länge der Jungruten ist das Einschlaufen zwischen die oberen Heftdrähte fällig. Dabei ist, wie schon geschildert, vorzugehen.

Wenn die Mehrzahl der Triebe die obersten Heftdrähte weit überragen und sich nach außen neigen, ist es Zeit für das erste **Gipfeln**. Es soll vor allem eine übermäßige

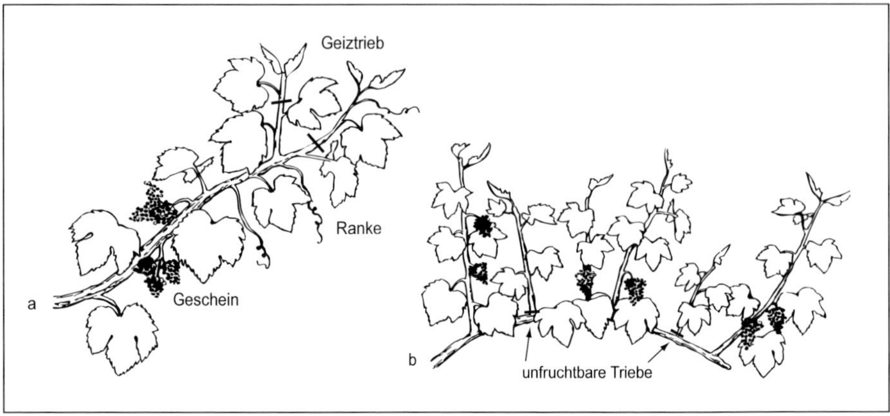

Abb. 120. Laubarbeiten bei Reben:
a = Entspitzen;
b = unfruchtbare Triebe beseitigen.

Beschattung der unteren Laubpartien der V-förmig formierten Triebe verhindern. Die Triebe werden dazu etwa 20 cm über den oberen Heftdrähten mit einem Laubschneider oder einer motorbetriebenen Heckenschere gekappt.

Verschiedene Sorten bilden schon früh **Geiztriebe** aus. Diese sind der Fruchtqualität grundsätzlich förderlich. Übermäßig viele und starke Geiztriebe können jedoch die Belichtung der Laubwand beeinträchtigen. Wenn letztere ohnehin schon dicht ist, sollte man die Geiztriebe nicht einflechten, sondern beim ersten Gipfeln mit einkürzen. Nach dem ersten Gipfeln bilden die Haupttriebe in ihrem oberen Bereich wieder neue Geiztriebe. Auch diese sollten bei übermäßiger Entwicklung abgeschnitten werden. Je nach Wuchsleistung sind in einem Wuchsjahr insgesamt zwei bis drei Laubschnitte nötig.

Das **Entfernen von Blättern** in der Traubenzone etwa drei Wochen nach der Blüte hemmt in Normalanlagen nachweislich die Entwicklung des *Botrytis*-Pilzes infolge der besseren Belichtung der Trauben und der rascheren Abtrocknung der Beeren nach Regenfällen. Es wird auch von einer Förderung des Geschmacks berichtet. Da die Trauben in V-Anlagen jedoch ohnehin frei hängen, sollte man auf das Entblättern leicht verzichten können.

14 Obstgehölze vermehren und veredeln

Die meisten Obstarten können nicht sortenecht über Samen vermehrt oder erhalten werden. Ihr Erbgut spaltet sich aufgrund seiner Veranlagung sehr stark auf, sodass sich jeder Sämling von seiner Muttersorte mehr oder weniger unterscheidet. Er stellt somit eine neue Sorte mit nicht vorhersehbaren Eigenschaften dar. Man ist deshalb gezwungen, erhaltenswerte oder neue Sorten auf vegetativem Wege zu vermehren. Nur bei ganz wenigen Obstarten kann man über Samen Nachkommen erzeugen, die einigermaßen die Eigenschaften der Mutterpflanze aufweisen. Ein geläufiges Beispiel dafür ist die Pfirsichsorte 'Kernechter vom Vorgebirge'.

Bedeutung hat die generative Vermehrung immer noch bei der Anzucht von Sämlingsunterlagen.

Für die vegetative Vermehrung verwendet man einzelne Knospen oder Triebstücke mit mehreren Knospen. In der obstbaulichen Umgangssprache nennt man sie Augen und Reiser. Damit aus ihnen vollwertige Pflanzen entstehen, benutzt man bestimmte Unterlagen als Wurzel und veredelt sie mit Augen oder Reisern der gewünschten Edelsorten. Man kann das Vermehrungsmaterial jedoch auch selbst zur Bewurzelung bringen. Je nach der vorliegenden Obstart kommt dieser Vermehrungsmethode gar keine oder auch eine bedeutende Rolle zu.

Veredelt man die Augen oder Reiser auf Unterlagen, so lässt sich damit je nach gewählter Unterlage die Wuchsstärke der angezogenen Pflanzen im Bereich von schwach wachsend bis stark wachsend beeinflussen. Weitere Eigenschaften, die von der Unterlagenwahl abhängen, sind der Eintritt der Fruchtbarkeit, die Ertragshöhe und Ertragstreue und auch verschiedene Merkmale der Fruchtqualität und -haltbarkeit. Praktische Schwierigkeiten ergeben sich bei der Baumanzucht dann, wenn Unterlage und Edelsorte schlecht oder gar nicht miteinander verträglich sind.

Für jede Baumobstart steht hinsichtlich der angeführten Einflüsse auf Baumeigenschaften eine mehr oder weniger große Palette unterschiedlich gearteter Unterlagen zur Verfügung. Eine erschöpfende Darstellung dieses Gebietes ist aus Platzgründen in diesem Buch leider nicht möglich. Es kann deshalb nur angerissen werden. Wer mehr darüber wissen will, sei auf die entsprechende Fachliteratur verwiesen.

Veredeln kann man auch noch Ertragsbäume, wenn sie den Ansprüchen des Erzeugers oder jenen des Marktes nicht mehr genügen. Das Sortenkarussell dreht sich in unserer modernen Zeit ja zunehmend schneller. Der Kunde möchte in immer kürzeren Zeiträumen ein neues Angebot vorfinden. Im Garten kann man im Interesse der Sortenvielfalt auch mehrere Sorten auf einen Baum veredeln (pfropfen) und auf diese Weise die anfallenden Obstmengen zeitlich verteilen.

Die Vereinigung von Unterlagen mit Augen oder Reisern der Edelsorten erfolgt über verschiedene Veredlungsarten. Der dabei erzielte Erfolg hängt vor allem von der Qualität der Edelreiser und dem fachgerechten Veredeln ab.

14.1 Generative und vegetative Vermehrung

Durch **generative Vermehrung** (geschlechtliche Vermehrung) werden Sämlingsunterlagen gewonnen. Das ist Sache von Unterlagenbaumschulen. Von ihnen beziehen die Obstbaumschulen die benötigten Unterlagen für die Veredlung und Anzucht von Pflanzmaterial.

Für die Herstellung von Sämlingsunterlagen verwendet man Sorten, die trotz der

Mischerbigkeit der Obstarten einen weitgehend einheitlichen Wuchs zeigen. Das Saatgut dafür wird speziellen Samenspenderbäumen oder -anlagen entnommen. Bewährt haben sich für Apfel die Sorte 'Bittenfelder Sämling', für Birne 'Kirchensaller Mostbirne', für Kirschen 'Limburger Vorgelkirsche', für Pflaume 'Myrobalane' und für Pfirsich der schon genannte 'Kernechte vom Vorgebirge'.

Damit die Samen gut und gleichmäßig keimen, werden sie stratifiziert, d.h., mit feuchtem Sand oder Torf vermischt und bei 0 bis 4 °C gelagert. Nach der Aussaat im Saatbeet werden die Sämlinge im Zwei- oder Dreiblattstadium zur besseren Bewurzelung pikiert oder unterschnitten. Pflanzen mit mehr als 6 mm Durchmesser am Wurzelhals können aufgeschult werden.

Durch **vegetative Vermehrung** (ungeschlechtliche Vermehrung) gewonnene Pflanzen verfügen über ein einheitliches Erbgut. Nur auf diesem Weg lassen sich die Sorten auf Dauer erhalten. Wenn das Vermehrungsmaterial jedoch nicht gesund ist, werden unweigerlich auch bestimmte, nicht direkt bekämpfbare Krankheiten – z. B. Virosen – weitergegeben. Anerkanntes Ausgangsmaterial für die Anzucht gesunder Pflanzware muss deshalb krankheitsfrei/virusfrei sein bzw. gemacht werden. Es kann dann in Reiserschnittgärten weitervermehrt und darauf an Baumschulen und andere Interessenten weitergegeben werden. Die Virusfreimachung ist jedoch sehr aufwendig. Verständlicherweise sind deshalb nicht alle alten/Lieberhabersorten virusfrei oder virusgetestet erhältlich.

Wer ertragsfähige Bäume mit einer anderen Sorte umpfropfen will, sollte dabei möglichst auch virusfreie Reiser verwenden. Allerdings garantiert dieses Vorgehen keine neue virusfreie Krone. Es könnte ja der Standbaum schon vorher von Virosen befallen gewesen sein, die von ihm auf die neue Sorte übergehen. Zu bedenken ist auch, dass anfänglich gesunde Bäume im Laufe der Jahre neu infiziert werden können.

Obstbaumunterlagen werden überwiegend durch **Abrisse** von Mutterpflanzen gewonnen, die im Mutterbeet im Abstand von 1,20 bis 1,50 m × 0,10 bis 0,30 m aufgeschult sind. Nach der ersten Vegetationsperiode werden die Pflanzen auf sehr kurze Stummel geschnitten. Die aus Basisknospen erscheinenden Triebe werden mit zunehmendem Längenwachstum angehäufelt – meist mit Sägemehl. Die Triebe bewurzeln sich in dem hergestellten Damm. Im Herbst wird abgehäufelt und die bewurzelten Triebe (Unterlagen) werden möglich tief abgeschnitten (früher abgerissen). Im Frühjahr erscheinen wieder neue Basistriebe: Ein neuer Zyklus beginnt.

Ableger können als Variante von Abrissen gesehen werden. Man lockert bei diesem Verfahren den Boden um die Mutterpflanzen und arbeitet zur Förderung der Wurzelbildung Torf ein. Vor dem Austrieb biegt man vorjährige Langtriebe vorsichtig nieder, hakt sie am Boden fest und bedeckt sie mit Erde. Die Triebspitze sollte unbedeckt bleiben. Die aus den Seitenknospen entstehenden Jungtriebe bewurzeln sich und können im Herbst abgeschnitten werden. Diese Form der Vermehrung findet vornehmlich bei Stachelbeeren Anwendung. Brombeeren bewurzeln sich leicht durch Ablegen der Rankenspitzen auf den Boden. Man muss die Rankenenden nicht einmal mit Erde abdecken.

Verschiedene Unterlagen und Sorten lassen sich über **Steckhölzer** oder **Stecklinge** vermehren. Als Steckhölzer schneidet man ausgereifte Langtriebe im September/Oktober in 20 bis 30 cm lange Stücke, entblättert sie und steckt sie entweder gleich oder erst im Frühjahr so tief in den Boden, dass nur noch ein bzw. zwei Augen frei bleiben. Die Steckhölzer schlagen Wurzeln und können im Herbst gerodet und zur Weiterkultur aufgeschult werden. Erfolgreich ist diese Methode beispielsweise bei M 26, Quitte A und Quitte C sowie bei einigen Zwetschenunterlagen, wie GF 655/2 und Ishtara®.

Für die Anzucht von Johannisbeerbüschen schneidet man nach dem ersten Wuchsjahr den bzw. die Austriebe der Steckhölzer bis in Bodennähe zurück. So erhält man bis zum Herbst des zweiten Vegetationsjahres kräftige Pflanzen.

Bei Arten, die sich weniger leicht bewurzeln, kann man Stecklinge zum Bewurzeln bringen. Man schneidet dazu während der Vegetationszeit möglichst von jüngeren Pflanzen unverholzte **Grünstecklinge** und steckt diese in Vermehrungssubstrat (vorher einige Basisblätter entfernen). Eine Beschleunigung der Wurzelbildung kann erreicht werden, wenn man die Stecklinge vor übermäßigem Wasserverlust durch Sprühnebeleinsatz schützt.

Wurzelbildung an Steckhölzern und Grünstecklingen ist auch bei schwer bewurzelbaren Unterlagen – z. B. für Kirschen und Zwetschen – wie auch zur Eigenbewurzelung von Kern- und Steinobstarten möglich. Man taucht dazu die unteren Schnittflächen der Steckhölzer/Stecklinge in Lösungen oder Puder von Bewurzelungsmitteln mit dem Wirkstoff Indolbuttersäure. Praktische Bedeutung hat dieses Vorgehen gelegentlich bei der vegetativen Anzucht von Pfirsichbäumen auf eigener Wurzel sowie bei der Vermehrung von Kulturheidelbeeren. Eine noch weitergehende Verbesserung der Wurzelbildung tritt ein, wenn das Vermehrungsgut in einem Warmbeet warme Füße erhält, darüber jedoch kühl gehalten wird, um die Knospen nicht vorzeitig austreiben zu lassen.

Unterlagen und Obstarten, die sich mit den bisher beschriebenen Möglichkeiten nicht vermehren lassen, können meist durch **Wurzelschnittlinge** vermehrt werden. Man benutzt dazu bleistiftstarke, 6 bis 10 cm lange Wurzelstücke von gerodeten Pflanzen, entfernt ihre Faserwurzeln und schlägt die Wurzelstücke frostfrei in feuchten Sand ein. Im Frühjahr steckt man diese Wurzelstücke senkrecht in den Boden. Dabei ist darauf zu achten, dass sich das untere Ende der Schnittlinge auch im Boden unten befindet und der obere Pol nicht ganz mit Erde bedeckt wird. So können die Schnittlinge unten Wurzeln und im oberen Bereich Knospen bilden. Praktische Bedeutung hat diese Methode für die Vermehrung von Himbeeren.

Einen wesentlichen Fortschritt für die Gewinnung von virusfreiem Vermehrungsmaterial brachte die **In-Vitro-Kultur**, auch Gewebekultur, Mikrovermehrung oder Meristemkultur genannt. Bei ihr werden unter sterilen Bedingungen ruhende Knospen oder 0,1 bis 4 mm große Sprossspitzenproben entnommen und im Reagenzglas schrittweise auf verschiedenen Nährmedien im Labor bis zu vollständigen Pflänzchen mit Blättern und Wurzeln kultiviert. Danach werden sie unter Glas in Einheitserde getopft und weitergepflegt, bis sie ins Freiland gesetzt werden können.

Mit dieser Technik konnte gezeigt werden, dass isolierte Zellen, Gewebe und Organe neue Pflanzen regenerierten können, welche dieselben Erbanlagen besitzen wie die Elternpflanze. Gegenüber herkömmlichen Methoden der vegetativen Vermehrung kommt man wesentlich früher zum Ziel, denn Mikrovermehrung ist das ganze Jahr über möglich. Die Multiplikationsrate ist wesentlich höher und ein ganz wesentlicher Vorteil besteht außerdem darin, dass (infiziertes) Pflanzenmaterial über diese Technik von Krankheiten befreit werden kann. Man macht sich dabei zunutze, dass z. B. Viren, Pilze und Bakterien in der Mutterpflanze ungleich verteilt sind. Im Bildungsgewebe des Vegetationskegels der Sprossspitze findet man normalerweise keine Krankheitserreger. Es kann deshalb als gesundes Ausgangsmaterial für die Mikrovermehrung dienen.

Im Obstbau wird Mikrovermehrung verstärkt für die Vermehrung von Kirschen-, Zwetschen-, Apfel- und Birnenunterlagen sowie für die Gewinnung von Erdbeer- und Himbeerpflanzgut genutzt.

14.2 Veredlungsunterlagen

Mit Hilfe der Mikrovermehrung könnten zwar jetzt die Edelsorten der meisten Obstarten zu Direktträgern gemacht, das heißt auf eigene Wurzel gestellt werden. Wie jedoch schon früher durchgeführte Versuche gezeigt haben, haben wurzelechte Obstbäume für die Erstellung von Intensivkulturen eine ganze Reihe von Nachteilen. Sie wachsen ausnahmslos zu stark, kommen spät in Ertrag, leiden stärker unter Alternanz, dem Wechsel zwischen Vollertragsjahren und Ausfalljahren, und bringen auch oft nur relativ kleine Früchte hervor. Dem gegenüber gestattet das Veredeln von Edelsorten auf bewährte arteigene oder auch artfremde Unterlagen gezielt auf wichtige obstbauliche Eigenschaften der hergestellten Edelsorten-Unterlagen-Kombination Einfluss zu nehmen.

Im Vordergrund des Erwerbsobstbaus stehen dabei in erster Linie mäßiges Triebwachstum, früher, hoher und sicherer Ertrag sowie hohe Fruchtqualität. Hinzu kommt der Wunsch nach guter Verträglichkeit zwischen Unterlage und Edelsorte, geringer Empfindlichkeit gegen ungünstige Bodeneigenschaften, bodenbürtige Krankheiten und widrige Witterung. Diese lange Wunschliste erklärt leicht, dass ihre Umsetzung in die Praxis der Unterlagenzüchtung und -selektion gar nicht so leicht ist.

Für den Gartenliebhaber gelten diese Ziele eigentlich auch. Nur kennt er sich mit Unterlagen und ihren Eigenschaften allenfalls in geringem Maße aus. Hinzu kommt, dass er beim Einkauf in einem Gartencenter auf dem Etikett zwar Obstart und Sorte erkennen kann, jedoch meistens keine Angaben zur Unterlage vorfindet. So ist manch spätere Enttäuschung hinsichtlich Baumgröße und Ertrag vorprogrammiert. Als Gegenmittel kann nur beharrliches Fragen nach allen Qualitätseigenschaften der Pflanzen und vor allem der direkte Kauf in der Baumschule angeraten werden.

Beide Partner einer Unterlagen-Edelsorten-Kombination können grundsätzlich auf deren Eigenschaften Einfluss nehmen. Die größte Wirkung geht jedoch zweifellos von der Unterlage aus. Deutlichster Beweis für diese Aussage ist, dass mit keiner Kulturmaßnahme das Wachstum der Bäume auch nur in ähnlichem Ausmaß beeinflusst werden kann wie mit der Wahl der Unterlage.

Als weiterer genetisch unterschiedlicher Partner wird bei der Baumanzucht gelegentlich ein Zwischenstamm zwischen Unterlage und Edelsorte eingefügt. Je nach der gewünschten Baumform kann dieser 20 bis 40 cm oder auch über 1,00 m lang sein. Im letzteren Fall spricht man dann eher von einem Stammbildner. Der Hauptgrund für die Verwendung einer Zwischenveredlung liegt in dem Wunsch, eine bestehende Unverträglichkeit zwischen Edelsorte und Unterlage zu überwinden. Hinzukommen können spezifische Einflüsse, die als Unterlageneinflüsse schon aufgeführt wurden. Im Hochstammobstbau früherer Jahre spielte dabei die Widerstandsfähigkeit gegen Winterfrost und der Wunsch nach der Ausbildung kräftiger, gerader Stämme eine gewichtige Rolle.

Die Anzahl der bekannten Unterlagen für die verschiedenen Obstarten ist sehr groß. Es entspricht jedoch nicht dem Konzept dieses Buches, jede bekannte Unterlage aufzuführen oder gar zu beschreiben. Es werden deshalb anschließend nur die für den praktischen Anbau wichtigsten behandelt. Eine gewisse Willkürlichkeit ist dabei nicht zu vermeiden, nicht zuletzt auch, weil regional die eine oder andere Unterlage bevorzugt wird.

Bei allen Obstarten entsprechen schwach wachsende Unterlagen den zu einem wirtschaftlich erfolgreichen Anbau erforderlichen pflanzenbaulichen Voraussetzungen. Stark wachsende Unterlagen werden nur in Ausnahmefällen bevorzugt, so bei Landschaftsbäumen, Haus- und Hofbäumen, Schattenspendern im Garten oder auch in Anlagen für die Erzeugung von Verwertungsobst.

14.2.1 Apfelunterlagen

Die Palette der bekannten Unterlagen erstreckt sich von sehr schwach wachsenden bis zu den sehr stark wachsenden Sämlingsunterlagen. In den meisten europäischen Anbaugebieten mit intensiver Apfelproduktion ist die Unterlage **M 9** heute Standard, auch wenn sie einige Schwächen zeigt. Sie hat, wie übrigens alle schwach wachsenden Unterlagen, ein schwach ausgebildetes Wurzelwerk und brüchige Wurzeln. Bäume auf M 9 sind deshalb zeitlebens auf ein Unterstützungsgerüst angewiesen. In Ländern mit sehr tiefen Temperaturen im Winter ist M 9 auch häufig nicht genügend frosthart, und sie leidet in sehr heißen Sommern mehr unter Sonnenbrand als stärkere Unterlagen.

M 9 vt (virusgetestet) ist nicht immer einheitlich, weil sie nicht von einer einzigen Pflanze abstammt. Sie ist auch nicht virusfrei, sondern enthält einige latente Viren, ohne Schadsymptome zu zeigen oder wirtschaftlichen Schaden zu verursachen.

Von M 9 vt wurden in verschiedenen Ländern Pflanzen ausgelesen (selektioniert) und virusfrei gemacht. Auf diese Weise entstanden **M 9 Klone** (**M 9 vf**), deren jeder von einer Pflanze abstammt. Jede dieser Klonunterlagen ist in sich recht einheitlich. Von Klon zu Klon können jedoch Wuchsunterschiede bestehen.

Wo die örtlichen Bedingungen eher etwas stärkeren bzw. schwächeren Wuchs angeraten sein lassen, kann der Obsterzeuger diese Klonunterschiede nutzen, z. B. M 9 B 984 zur Wuchsverstärkung oder Fleuren 56 bzw. T 337 zur Wuchshemmung, jeweils im Vergleich zu M 9 vt.

Sehr schwachen Wuchs vermitteln die Unterlagen **M 27** oder **P 22**. Sie eignen sich jedoch nur für sehr wüchsige Verhältnisse und Sorten. Der Unterlage P 22 werden derzeit bessere Chancen für eine weitere Verbreitung eingeräumt als M 27.

Wenn schwächere Böden, Nachbauschwierigkeiten oder sehr fruchtbare Sorten mehr Wuchs als auf M 9 verlangen, kann **M 26** die Unterlage der Wahl sein. Auch sie ist nicht standfest, etwas weniger produktiv und kommt auch später in Ertrag als M 9. Vorteilhaft beeinflusst sie jedoch Fruchtgröße, Farbe und Frosthärte. Nachteilig ist die Bildung von Luftwurzeln. M 26 dürfte für die im Garten praktizierte Pflegeintensität die gegebene Unterlage sein, M 9 dagegen zu schwache, schnell vergreisende Bäume ergeben.

Als mittelstark wachsende Unterlage hat **MM 106** vor allem in verschiedenen außereuropäischen Ländern praktische Bedeutung. Sie ist dort im Anbau gleich stark vertreten wie M 9 bei uns. MM 106 ist blutlausresistent, jedoch stark anfällig für Kragenfäule.

Die stark bis sehr stark wachsenden Unterlagen **M 11**, **M 25 und A 2** kommen für den intensiven Anbau nicht in Frage. M 25 könnte jedoch interessant werden, wenn einmal Säulenbäume mit akzeptablen Sorten zur Verfügung stehen, weil sie dann standfest sind und keine teuren Unterstützungsgerüste benötigen.

14.2.2 Birnenunterlagen

Auch für Birnen gibt es eine Reihe verschiedener Unterlagen. Eine mit M 9 vergleichbar schwach wachsende Unterlage steht jedoch nicht zur Verfügung. Im intensiven Erwerbsanbau werden überwiegend Quittenunterlagen verwendet. Arteigene schwach wachsende Birnenunterlagen stehen erst in der Erprobung. Auf diese Sachlage sind verschiedene Anbauschwierigkeiten zurück zu führen. Quittenunterlagen zeigen eine erhöhte Frostanfälligkeit, sind anfällig für Kalkchlorose und mit zahlreichen Edelsorten nicht oder nur mäßig verträglich. In diesen Fällen muss zwischen Unterlage und Edelsorte eine Zwischenveredlung mit einer gut verträglichen Sorte eingeschaltet werden. Am besten eignen sich dafür 'Gellerts Butterbirne' und 'Vereinsdechantsbirne'.

Die im Anbau befindlichen Quittenunterlagen lassen sich in drei Klassen mit verschiedenen Wuchsstärken einteilen. Am schwächsten wächst **Quitte C**. Sie weist auch die höchste Frostanfälligkeit auf, sodass eine Veredlungshöhe von nur 10 cm und tiefes Pflanzen anzuraten sind. Virusfreiem Material sagt man eine etwas höhere Frostwiderstandskraft nach. Hohe Pflanzdichten auf wuchsfreudigen Standorten sind eigentlich nur mit Quitte C möglich.

Etwas stärker wachsen **Quitte A** und **Quitte Adams**. Durch höheres Veredeln bei etwa 20 cm und die Wahl von weniger stark wachsenden Sorten, z. B. 'Conference', kann man den stärkeren Wuchs der Unterlage in gewissem Umfang auffangen. Verstärkt verwendet werden diese

Unterlagen in Regionen mit stärkerem Winterfrost.

Noch stärker wächst die französische Quittenselektion **BA 29**. Sie soll auf kalkreichen Böden besser gedeihen als die übrigen Quittenunterlagen.

Aus Kreuzungen der feuerbrandresistenten Sorte 'Old Home' × 'Farmingdale' wurde in Amerika ein relativ schwach wachsender Sämling ausgelesen und vegetativ weiter vermehrt. Diese **OHF 333** genannte Unterlage ergibt 15 bis 30 % mehr Wuchs als Quitte A, ist jedoch standfest, neigt wenig zu Chlorose und wird als resistent gegen Feuerbrand und Birnenverfall angesprochen. Sie ist außerdem mit allen heimischen Birnensorten verträglich.

Hochstämme für den Landschaftsobstbau werden vorwiegend auf **stark wachsenden Sämlingen** der 'Kirchensaller Mostbirne' angezogen. Auch Nashis (Asienbirnen, Japanische Apfelbirnen) werden auf normale Birnensämlinge (mit Asienbirnen gut verträglich) veredelt, weil sie sich mit Quittenunterlagen nicht vertragen. Trotz der Sämlingsunterlage wachsen sie relativ schwach und kommen bald in Ertrag.

14.2.3 Quittenunterlagen

Für das Quittensortiment ist **Quitte A** die am meisten verwendete Unterlage. Möglich sind jedoch auch die anderen Quittenunterlagen. Als artfremde Veredlungspartner für Quitten eignen sich außerdem **Weißdorn** und **Eberesche**. Weißdorn wurde in der Vergangenheit sehr viel verwendet, ist jedoch hoch anfällig für Feuerbrand und scheidet deshalb heute als Unterlage aus. Die Eberesche zeichnet sich vor den Quittenunterlagen durch hohe Kalk- und Kältetoleranz aus und ergibt wüchsige, relativ große Bäume.

14.2.4 Unterlagen für Süß- und Sauerkirschen

Anders als bei Kernobst gibt es erst seit neuerer Zeit für Süß- und Sauerkirschen zufriedenstellende schwach wachsende Unterlagen. Lange Zeit standen nur stark wachsende generativ vermehrte **Sämlinge** der Vogelkirsche (*Prunus avium*) oder Selektionen der schwächer wachsenden Steinweichsel (*Prunus mahaleb*) zur Verfügung. Sie alle sind mit dem ganzen Sortiment gut verträglich und gegen die wichtigsten Virosen tolerant. Vegetativ vermehrte Formen sind **F 12/1** bei der Vogelkirsche und **'Saint Lucie'** bei der Steinweichsel. Aber auch sie reduzieren die Wuchsstärke von Süß- und Sauerkirschen nur unbedeutend.

Weniger wuchsfördernde Unterlagen wurden im Laufe der letzten 40 Jahre aus Populationen der Sauerkirsche (*Prunus cerasus*) oder aus Kreuzungen verschiedener Arten ausgelesen. Die bekanntesten davon sind **'Colt'**, eine englische Kreuzung aus *Prunus mahaleb* × *Prunus pseudocerasus* und **Maxma Delbard 14**, hervorgegangen aus *Prunus avium* × *Prunus mahaleb*. 'Colt' wächst etwa 20 %, Maxma Delbard um 40 % schwächer als F 12/1, und größere Verbreitung haben sie in Norddeutschland und Skandinavien bzw. in Süddeutschland gefunden.

Schwachwuchs (80 bis 30 % von F 12/1) wurde jedoch erst mit verschiedenen **Weiroot-Unterlagen** (*Prunus cerasus*) aus Weihenstephan, mit Edabriz aus Frankreich und vor allem mit Nachkommen von *Prunus cerasus* × *Prunus canescens*, der GiSelA-Serie aus Gießen, möglich.

Am gefragtesten ist derzeit **GiSelA 5**, ausgezeichnet durch einen um 50 % schwächeren Wuchs als Vogelkirschensämling, mit frühem und hohem Ertrag, flachem Astabgang, fehlender Wurzelschosserneigung, hoher Winterhärte und Virustoleranz. Noch schwächer wächst **GiSelA 3**. Sie könnte sich auf sehr guten Böden unter intensiven Kulturbedingungen für Dichtpflanzungen unter Folie eignen. **GiSelA 6** ist die mit 35 % Wuchsreduzierung stärkste Unterlage. Sie wächst breit, ist auch virustolerant und bildet keine Schosser – eine Unterlage mit geringeren Ansprüchen an Boden und Wasserversorgung.

Sauerkirschen sind zwar mit allen angeführten wuchsschwächenden Unterlagen verträglich, es fragt sich jedoch, ob dazu ein echter Bedarf besteht. Die Produktion von Tafelware oder der Anbau im Garten sprechen zweifellos für kleine Bäume. Für den Anbau von Verwertungsware ist Schwachwuchs jedoch weniger interessant, denn Sauerkirschen blühen vorwiegend an Langtrieben, müssen also immer wuchsfreudig gehalten werden. Schwachwuchs induzierende Unterlagen haben außerdem ein relativ schwach entwickeltes Wurzelwerk, das für die mechanische Ernte von Verwertungsware nicht ausreichend stabil ist.

14.2.5 Unterlagen für Pflaumen und Zwetschen

Lange Zeit konzentrierte sich die Auswahl unter den Zwetschenunterlagen auf Sämlinge der **Myrobalane** (sehr starkwüchsig) und der **St. Julien-Pflaume** (starkwüchsig). Sie kommen jedoch für einen intensiven Anbau mit relativ hohen Pflanzdichten durch ihre hohe Wuchsstärke nicht in Frage. Eine gewisse Bedeutung haben sie noch für leichte Böden, für den Anbau sehr fruchtbarer Sorten und für Hochstammpflanzungen.

Die erste mittelstark bis schwach wachsende Sämlingsunterlage (etwa 40 % schwächer als Myrobalane) ist 'Wangenheim' (**WaxWa** = 'Wangenheim' × 'Wangenheim') der österreichischen Baumschule Schreiber. Diese Sämlinge sind ziemlich einheitlich, weil die Samenspenderbäume von anderen Sorten vollkommen isoliert gehalten werden (müssen). Eine Selektion aus der Sämlingspopulation 'Wangenheim' stellt die vegetativ vermehrte **Wavit** dar. Sie vereinigt die positiven Eigenschaften von 'Wangenheims Sämling' mit der Einheitlichkeit der Klonunterlage in Baumschule und Obstanlage. Beide 'Wangenheim'-Unterlagen sind mit Pflaumen und Aprikosen gut verträglich. Im Vergleich zu GF 655/2 wachsen Bäume auf 'Wangenheim' etwa 20 % schwächer.

Die Mehrzahl der vegetativ vermehrten Unterlagen ergeben mehr oder weniger mittelstarken Wuchs. Die größte Verbreitung in Deutschland hat gegenwärtig **St. Julien GF 655/2**. Sie bildet häufig viele Wurzelausläufer, fördert die Fruchtbarkeit und begünstigt die Fruchtgröße. Verträglichkeit besteht mit Zwetschen, Pfirsichen und Aprikosen.

Neuere positiv beurteilte Unterlagen dieser Gruppe sind **Ishtara-Ferciana** und **Jaspy-Fereley**. Beide verbinden frühen hohen Ertrag mit guter Fruchtgröße. Wurzelausschläge treten bei Ishtara nicht auf. Fereley ist jedoch entgegen ersten Mitteilungen nicht ganz frei von Wurzelschossern. Zu beachten ist, dass Ishtara auf schwere feuchte und kalkreiche Böden mit Chlorose reagiert. Nicht so Fereley. Die Verträglichkeit beider Unterlagen mit Zwetsche, Aprikose und Pfirsich ist gut.

Weitere Neuheiten bleiben ungenannt, weil sie noch nicht genügend erprobt sind, teilweise Verträglichkeitsprobleme haben oder stark scharkaempfindlich sind.

14.2.6 Unterlagen für Aprikose und Pfirsich

Aprikosenbäume wachsen zwar einige Jahre nach dem Pflanzen sehr kräftig, mit dem Eintritt der Fruchtbarkeit lässt die Stärke des Triebwachstums jedoch deutlich nach. Da bei vielen Sorten die Blüten größtenteils an Langtrieben gebildet werden, ist man auf eine jährlich ausreichende Bildung von Langtrieben angewiesen. Noch stärker ist die Blütenbildung bei Pfirsich auf Langtriebe konzentriert. So wird verständlich, dass Aprikosen und Pfirsiche lange Zeit auf stark wachsender Unterlage angebaut wurden und schwach wachsende Bäume zunächst gar nicht gefragt waren. Inzwischen besteht jedoch bei beiden Obstarten ein Trend zu Pflanzdichten mit 1000 bis 1500 Bäumen/ha und zur Spindelerziehung. Damit wuchs auch der Wunsch nach schwächer wachsenden Unterlagen.

In Deutschland wird für beide Arten überwiegend **GF 655/2** als Unterlage verwendet. Das besagt jedoch hinsichtlich ihrer Eignung nicht viel, denn Deutschland hat nur einen verschwindend geringen Aprikosen- und Pfirsichanbau. Doch auch in bedeutenden Anbaugebieten war GF 655/2 bis Mitte der neunziger Jahre die wichtigste Unterlage. Starke Wurzelschossbildung und Affinitätsprobleme mit verschiedenen Sorten verursachten jedoch die Suche nach Besserem.

Wie sich gezeigt hat, sind **Ishtara®** und **Fereley** auch mit Aprikosen gut verträglich. Auch **Torinel avifel** ist mit Aprikosensorten sehr gut verträglich, jedoch unverträglich mit vielen Pfirsich- und Nektarinensorten. Der Ertrag setzt sehr früh ein und die Bäume sind widerstandsfähig gegen Wurzelersticken. Es werden nur wenige, jedoch bedornte Wurzelausläufer gebildet.

Eine weitere mit Aprikose, Pfirsich und Nektarine gut verträgliche Unterlagenneuheit für die Spindelerziehung ist **Pumiselect**. Sie ist scharkaresistent, frosthart, kalkverträglich und bildet keine Wurzelausläufer. Der Ertrag setzt sehr früh ein und ist hoch. Von allen Unterlagen wächst sie am schwächsten. Auf staunassen verdichteten Böden ist sie jedoch chloroseanfällig.

Noch weniger Erfahrungen als mit den bisher genannten neueren Unterlagen liegen für **Julior ferdor** und **Citation zaipime** vor.

Sehr positiv eingeschätzt wird ‚Wangenheims' (**WaxWa und Wavit**) für Aprikosen, weil sie gute Verträglichkeit besitzt, keine Wurzelausläufer macht, chlorosefest ist und einen sehr einheitlichen Schwachwuchs aufweist. Sie wächst etwa 20 % schwächer als GF 655/2, ist standfest und frosthart. Die Affinität zu verschiedenen Pfirsich- und Nektarinensorten ist jedoch leider schlecht.

14.3 Veredlungsreiser

Für die Anzucht von Pflanzgut und für das Aufpfropfen einer neuen Sorte auf bereits stehende Bäume hat die Qualität der Edelreiser eine herausragende Bedeutung. In vorderster Linie stehen dabei neben dem Virusstatus (vt oder vf) die Sortenechtheit und die Sortenreinheit.

Es gibt heute nur zweierlei Vermehrungsmaterial: Standardmaterial (CAC, von Conformitas Agraria Communitas) und Zertifiziertes Material. CAC-Material erfüllt die EU-Minimalanforderungen an die Qualität von Vermehrungsmaterial, gekennzeichnet durch Freiheit von sichtbaren Mängeln, Krankheiten und Schädlingen sowie durch Sortenechtheit und Sortenreinheit. Eine Virustestung ist nicht zwingend vorgeschrieben.

Zertifiziertes Material muss ein Zertifizierungssystem für Obstgehölze durchlaufen. Das solchermaßen anerkannte Vermehrungsmaterial mit bekanntem Virusstatus (vt oder vf) ist frei von Schadorganismen sowie sortenecht und sortenrein. Das Zertifizierungsverfahren besagt auch, dass die Sorten beim Bundessortenamt geschützt, oder wenn es sich um nicht geschützte Sorten handelt, in eine Liste des Bundessortenamtes eingetragen sein müssen. Ferner dürfen im Freilandanbau im Umkreis von wenigstens 250 m Feuerbrand, Apfeltriebsucht, Birnenverfall und Kirschenringfleckenvirose nicht vorkommen. Diese Zertifizierung ist freiwillig, da ja auch CAC-Material gehandelt werden darf.

Das Reisermaterial für Baumschulen liefern Reiserschnittgärten in der Qualität vt oder zertifiziert. Liebhaber von alten Sorten können für den Eigenbedarf Reiser von eigenen oder fremden Ertragsbäumen mit unbekanntem Virusstatus schneiden oder über Einrichtungen, wie die Sorten-Erhaltungszentrale Baden-Württemberg am Kompetenzzentrum Obstbau – Bodensee in Ravensburg-Bavendorf, beziehen.

14.3.1 Schnitt und Aufbewahrung der Edelreiser

Edelreiser **für Winter- und Frühjahrsveredlungen** werden in völliger Winterruhe geschnitten. Am besten schneidet man sie in den Monaten Dezember und Januar. Sie können dann ohne weiteres bis zum Veredeln im März/April gelagert werden. Wartet man mit dem Schnitt der Reiser zu lange, so können warme Zwischenperioden die Winterruhe brechen und den Stoffwechsel der Reiser so weit in Gang setzen, dass ihre Knospen aktiv werden und – noch unsichtbar – erste Wachstumsschritte einleiten.

Eine entsprechende Entwicklung bedeutet vor allem einen Verbrauch an eingelagerten Kohlenhydratreserven. Für das spätere Angehen der Veredlungen ist jedoch ein hoher Kohlenhydratgehalt der Reiser als Energiespender für die Verwachsung der Veredlungspartner überaus wichtig. Hinzu kommt bei Frühjahrsveredlungen, dass der Veredlungserfolg auch voraussetzt, dass nur die Unterlage oder der zu veredelnde Baum schon leicht angetrieben hat, aktiviert ist, nicht jedoch das Edelreis. Treibt auch dieses schon an, so steht für die Verwachsungsvorgänge nur ein relativ kurzer Zeitraum zur Verfügung. Die Edelreiser treiben dann zwar aus, erhalten jedoch von ihrem Veredlungspartner nicht schnell genug Nachschub an Energie und Wasser. Die jungen Austriebe vertrocknen dann nach kurzem Wachstum. Aber auch nur minimal angetriebene Reiser sind wertlos, vor allem beim Veredeln von Steinobst.

Als Edelreiser werden einjährige Langtriebe gewählt. Diese sollen kräftig, d.h. um 60 bis 80 cm lang und 8 bis 10 mm stark sowie gut ausgereift sein. Sie verfügen dann über genügend Kohlenhydratreserven für das Verwachsen mit der Unterlage. Bei starken Reisern sind die Knospen auch mit hoher Wahrscheinlichkeit vegetativ. Schon mit Blütenknospen besetzte Reiser könnten bereits im Veredlungsjahr Frucht ansetzen und dann nur schwach wachsen, es sei denn, man entfernt die jungen Fruchtansätze so früh wie möglich. Bei Sauerkirschen und Zwetschen würde jedoch auch dieser Kniff nichts nützen, weil ihre Blütenknospen keinen Vegetationspunkt mit Blattanlagen besitzen, aus dem sich ein Trieb entwickeln könnte.

Die Reiser werden gebündelt und etikettiert, um jeder Verwechslung mit anderen Arten oder Sorten vorzubeugen. Bis zu ihrer Verwendung kann man sie auf verschiedene Weise aufbewahren. Möglich sind der Einschlag im Freien an der Nordseite eines Gebäudes, ein kühler Keller oder ein maschinengekühlter Raum. Damit die Reiser nicht eintrocknen, stellt man sie mit ihrem unteren Ende 10 cm tief in feuchten Sand. Auch feuchter Torf eignet sich dazu. In einem maschinengekühlten Lager muss man die Reiser noch extra mit Folie gegen Feuchtigkeitsverluste schützen. In der bewegten Luft würden sie sonst bald zu schrumpfen beginnen. Keinesfalls dürfen die Reiser zusammen mit Obst aufbewahrt werden. Die Ethylenausscheidungen der Früchte würden das Anwachsen der Reiser und das Austreiben der Augen verhindern.

Korrekt gelagert, kann man Edelreiser mehrere Monate lagern. Für einen Versand müssen sie in Folie gepackt werden, um das Austrocknen zu verhindern. Zur Veredlungszeit dürfen ihre Knospen noch nicht antreiben. Die Rinde soll glatt, nicht runzelig sein, und bei einem Probeschnitt müssen Rinde und Holzteil frisch grün aussehen. Bei bräunlicher Verfärbung der Schnittfläche ist der Anwachserfolg in Frage gestellt. Nur leicht angetrocknete Reiser stellt oder legt man einen Tag vor dem Veredeln in Wasser. Sie sind durchaus brauchbar, wenn die Schnittflächen noch grünliche Farbe zeigen.

Reiser für Sommer- und Herbstveredlungen schneidet man erst kurz vor ihrer Verwendung. Man benutzt dazu gut ausgereifte Triebe mit kräftigen Knospen. Weiche, noch nicht völlig verholzte Triebe sind ungeeignet, weil ihre Augen nur schwer anwachsen.

Den größten Bedarf an Sommerreisern haben die Baumschulen. Bei Bedarf kann jedoch auch jeder Obsterzeuger Bäume umpfropfen – vorzugsweise Kirschen – oder wenn es die Obstart fordert – beispielsweise Aprikose und Pfirsich – eine neue Sorte aufokulieren.

Da die Lagerzeit für Sommerreiser auf etwa zwei Wochen begrenzt ist, schneidet man sie möglichst kurz vor der Verwendung im Zeitraum Ende Juni bis Anfang September. Gleich anschließend werden die nicht brauchbaren Triebspitzen abgeschnitten und verworfen. An den verbleibenden Reisern entfernt man alle Blätter, nicht etwa durch Abreißen, sondern durch kurzes Abschneiden knapp über den Knospen. Die Reiser sollen so vor dem vorzeitigen Vertrocknen und vor dem Verlust von Assimilaten geschützt werden. Das früher übliche Belassen eines kurzen Blattstielstumpfes ist nicht mehr zweckmäßig. Grund dafür ist das lückenlose Verbinden der Okulationen mit Kunststoff- oder Gummibändern an Stelle von Raffiabast.

Die entspitzten, entblätterten und etikettierten Reiser werden entweder sogleich veredelt oder zum Versand gebracht. Auch während dieser kurzen Zeitspanne muss man sie vor Verdunstungsverlusten durch Einschlagen in feuchte Tücher oder das Einwickeln in feuchtes Papier plus Folienhülle schützen. In feucht-kühlen Kellern oder Kühlräumen ist eine mehrtägige Lagerung ohne Schwierigkeiten möglich. Leicht angetrocknete Sommerreiser legt man vor ihrer Verwendung einige Stunden vollständig in Wasser. Die Rinde wird dann wieder glatt. Wenn nicht, so waren die Reiser zu sehr angetrocknet und sind nicht mehr verwendbar.

14.4 Veredlungsmesser

Für die verschiedenen Veredlungsmethoden gibt es spezielle Messer. **Okuliermesser** sind mit ihren geschwungenen Klingen die leichtesten und kleinsten. Der Rücken der Messerklinge kann als Löser ausgebildet sein. Andere Ausführungen besitzen einen besonderen Löser aus Horn, Kunststoff oder ähnlichem Material.

Kopuliermesser haben eine gerade Schneide. Sie eignen sich besonders für die beim Kopulieren und Rindenpfropfen anfallenden Schnitte. Für den Keilschnitt bei der Geißfußveredlung sind sie zu schwach.

Mit einer **Kopulierhippe** arbeitet es sich dabei wesentlich besser, und auch das Zuschneiden der Edelreiser macht nach einiger Übung keine Schwierigkeiten. Starke Reiser können sogar mit der Kopulierhippe leichter zugeschnitten werden als mit dem Veredlungsmesser. Kopulierhippen haben eine stärkere und breitere Klinge als Veredlungsmesser. Klinge und Messerheft sind leicht geschwungen. Angeschliffen ist nur eine Seite der Klinge.

Zum Glattschneiden der Rinde an Pfropfköpfen sollte man nicht das Veredlungsmesser und auch nicht die Kopulierhippe, sondern eine **Hippe** verwenden. Man hält so die Schärfe der Messer länger aufrecht und läuft auch nicht Gefahr, die feineren Veredlungsmesser durch zu robusten Einsatz zu beschädigen. Hippen gibt es in mittlerer bis schwerer Ausführung, mittelschwere für das Glattschneiden von Pfropfköpfen bzw. das Ausschneiden von Wunden, schwere für das Zapfenschneiden in der Baumschule. Sie alle werden auf beiden Klingenseiten geschliffen.

Für das notwendige Schärfen der Messer brauchen wir dann noch einen **Abziehstein**, möglichst einen mit grober Körnung auf der Vorder- und mit feiner Körnung auf der Rückseite. Man schärft die Messer auf ihnen nicht trocken, sondern unter Zugabe von Wasser oder Petroleum.

Beim **Schleifen der Messer** führt man die Klingen in kreisenden Bewegungen über die gröbere Fläche des Schleifsteins bis sich an der Schneide ein feiner Grat zeigt. Dieser wird auf der feineren Fläche des Schleifsteins weggeschliffen. Dazu macht man bei Veredlungsmessern auch auf der flachen, nicht geschliffenen Seite der Messer einige Schleifbewegungen. Die Schärfe des Messers prüft man, indem man die Schneide leicht über den Daumennagel zieht. Erst wenn sich eine leichte Schnittspur zeigt, ist das Messer genügend scharf. Manche Veredler wünschen gar ihre Messer rasiermesserscharf und prüfen das an der Behaarung der Arme aus. Was Sie auf keinen Fall tun dürfen ist, die Messer mit einer Schmirgelscheibe zu bearbeiten, es sei denn, sie wollen sie schnell und dauerhaft ruinieren.

Außer einer gelegentlichen Reinigung und Schmierung der Messer ist keine weitere Pflege erforderlich.

14.5 Verbindematerial und Wundverschlussmittel

Die Augen oder Edelreiser müssen eine gewisse Zeit an ihre Unterlage gepresst werden, wenn sie miteinander verwachsen sollen. Den erwünschten Anpressdruck erhält man durch das Anlegen eines Verbandes um die Veredlungspartner.

Seit langer Zeit wird dafür **Raffiabast** verwendet, ein Naturprodukt aus den Blättern der Weinpalme aus der Gattung *Raphia*. Im Handel sind unterschiedlich lange und breite Streifen und eben solche sind für die verschiedenen Veredlungsverfahren und Pfropfkopfstärken erforderlich, breite und lange für große Pfropfköpfe und kürzere schmale für Kopulationen und Geißfußveredlungen. Entsprechende sind vor dem Veredeln aus einem Bastzopf auszulesen. Für schmale Baststreifen kann man auch breite Streifen leicht teilen. Wenn man den Bast am Tag vor dem Veredeln in ein feuchtes Tuch einschlägt, wird er geschmeidig und lässt sich leicht verarbeiten. Bastverbände sind relativ dauerhaft. Um ein Einschnüren der Verbände im Zuge des Dickenwachstums der Veredlungen zu vermeiden, müssen die Bastfäden rechtzeitig durchgeschnitten werden.

Die dicke Rinde von großen Pfropfköpfen kann jedoch mit Bast nicht ausreichend straff an die Veredlungsreiser gedrückt werden. Für diesen Fall empfiehlt sich das **Annageln der Reiser**. Man verwendet dafür dünne Nägel von etwa 30 mm Länge mit großem Kopf und schlägt einen davon durch Rinde und Reis in den Pfropfkopf ein, nicht zu fest, um Rinde und Reis nicht zu quetschen. In kurzer Zeit werden die Nägel überwachsen.

Auch in Baumschulen war Raffiabast lange Zeit das alleinige Verbindematerial. Okulationen wurden damit lückenlos geschützt. Trotzdem fanden Larven der Okuliermade immer wieder den Weg zur Veredlungsstelle und verursachten teilweise empfindliche Ausfälle. Auch war der Zeitaufwand für das Anlegen des Verbands höher als man es sich heute leisten kann.

Neue Verbandsmaterialien haben diese Nachteile nicht mehr. Am Anfang dieser Entwicklung stand eine Gummimanschette, der **Okulationsschnellverband** (OSV). Sie wird über das Auge gespannt und auf der Rückseite der Veredlung mit einer in der Manschette steckenden Klammer befestigt. Die Gummimanschette ist UV-empfindlich und fällt nach einiger Zeit von selbst ab. Man muss also den Verband nicht mehr lösen. Gut eingeführt haben sich auch elastische durchsichtige **PE-Veredlungsbänder**. Man verbindet damit die Okulationen lückenlos. Die Veredlungsstelle ist sehr gut geschützt und kann nicht austrocknen. Die Verwachsung der beiden Schnittstellen kann durch den Verband hindurch beobachtet werden. Man erkennt so leicht den Zeitpunkt, wann der Verband zu lösen ist.

Die bei allen Reiserveredlungen entstehenden Wunden müssen gegen das Eindringen von Wasser mit einem **Wundverschlussmittel** lückenlos geschützt werden. Idealerweise sollte das Wundverschlussmittel leicht aufzubringen, elastisch und haftfest sein. Außerdem darf es keine gewebeschädlichen Komponenten enthalten. Ein schnelles ungestörtes Verheilen der Wunden und Verwachsen der Veredlungspartner wäre sonst nicht möglich.

Seit altersher werden beim Veredeln zwei Varianten von Baumwachs verwendet. Das **warmflüssige Baumwachs** wird hauptsächlich bei der Herstellung von Handveredlungen eingesetzt. Wie der Name schon besagt, muss man warmflüssiges Baumwachs vor der Verwendung in einer Baumwachspfanne bis zu seiner Verflüssigung erwärmen und während der Veredlungsarbeit auch warmflüssig halten. Handveredlungen werden bis unter die Veredlungsstelle in das warme Wachs getaucht. Sie erhalten dadurch einen lückenlosen filmartigen Wachsüberzug. Für Freilandveredlungen ist die Handhabung von warmflüssigem Wachs jedoch recht unbequem.

Deshalb bevorzugt der Praktiker für das Pfropfen **kaltflüssiges Baumwachs**. Es unterscheidet sich vom warmflüssigen lediglich durch den Zusatz von Alkohol (Brennspiritus) als Lösungsmittel für seine unter Normaltemperatur festen Bestandteile. Die zähflüssige und recht klebrige Masse wird mit einem zur Spachtel zugeschnittenen Zweigstück auf die Schnittstellen der Veredlungen aufgetragen und gründlich verstrichen. Kleine Pfropfstellen (Kopulationen und Geißfußveredlungen) werden dabei gänzlich eingestrichen. Bei großen Pfropfköpfen bedeckt man nur die Stirnseiten und einen begrenzten Bezirk um die Veredlungsstellen.

Im Laufe der Zeit wird kaltflüssiges Baumwachs durch Verdunstung des Lösungsmittels fest. Durch vorsichtiges Erwärmen im Wasserbad kann man es wieder verflüssigen und durch Spirituszugabe kaltflüssig halten. Bei längerem Stehen kann es sein, dass sich das Baumwachs entmischt, wodurch sich festere Teile absetzen und über ihnen eine flüssige Phase ansteht. Auch diesem Zustand hilft das Erwärmen und Durchrühren des Wachses ab.

14.6 Wie Veredlungspartner miteinander verwachsen

Am Anfang einer Veredlung steht die Verwundung der beiden Veredlungspartner. Innerhalb weniger Tage sterben die angeschnittenen Zellen und auch einige intakt gebliebene Nachbarzellen ab. An den Schnittoberflächen bildet sich eine bräunliche schwach verkorkte Isolierschicht, welche die verletzten Gewebe vor Austrocknung und Infektion durch Pathogene schützt, jedoch auch einen für die Verwachsung der Partner notwendigen Stoffaustausch vorübergehend unterbindet.

Die Obstgehölze können diese Isolierschicht auf enzymatischem Wege in 15 bis 20 Tagen abbauen und die Lücke zwischen den Veredlungspartnern mit Kallus füllen. Je besser der Füllungsgrad ist, desto besser sind auch die Aussichten für eine gute Verwachsung. Gefördert wird die Kallusbildung durch höhere Temperaturen und ausreichende Luftfeuchtigkeit. Gegenteilige Bedingungen können die Kallusbildung verzögern.

Ausgangspunkte der Kallusbildung sind die Unterlage und das Edelreis. Die Qualität des Edelreises hängt vor allem von seinem Wassergehalt und der Menge seiner eingelagerten Kohlenhydrate ab. Die Unterlage hat in dieser Hinsicht keine Schwierigkeiten, da sie ja über die Wurzel auf einen guten Nachschub zurückgreifen kann.

Zur endgültigen Verwachsung muss sich das Kallusgewebe in der Folgezeit differenzieren. Zuerst werden Leitgewebe und aus ihnen erste leitende Verbindungen zwischen Edelreis und Unterlage gebildet. Etwas später folgt die Ausbildung von Siebröhren.

Gesteuert werden die Kallusbildung und seine Differenzierung durch Wundhormone der verletzten Gewebe. Ein ungestörtes Verwachsen der Gewebe von Edelreis und Unterlage kann man nicht von vornherein erwarten, denn beide entstammen ja unterschiedlichen Pflanzen. Diese Unterschiede bleiben auch nach dem Veredeln erhalten und können im einen Fall unerhebliche, im anderen gravierende Probleme beim Verwachsen nach sich ziehen, wir sprechen dann von Verträglichkeitsstörungen.

Solche Verträglichkeitsstörungen können schon bald nach dem Veredeln oder auch erst einige Jahre später auftreten. Man kann dann z. B. feststellen:

- die Nichtannahme des Edelreises,
- krankhafte Blattfarbe,
- Wulstbildung an der Veredlungsstelle und innere Verbräunungen
- verfrühte Blütenbildung,
- geringen Fruchtertrag,
- geringe Wurzelbildung und
- in gravierenden Fällen auch früher oder später den Zusammenbruch des Gehölzes.

Bestens bekannt ist Unverträglichkeit zwischen Edelreis und Unterlage bei Birne auf Quitte C und bei Süßkirsche auf verschiedenen schwach wachsenden Unterlagen.

14.7 Veredlungsarten

Veredeln kann man mit Augen (= Okulation) oder mit Reisern (= Pfropfen). Okulationen nimmt man hauptsächlich in der Baumschule vor, Pfropfungen dagegen beim Umveredeln von Bäumen. Nicht angewachsene Okulate können im folgenden Frühjahr nachgepfropft werden.

14.7.1 Mit Augen veredeln

Beim Okulieren wird von einem Edelreis ein Auge samt umliegender Rinde und mit einem geringen Holzanteil abgelöst und auf die Unterlage übertragen. Es werden damit im Sommer vorwiegend Unterlagen veredelt, die ein Jahr vorher in der Baumschule gepflanzt wurden. In weit geringerem Maße verwendet man es für das Umveredeln von Ertragsbäumen, so bei Obstarten, bei denen das Pfropfen wenig erfolgreich ist, z. B. bei Pfirsich und Aprikose.

Die Augen werden aus dem mittleren Abschnitt von diesjährigen Trieben entnommen. Nicht geeignet sind Triebe mit Blütenknospen und Knospen an nicht ausgereiften Triebspitzen oder an der schon verholzten Triebbasis. Während der Veredlungsarbeiten sollen die Reiser in Tüchern kühl und feucht gehalten werden. Man kann sie auch in einen Eimer mit Wasser stellen und durch Abdecken vor dem Austrocknen schützen.

In der Praxis überwiegt die Okulation auf das schlafende Auge. Sie kann nur während einer relativ kurzen Zeitspanne erfolgen, wenn sich die Rinde gut von der Unterlage lösen lässt. Das ist bei verschiedenen Obstarten an unterschiedlichen Terminen der Fall. In den Baumschulen geht man deshalb ab Ende Juli bis Anfang September in der Reihenfolge Pflaume, Pfirsich, Birne, Quitte, Apfel, Kirsche vor. Zusätzlich wird die Unterlage dabei berücksichtigt. Wird zu früh okuliert, so können die Augen noch im gleichen Jahr austreiben. Sie gehen dann schlecht ausgereift in den Winter und können Frostschäden erleiden. Zu spätes Okulieren hat schlechte Kallusbildung und höhere Ausfälle zur Folge.

Etwa eine Woche vor dem Okulieren werden im Bereich der Veredlung alle Seitentriebe glatt an der Unterlage abgeschnitten. Unmittelbar vor dem Veredeln reibt man den Veredlungsbereich mit einem Lappen ab, damit später keine Erdteilchen in die losgelösten Rindenflügel gelangen können. Das gilt selbstverständlich nur für das Okulieren in Bodennähe.

Vom früher üblichen generellen Okulieren der Typenunterlagen 10 cm über dem Boden ist man abgerückt. Man benutzt vielmehr die Veredlungshöhe als zusätzliche Maßnahme zur Regulierung der Wuchsstärke und arbeitet zwischen 15 und 20 cm je nach der Wuchsstärke der Edelsorte. Wesentlich höher als 20 cm geht man allerdings kaum. Sämlingsunterlagen können auch erst in Kronenhöhe veredelt werden.

In windigen Lagen empfiehlt es sich, die Augen auf der dem Wind zugewandten Seite einzusetzen. Sie können dann bei starkem Wind nicht so leicht ausbrechen. Das ist nicht nötig, wenn die Edeltriebe an Bambusstäbe gebunden werden.

Als Okulationsmethoden herrschen zwei Techniken vor, das Okulieren mit T-Schnitt und die Chipveredlung (Spanveredlung). Daneben gibt es noch als Spezialverfahren

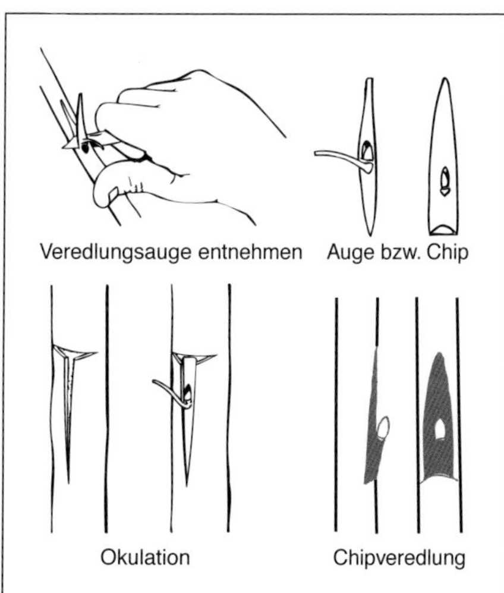

Abb. 121. Okulation und Chip-Veredlung.

das Nicolieren und die Ring- und Plattenokulation, auf die hier nicht eingegangen wird.

Beim **Okulieren mit T-Schnitt** macht man mit dem Okuliermesser an einer glatten Stelle der Rinde einen etwa 1 cm langen Quer- und von dessen Mitte aus einen 2,5 bis 3 cm langen nach unten gerichteten Längsschnitt (großes T) in die Unterlage. Wenn man den Längsschnitt von unten nach oben macht, kann man – oben angelangt – das Messer etwas drehen und so die beiden Rindenflügel gleichzeitig vom Holzteil lösen.

Das Veredlungsauge wird aus dem Edelreis mit einem schildförmigen schmalen Rindenstückchen herausgeschnitten. Dieser Schildchenschnitt beginnt 1,5 cm unter dem Auge und endet 1,5 bis 2,0 cm über ihm. Das ausgeschnittene Schildchen mit dem Auge sollte weder zu dünn noch zu dick sein. Oben angelangt, drückt man mit dem Daumen der Schnitthand gegen das Schildchen und reißt die Rinde vom Holz. Dabei ergibt sich ein Rindenstreifen, den man oben fest hält, das Schildchen mit dem Edelauge in den T-Schnitt mit seinen gelösten Flügeln einschiebt und hernach den überstehenden Rindenstreifen in Höhe des Querschnitts abschneidet.

Das eingesetzte Auge und die Rindenflügel werden mit einem Okulations-Schnellverschluss oder einem PE-Band an die Unterlage gepresst. Nach dem Anwachsen des Edelauges muss das Band durch einen Schnitt gegenüber dem Auge gelöst werden, um ein Einschnüren der Veredlung zu vermeiden. Okulations-Schnellverschlüsse fallen rechtzeitig von selbst ab.

Bei der **Chip-Veredlung** werden aus dem Edelreis und der Unterlage zwei identische Rindenschildchen ausgeschnitten. Dadurch passen die Kambien beider Partner genau zusammen. An der Unterlage wird in Veredlungshöhe zuerst ein etwa 3 mm tief reichender Querschnitt schräg nach unten (Winkel 20 bis 30°) angebracht. Ein zweiter Schnitt setzt 3 cm darüber an und wird bis zum Querschnitt geführt. Dadurch ergibt sich an der Unterlage ein umgekehrt U-förmiger Ausschnitt. Aus dem Edelreis wird ein Augenschildchen in entsprechender Weise durch einen schräg nach unten gerichteten ersten Schnitt etwa 1 cm unter dem Auge ausgeschnitten, gefolgt von einem zweiten Schnitt, der 2,5 cm über dem Auge beginnt.

Verbunden wird mit PE-Folienband von unten nach oben. Nur bei Frühjahrsveredlungen (auf das treibende Auge) spart man das Auge aus. Sommerveredlungen werden immer lückenlos überlappend verbunden. Ein Austrocknen des Augenschildchens wird so zuverlässig verhindert. Der Anwachserfolg ist wesentlich besser als bei dem früher üblichen Verbinden mit Raffiabast.

Da ein Lösen der Rinde beim „Chippen" nicht erforderlich ist, ist man weniger vom Veredlungstermin abhängig als bei der T-Okulation. Man sollte jedoch nicht zu früh damit beginnen, um ein vorzeitiges Austreiben der Augen zu vermeiden (siehe T-Okulation). Die zweite Augusthälfte eignet sich auch besser dazu, weil das Dickenwachstum dann schon nachlässt und die Verbände nicht mehr so schnell die Unterlagen einschnüren.

Auf das Umveredeln von Ertragsbäumen von Aprikose und Pfirsich durch Okulation muss man die Bäume ein Jahr vorher vorbereiten. Sie werden zu diesem Zweck beim Frühjahrsschnitt stark zurückgenommen, um die Bildung von Langtrieben in der Nähe der Gerüstäste anzuregen. Im Veredlungsjahr werden günstig stehende kräftige Langtriebe ausgelesen und mit der vorgesehenen Edelsorte okuliert.

14.7.2 Mit Reisern veredeln

Für Reiserveredlungen verwendet man im Gegensatz zu Okulationen anstelle eines Edelauges Reiser mit drei bis sechs Augen. Auch ist die Unterlage in den meisten Fällen keine Unterlage im engeren Sinne, sondern vielfach ein junger oder ausgewachsener Baum, der auf eine andere Sorte umgestellt werden soll. Gepfropft wird meistens im späten Winter bis zum angehenden Frühjahr, wenn die „Unterlagen" noch halb, die Edelreiser jedoch noch voll in Ruhe sind. In der Baumschule werden auf diesem Wege Handveredlungen hergestellt und Okulate, deren Augen nicht angegangen sind, nachveredelt. Weniger gebräuchlich, jedoch durchaus erfolgversprechend ist das Pfropfen im Sommer. Man bedient sich seiner zum Umpfropfen von Kirschbäumen, in wärmeren Ländern auch zum Veredeln von Walnussheistern bzw. Walnussbäumen. Die weiteste Verbreitung hat das Umpfropfen von Bäumen in der Obstanlage oder im Garten.

Vor dem Umpfropfen von Ertragsbäumen sind ihre Kronen darauf vorzubereiten, man muss sie abwerfen.

Wie geht man beim Abwerfen von Baumkronen vor?

Vor dem Abwerfen ist abzuwägen, ob die Bäume gesund und ausreichend vital sind und fachgerecht erzogen wurden. Geschädigte Bäume lohnen das Umpfropfen genau so wenig wie zu alte. Fand keine zweckdienliche Erziehung statt, so müssten vor dem Umveredeln umfangreiche Kronenkorrekturen vorgenommen werden, die das Veredeln unwirtschaftlich erscheinen lassen.

Die angepeilte Sorte soll in der neuen Krone bestimmend sein. Von der bisherigen Krone darf deshalb im Wesentlichen nur das Gerüst bestehen bleiben. Es ergibt sich daraus die Frage, ob lang oder kurz abgeworfen werden soll. Bei Altkronen entstehen durch tiefes Abwerfen große Pfropfköpfe, die nur langsam oder nie verheilen. Günstig sind deshalb Pfropfköpfe mit 5 cm Durchmesser. Mehr als 12 cm sollten es möglichst nicht sein.

Nach diesen Überlegungen kann man zum Abwerfen schreiten. Bei Kernobst findet es im Spätwinter statt, bei Steinobst unmittelbar vor dem Pfropfen. Begonnen wird mit der Stammverlängerung. Wenn der Abwurfpunkt – eine Stelle mit glatter Rinde und ohne Seitenholz – an ihr festgelegt ist, sägt man die Stammverlängerung bei Kernobst 25 cm darüber ab. Die Abwurfstellen der übrigen Gerüstäste ergeben sich beinahe automatisch, weil der Abwurfwinkel zwischen Stammverlängerung und den Hauptästen bei 60° liegen soll.

Abb. 122. Eine Baumkrone wird vor dem Aufpfropfen einer anderen Sorte abgeworfen.

Abb. 123. Auch das Umpfropfen von einer gesunden Anlage mit Schlanken Spindeln ist einer Überlegung wert. Pro Baum wird nur ein Reis in den kurz abgeworfenen Stamm einveredelt. Das etablierte Wurzelsystem garantiert flottes Wachstum der aufgepfropften Sorte und bald einsetzenden Vollertrag.

Die Fruchtäste an der Stammverlängerung und den Leitästen sollen nach dem Veredeln nur noch kurze Stummel darstellen. Auch sie erhalten die o.g. Zugabe von 25 cm, damit die Veredlungsstellen nicht austrocknen. Zwei bis drei Fruchtäste kann man als Zugäste ungekürzt lassen. Man entfernt sie erst, wenn aus den Edeltrieben eine neue Krone geformt ist.

Kurz vor dem Veredeln werden die Gerüstäste endgültig an der dafür vorgesehenen Stelle abgesägt und alle Verzweigungen darunter, die weniger als 30 cm vom Pfropfkopf entfernt sind, glatt auf Astring gesägt. Zu empfehlen sind in dieser Zeit gelegentliche Kontrollen, ob die Rinde schon gut löst. Ist das der Fall, so sollte unverzüglich mit dem Veredeln begonnen werden.

Kirschen- und Zwetschenbäume kann man grundsätzlich wie Kernobstbäume abwerfen. Es hat sich jedoch bewährt, sie abzuwerfen und gleich zu veredeln, sobald sich ihre Rinde löst.

Schlanke Spindeln verursachen weit geringere vorbereitende Arbeiten. Man sägt einfach den Mittelast 20 cm über dem Basisgerüst ab und kürzt die Basisäste auf Stummel ein. Kurz vor dem Veredeln sägt man den Stamm knapp unter dem Basisgerüst ab. Man hat so nur einen Pfropfkopf zu veredeln. Zugäste sind, wie die Erfahrung zeigt, nicht nötig. Der Aufbau einer neuen Krone geht recht zügig vonstatten.

Zum Veredeln (Einsetzen der Edelreiser) stehen verschiedene Verfahren zur Verfügung. Die Wichtigsten werden anschließend beschrieben.

Das Kopulieren

Die Grundform aller Veredlungsarten mit Reisern ist die **einfache Kopulation**. Sie wird im Winter und im Frühjahr bei der Freilandveredlung, zur Herstellung von Winterhandveredlungen in der Baumschule und beim Umpfropfen von Bäumen praktiziert. Für die Anzucht von Baumschulware sind die Unterlagen unmittelbar vor dem Veredeln abzuwerfen. Zu beachten ist, dass Unterlage und Edelreis annähernd gleich stark sind. Bei Ertragsbäumen wird deshalb auf einjährige Triebe kopuliert.

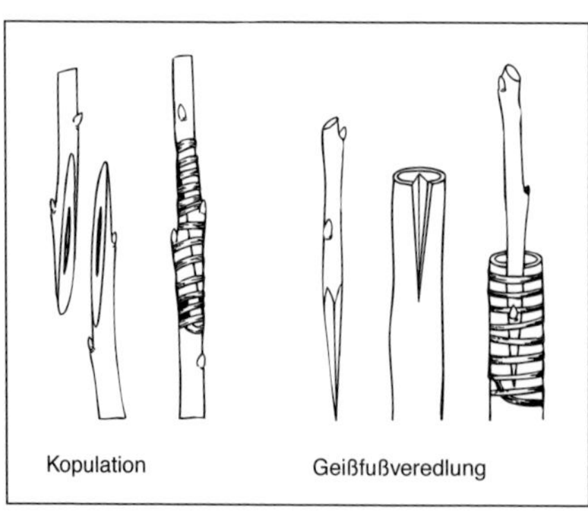

Abb. 124. Reiserveredlung durch Kopulation und Geißfuß.

Beim Zuschneiden des Reises hält die linke Hand das Reis etwa 5 cm vor dem Körper, die Reisbasis der rechten Hand zugewandt. Mit der rechten Hand führt man das Veredlungsmesser oder eine Kopulierhippe. Zum Schneiden wird die Messerklinge in spitzem Winkel auf dem Reis aufgesetzt. Der Daumen bildet dabei ein Widerlager und verhindert beim Schneiden ein Ausweichen des Reises. Mit der rechten Hand zieht man nun das Messer zügig, keinesfalls aber ruckartig durch das Reis. Die erzielte Schnittfläche sollte 6 bis 8 cm lang sein. Man sollte den Schnitt außerdem so ansetzen, dass sich auf halber Höhe gegenüber dem Schnitt eine Knospe befindet. Danach schneidet man das Reis über dem dritten oder vierten Auge über dem Kopulationsschnitt mit der Schere oder dem unteren Ende des Veredlungsmessers schräg ab.

Es ist sehr ratsam, sich das Zuschneiden eines Reises von einem Fachmann einmal zeigen zu lassen. Man eignet sich dann keine falsche Technik an. Unumgänglich ist auch vor dem eigentlichen Veredeln das fleißige Üben der Schnitte. Denken Sie außerdem an die Verletzungsmöglichkeit durch das scharfe Messer, und umwickeln Sie den rechten Daumen ausreichend mit Leukoplast, solange Sie noch nicht ausreichend versiert sind.

Derselbe Kopulationsschnitt wie am Edelreis wird an der Unterlage vorgenommen. Danach prüft man, ob beide Schnitte gleich lang sind und gut zusammenpassen. Bei unterschiedlicher Länge schneidet man einen der Veredlungspartner nach, am besten das Edelreis. Manchmal muss man auch ein neues Reis zuschneiden.

Nach dem Zusammenfügen der beiden Partner, Schnittfläche auf Schnittfläche, verbindet man diese mit Raffiabast. Dabei hält die eine Hand das Reis auf der Unterlage fest. Die andere wickelt den Bast straff vom oberen Ende der Veredlung zum unteren und sichert die Bindung durch einmaliges Schlingen um die letzte Bastbahn.

Dabei dürfen sich die Schnittflächen nicht verschieben. Zum Schluss wird die Veredlungsstelle lückenlos mit Baumwachs verstrichen. Desgleichen die kleine Schnittwunde an der Spitze des Edelreises.

Bei der **Kopulation mit Gegenzungen** wird das Verschieben der Schnittflächen beim Verbinden von vornherein unterbunden. Zunächst werden Unterlage und Edelreis wie beschrieben zugeschnitten. Zusätzlich erhalten beide noch einen Gegenzungenschnitt. Dabei wird von der Mitte des Kopulationschnitts von Unterlage und Edelreis aus je ein Schnitt in Richtung ihrer Längsachse angebracht. Dabei wiegt man die Messerklinge hin und her, um Rinde und Holzteil glatt zu durchschneiden. Dieser Längsschnitt sollte etwa halb so lang sein wie die Kopulationsschnitte. Als Ergebnis erhält man an beiden Veredlungpartnern Zungen, die ineinander geschoben werden, bis die schrägen Schnittflächen von Edelreis und Unterlage dicht aneinander liegen. Das Edelreis sitzt nun fest auf der Unterlage. Das Verbinden fällt sehr leicht, weil beide Hände frei sind.

Die Geißfußveredlung

Wenn die Unterlage etwas stärker als das Edelreis ist, kann man die Geißfußveredlung anwenden. Sie wird, wie die Kopulation, im Vorfrühling praktiziert, wenn noch nicht hinter die Rinde veredelt werden kann. Die Geißfußveredlung eignet sich ganz besonders für das Steinobst, weil sich bei ihm die Rinde während der Blüte manchmal schlecht löst und der Veredlungserfolg durch Rindenpfropfen dann fraglich ist.

Das Edelreis wird mit zwei glatten Schnitten keilförmig zugerichtet. Die beiden Schnittflächen bilden einen Winkel von 60° miteinander. Auf halber Höhe des Keils soll sich auf der Rindenseite ein Auge befinden. Danach wird an der Unterlage ein keilförmiger Einschnitt angebracht, in den das zugespitzte Edelreis lückenlos passt. Man nimmt dazu am besten eine Kopulierhippe mit leicht gebogener Klinge. Mit einem normalen Veredlungsmesser wird es bei starken Unterlagen schwerfallen, den Keil mit zwei Schnitten herauszulösen, und nachschneiden sollte man möglichst nicht.

In vielen Fällen wird man sehen, dass beim zweiten Schnitt schwächere Unterlagen gespalten werden. Der Veredlungserfolg ist damit jedoch nicht in Frage gestellt. Das zugeschnittene Reis setzt man in den keilförmigen Spalt ein, nicht ohne vorher geprüft zu haben, ob Reis und Spalt gut zusammenpassen. Man verbindet mit Bast – wer es ganz zünftig machen will, spaltet dafür breite Bastfäden in schmalere Längsfäden – und verstreicht Pfropfkopf und Reis mit Baumwachs. Dabei sollte man nicht nur die Schnittwunden bedenken, sondern auch die Gegenseite der Veredlungsstelle, wenn die Unterlage beim Schneiden des Keilausschnitts gespalten wurde.

Das Rindenpfropfen

Beim Rindenpfropfen wird das zugeschnittene Edelreis hinter die Rinde platziert. Das ist nur möglich, wenn sich die Rinde leicht vom Holzkörper lösen lässt, d.h., wenn die Bäume voll im Saft stehen. Auch für das Rindenpfropfen muss man den Kopulationsschnitt beherrschen. Schon allein damit könnte man pfropfen. Im Laufe der Zeit haben sich Obsterzeuger jedoch weitere Verbesserungen ausgedacht. Deren Bekannteste sind das einfache und das verbesserte Rindenpfropfen, das Tittelpfropfen und das Wenck'sche Rindenpfropfen. Bei letzterer Methode entsteht von allen Rindenpfropfverfahren die größte Kontaktfläche zwischen den Kambien von Unterlage und Edelreis. Das bedeutet auch ein besonders rasches und gutes Verwachsen der Veredlungspartner. Wer diese Technik beherrscht, kann damit Baum- und Beerenobstarten veredeln, Wunden überbrücken und weniger wuchsfreudige Bäume durch das Einveredeln von Ammen kräftigen. Aus all diesen Gründen soll nachfolgend das Wenck'sche Verfahren detailliert beschrieben werden.

Zuerst wird am Edelreis ein normaler Kopulationsschnitt angebracht. Er soll später am Holzteil des Pfropfkopfes anliegen. Danach setzt man unter ihm in spitzem Winkel zum ersten einen zweiten, etwas kürzeren Schnitt an, auf dessen Fläche später der Kambiumteil der gelösten Rinde zu liegen kommt. Das Reis kann bei diesem Vorgehen mit beiden Kambiumteilen verwachsen.

Wie man dabei vorgeht, ist nicht ganz einfach zu beschreiben. Sehen Sie sich deshalb auch genau die zugehörige Zeichnung an. Nach dem ersten Schnitt soll ein Auge in seiner Mitte und seitlich am Reis stehen. Es zeigt in Richtung Körper. Darauf dreht man das Reis nach links, sodass das Auge nach außen zeigt. Den zweiten Schnitt setzt man 0,5 cm unter dem ersten an. Die beiden Schnitte laufen dadurch konisch zu. Auf der Augenseite soll ein breiterer, auf der Körperseite dagegen ein schmaler Rindenstreifen stehen bleiben.

Doch zuerst ist noch der Pfropfkopf vorzubereiten. Zunächst sägt man die Äste um die beim Abwerfen zugegebenen 30 cm zurück und alle Seitenhölzer bis auf 30 cm unter dem Pfropfkopf glatt am Ast ab. Hierbei sollte man sich auch versichern, dass der Pfropfkopf gerade ist und eine glatte Rinde hat. Alle Sägeschnitte werden mit der Hippe geglättet. Dann schneidet man die Rinde des Pfropfkopfes, der Länge des ersten Veredlungsschnittes am Reis entsprechend, bis auf den Holzkörper ein und löst den passenden Rindenflügel. Er ist nur dann der Richtige, wenn das unterste Auge am Reis gegen den Schnitt durch die Rinde gerichtet ist und die größere Schnittfläche am Reis zum Holzteil zeigt. Nach dem Einschieben des Edelreises liegt die größere Schnittfläche dem Holzteil auf, die kleinere ist gegen das Kambium der Rinde gerichtet. Etwa 3 mm der dem Holz aufliegenden Schnittfläche sollen das Ende des Pfropfkopfes zwecks besserer Wundheilung überragen.

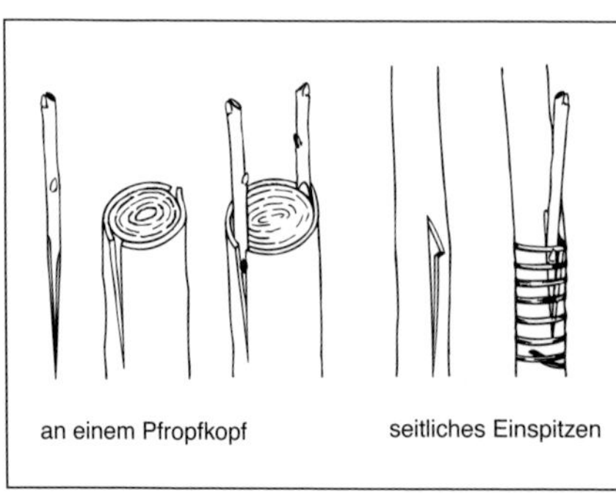

Abb. 125. Pfropfen hinter die Rinde.

Je nach der vorliegenden Aststärke versieht man die Pfropfköpfe mit nur einem oder mit mehreren Reisern. Bis zu einem Astdurchmesser von 3 cm genügt ein Reis. Bei stärkeren Ästen sollte pro 5 cm Astumfang ein Reis verwendet werden, wovon eines immer auf der Astoberseite einzusetzen ist. Alle Übrigen verteilt man gleichmäßig über den Astumfang.

Vom Pfropfkopf ausgehend wird mit Bast nach unten verbunden. Der Verband soll immer die gelösten Rindenflügel gegen das Edelreis drücken. Das gelingt nur, wenn alle Reiser eines Pfropfkopfes gleichartig zugeschnitten sind. Bei starken Pfropfköpfen kann man die eingefügten Edelreiser mit Bast nicht fest genug anpressen, weil ihre Rinde sehr dick ist. Vielfach sind die Bastfäden auch nicht lang genug. In diesem Falle schlägt man besser einen dünnen Nagel mit großem Kopf durch Rinde und Reis. Er wächst in der folgenden Zeit rasch ein und muss deshalb nicht entfernt werden. Alle Schnitt- und Sägewunden müssen dann noch mit Baumwachs sorgfältig gegen das Eindringen von Wasser abgedichtet werden. Manche Veredler streichen bei Steinobstveredlungen sogar die eingesetzten Reiser vollständig mit Baumwachs ein, um sie vor dem Eintrocknen zu bewahren.

14.8 Nachbehandlung der Veredlungen

Angewachsene Veredlungen können sich nur günstig weiterentwickeln, wenn sie eine sachkundige Nachbehandlung erfahren. Zu unterscheiden ist dabei zwischen der Veredlung von Unterlagen in der Baumschule und der Veredlung von Baumkronen. Allerdings ist die Gewinnung von Baumschulware eigentlich nicht Inhalt dieses Buches. Pflanzmaterial wird jedoch auch von Obstbaubetrieben selbst angezogen. Das weitere Schicksal der Okulate in Baumschulen soll deshalb wenigstens in groben Zügen am Beispiel von niederstämmigen Bäumen mit einjähriger und zweijähriger Krone dargestellt werden.

Die Nachbehandlung von umveredelten Baumkronen lehnt sich eng an die bereits behandelte Erziehung der Bäume an. Darüber hinausgehende Maßnahmen werden noch nachgeholt.

Einjährige Veredlungen

Eingewurzelte okulierte Unterlagen werden bei der heute üblichen zapfenlosen Anzucht im Winter oder Frühjahr dicht über dem Edelauge abgeworfen und die Schnittstelle wird mit einem Wundverschlussmittel verstrichen. Nach einem frühen Abwerfen entwickeln sich die angehenden Bäume grundsätzlich besser als nach einem Rückschnitt im Frühjahr. Da ein früher Rückschnitt die Veredlungen jedoch aktiviert, könnten für sie späte Fröste noch gefährlich werden. Später Rückschnitt der Unterlagen auf das Edelauge kann andererseits starkes Bluten aus der Schnittwunde und „Ertrinken“ des Edelauges fördern. Der günstigste Schnitttermin kann deshalb nur ein Kompromiss zwischen frühem und spätem Vorgehen sein. Konkret wird er durch die örtlichen Bedingungen und Erfahrungen bestimmt.

Sollten die im Vorjahr eingesetzten Augen nicht angegangen sein, so kann man ihre Unterlagen mittels Geißfußveredlung oder Kopulation nachveredeln. Die Austriebe der Edelaugen sind sehr bruchanfällig. Bei der zapfenlosen Erziehung gibt man deshalb jeder Pflanze schon kurz nach dem Austrieb einen Bambusstab als Stütze und bindet den Edeltrieb wiederholt daran fest. Die Triebe brechen so nicht ab und wachsen gerade.

Ein wesentliches Qualitätsmerkmal einjähriger Bäume ist die Bildung von vorzeitigen Trieben im ersten Wuchsjahr. An ihnen entwickeln sich häufig schon im Pflanzjahr am endgültigen Standort Blütenknospen und im Jahr darauf Früchte. Je mehr vorzeitige Triebe vorhanden sind, desto höher sind die Erträge in den ersten Standjahren. Nicht alle Obstarten und Sorten bilden jedoch von sich aus in ausreichendem Maße vorzeitige Triebe, manchmal auch nicht in der gewünschten Höhe zwischen 70 und 90 cm.

Die Anstrengungen der Baumschuler richten sich deshalb auf eine Förderung der vorzeitigen Verzweigung. Als wirksam erwiesen sich vor allem das mehrmalige Pinzieren des rasch wachsenden Edeltriebs und der Einsatz von Verzweigungsmitteln. Beide Maßnahmen sind im Wesentlichen auf die Milderung der apikalen Dominanz ausgerichtet, die ja Ursache der eingeschränkten Bildung von vorzeitigen Trieben ist.

Beim **Pinzieren** fasst man die noch nicht entfalteten Blättchen an der Spitze des Haupttriebs und trennt sie mit einer drehenden Bewegung vom Vegetationspunkt, ohne diesen zu verletzen. Man entfernt damit die Bildungsorte von Auxin, der stofflichen Ursache der Apikaldominanz.

Die Anwendung von speziellen **Verzweigungsmitteln** zielt darauf ab, den Auxintransport aus der Triebspitze nach den tiefer gelegenen Seitenknospen zu drosseln bzw. die Empfindlichkeit dieser Knospen gegenüber Auxin zu mindern. Verschiedene wirksame Auxintransporthemmer sind bekannt, jedoch nicht zugelassen. Außer ihnen fördern auch Cytokinine in Kombination mit Gibberellinen die Entwicklung der Seitenknospen, sind jedoch etwas weniger wirksam und ebenfalls in Deutschland nicht zugelassen.

Die manuelle und die chemische Methode zur Förderung der Seitentriebbildung ist an einige Bedingungen geknüpft:

- Die Behandlungen haben nur Erfolg, wenn sie während Perioden starken Wachstums vorgenommen werden. Die erste Behandlung soll erfolgen, wenn die Veredlung Kniehöhe erreicht hat. Weitere Behandlungen können/sollen im Abstand von sieben bis zehn Tagen erfolgen.
- Triebe, welche sich schon vor der Behandlung unter der angestrebten Baum-

höhe entwickeln, sollte man frühzeitig ausbrechen. Andernfalls hemmen sie die Entwicklung der höher angesetzten Seitenknospen, d. h., es bilden sich dann nach den Verzweigungsbehandlungen weniger und kürzere Seitentriebe.

❍ Am wirksamsten ist die erste Behandlung. Pinziert wird überwiegend dreimal. Mehr als zwei chemische Behandlungen bringen nur einen geringen zusätzlichen Effekt.

Mehrjährige Bäume mit zwei- oder einjähriger Krone

Traditionell angezogene einjährige Veredlungen, die im ersten Jahr nur eine Rute gebildet haben, werden häufig ein weiteres Jahr in der Baumschule kultiviert, um Seitentriebe zu bilden. Man schneidet sie dazu auf 80 bis 100 cm zurück. Wenn sie die angegebene Höhe nicht wesentlich überschreiten, unterbleibt der Rückschnitt. Man bekommt dann auch ohne ihn gefällige Bäume mit einer zweijährigen Krone.

Knipbäume starten als okulierte Unterlage oder als Handveredlung (Geißfußveredlung oder Kopulation auf wurzelnackte Unterlagen während der Vegetationsruhe unter Dach). Beide Varianten werden im Frühjahr ausgepflanzt. Da sie relativ spät einwurzeln, bilden sie nur eine unverzweigte Rute. Im Winter werden die Veredlungen in 50 bis 60 cm Höhe gekappt. In der folgenden Vegetationsperiode gewährleistet das gut ausgebildete Wurzelsystem flottes Wachstum. Man lässt jetzt nur das oberste Auge austreiben. Die übrigen Augen werden ausgebrochen. Besagtes Auge entwickelt einen sehr starken Trieb mit vielen Seitentrieben. Bei schlecht verzweigenden Sorten kann man zusätzlich Verzweigungshilfen anwenden. Am Ende der Anzucht steht ein Baum mit einjähriger Krone auf dreijähriger Unterlage.

Abb. 126. Hochstamm ein Jahr nach dem Umpfropfen; braun = alte Sorte, grün = neue Sorte.

Bäume mit einer Zwischenveredlung sollen die Stämme widerstandsfähig gegen Frosteinwirkung oder Krankheiten machen, starkes Wachstum dämpfen oder eine Unverträglichkeit zwischen Edelsorte und Unterlage überwinden. Analog zur Anzucht von Knipbäumen okuliert man im Sommer eine Zwischenstamm-Sorte auf aufgeschulte Unterlagen oder macht im Winter Handveredlungen mit Zwischenstamm-Sorten. Bewährte Zwischenstammsorten sind bei Apfel 'Zoete Aagt' und 'Summerred', bei Birne 'Gellerts' und 'Vereinsdechantsbirne'. Im Frühjahr pflanzt man diese Veredlungen aus und kultiviert sie bis zum Sommer. Im August werden in 50 cm Höhe Edelsorten auf den Zwischenstamm okuliert. Die weitere Behandlung im nächsten Wuchsjahr erfolgt so, wie bei Knipbäumen beschrieben.

Zur Regulierung der Wuchsstärke kann man auch schwach wachsende Unterlagen auf robuste Typenunterlagen wie MM 106, MM 111 oder MM 25 okulieren und zum Zwischenstamm machen.

Kronenveredlungen

Die Verbände von Kronenveredlungen müssen rechtzeitig gelöst werden, um das Einschnüren der Edeltriebe zu verhindern. Der richtige Zeitpunkt dafür ist unschwer zu erkennen. Pfropfköpfe müssen kontrolliert und bei Bedarf nachverstrichen werden. Nicht angewachsene Veredlungen können nachgepfropft werden. Im Sommer werden Konkurrenztriebe der Veredlungen entfernt. Bei Pfropfköpfen mit mehreren Reisern ist zu entscheiden, welcher Trieb zur Astverlängerung gemacht werden soll. Um ihn zu kräftigen, werden Unterlagentriebe, die sich unmittelbar unter der Veredlungsstelle entwickelt haben, ausgerissen. Alle Edeltriebe, die als Astverlängerung nicht benötigt werden, müssen dem Leittrieb untergeordnet werden. Dazu setzt man die überzähligen Pfropfzweige auf einen unteren, flach stehenden Trieb zurück. Man gewinnt so zusätzliche Ertragsfläche und beschleunigt die Verheilung der häufig beträchtlichen Veredlungswunden.

Die neue Sorte soll zwar die ursprüngliche weitgehend ersetzen. Das darf jedoch nicht dazu führen, dass man jeden Austrieb der Unterlage konsequent entfernt unddas Astgerüst auf diese Weise kahl schneidet. Bäume brauchen überall schwaches Seitenholz zu ihrer Ernährung und zur Beschattung der Rinde als Schutz vor Sonnenbrand.

15 Ausblick

Die handwerklichen Techniken des Schneidens und Formens der Obstgehölze wurden im Laufe vieler Jahre akribisch erarbeitet. Sie stehen auf so hohem Stand, dass schon lange keine grundlegenden Fortschritte mehr hinzugekommen sind.

Im Gegensatz dazu unterlag die Entwicklung neuer Baumformen und Anbausysteme unter dem Einfluss von Zeitströmungen bis in die neuere Zeit einer ausgesprochen dynamischen Entwicklung. Zwar können wir derzeit eine gewisse Konsolidierung feststellen, sodass man sich fragen könnte, ob weitere Verbesserungen überhaupt noch möglich erscheinen. Weil die Zeit jedoch nie still steht, werden Erziehungsfragen mit Sicherheit immer aktuell bleiben.

Künftige Anbausysteme und Baumformen sollten aus derzeitiger Sicht vor allem Fortschritte bringen in Richtung

- Ertragssicherung,
- Verbesserung der Fruchtqualität,
- Senkung der Arbeitskosten und
- noch weitergehende Schonung der Umwelt.

Der professionelle Obstbau würde im gesamten Umfang von diesbezüglichen Fortschritten profitieren. Für den Garten- und den Streuobstbau sind verständlicherweise die auf Wirtschaftlichkeit ausgerichteten Punkte von geringerer Bedeutung.

Solange die Erziehung von Bäumen hauptsächlich auf Erfahrung beruhte und stark ästhetisch beeinflusst war, bestimmten vielfach Formalismen den Baumschnitt. Im Gegensatz dazu beherrschen heute ökonomische Aspekte den erwerbsmäßigen Obstanbau. Nur wirtschaftliche Baumformen sind weiterhin gefragt, ihre Gestalt ist allein Mittel zum Zweck. Die Bäume müssen in erster Linie eine hohe Stoffproduktion erbringen und sie effektiv in Fruchtproduktion umsetzen.

Alle Kriterien eines ökonomisch und ökologisch ausgerichteten Obstbaus sprechen eindeutig für den Anbau kleiner Bäume. Nicht vergessen darf man dabei auch die zunehmende Bedeutung des geschützten Obstanbaus durch Regen- und Hagelschutzeinrichtungen.

Nach Ansicht des Verfassers kommt keine Anbauphilosophie den Erfordernissen eines modernen Obstanbaus so stark entgegen wie die konsequente Nutzung des Prinzips „ruhiger Baum“. Die Erziehungskosten könnten damit vielfach noch weiter gesenkt und der häufige Kampf gegen zu starkes Wachstum erfolgreicher geführt werden. Als unmittelbare Folge würden auch die Erträge weniger schwanken und die mit Alternanz verbundenen Probleme der Fruchthaltbarkeit geringer ausfallen. Allerdings ist dazu eine gewisse Abkehr von bisherigen Gewohnheiten und Denkweisen unumgänglich.

Einige Beispiele sollen diese Aussage verdeutlichen. Nach allen bisherigen Befunden setzt der ruhige Baum seine Assimilationsprodukte mehr in Richtung Blütenbildung und Fruchtertrag um als vegetative Bäume. In Vollertragsjahren sind unsere Bäume jedoch schon von vornherein hinsichtlich ihrer Reserven und ihrer Assimilationsleistung so stark belastet, dass die Früchte relativ klein bleiben und damit den Marktansprüchen nicht genügen. Das ist nicht neu, denn jeder zünftige Anbauer trägt dem durch Fruchtausdünnung Rechnung. Durch das Hinarbeiten auf ruhige Bäume wird diese Tendenz noch verstärkt, d.h., es entsteht ein noch höherer Bedarf nach qualifizierter Ausdünnung.

Daraus resultiert jedoch für den Obsterzeuger das Problem, dass Handausdünnung teuer und ausreichend starkes chemisches Ausdünnen oft nicht möglich ist, weil dafür kein absolut verlässliches und zugelassenes Ausdünnungsmittel verfügbar ist.

Es ist deshalb keinem Erzeuger zu verdenken, wenn er in einem anstehenden Ertragsjahr dem Ausdünnen durch schärferes Schneiden vorarbeiten will. Die Gefahr bei diesem Vorgehen besteht darin, dass zu scharf geschnitten wird. Bleibt dies ein einmaliger Vorgang, so ist nicht mit schwerwiegenden Folgen zu rechnen. Wird dieses Verhalten jedoch zur Gewohnheit, so treibt man damit die Bäume – zunächst unmerklich – mehr und mehr in Richtung überstarkes Wachstum.

Man kann die Folgen davon besonders bei Apfel erkennen: Kleine farbige Äpfel sind gehaltvoller als gleich große farbschwache. Früchte von mäßig geschnittenen ruhigen Bäumen zeichnen sich jedoch gerade durch eine deutlich bessere Fruchtfarbe gegenüber scharf geschnittenen aus.

Der Umweltschutzaspekt des ruhigen Baumes könnte durchaus an praktischer Bedeutung gewinnen, wenn planmäßig auf eine Anhebung der Widerstandskraft der Pflanzen und Früchte gegen Schädlingsbefall, Krankheiten, Winterfrost und Spätfrost hingearbeitet wird. Insbesondere die damit verbundene Möglichkeit, den Pflanzenschutzmittelaufwand pro Hektar nachhaltig zu reduzieren, lässt sich nicht von der Hand weisen.

Den Weg zum ruhigen Baum werden zukünftig sicher auch noch echt schwach wachsende Unterlagen für jene Obstarten erleichtern, die derzeit ohne dieses wuchsregulierende Potenzial auskommen müssen.

Aussichtsreich erscheint auch die Möglichkeit, genetisch bedingte Kurztriebsorten (Säulenbäume) auf standfesten Unterlagen zu pflanzen. Sie würden gleich mehrere Vorteile mit sich bringen: Geringen Schnittaufwand, geringe Kosten für das Unterstützungsgerüst und ein hohes Ertragspotenzial. Kritisch könnten allenfalls ihre langsame Anfangsentwicklung und die augenscheinliche Anfälligkeit für Alternanz sein. Die aktuell noch nicht befriedigend gelöste Frage der Fruchtqualität der verfügbaren Säulenbaumsorten dürfte sicher nur eine Frage der Zeit sein.

Was sicher auch für die Zukunft gilt, ist die am Buchanfang vermerkte Feststellung, dass das Ergebnis von Schnitteingriffen stark vom physiologischen Zustand der Pflanzen und von Umwelteinflüssen abhängt und deshalb unterschiedlich ausfallen kann. Folgerichtig kann es auch keine absoluten Schnittwahrheiten geben. Das mag Manchem wenig tröstlich erscheinen, macht aber auch weiterhin einen beträchtlichen Teil der vom Schneiden der Obstgehölze ausgehenden Anziehungskraft aus.

Literaturverzeichnis

AALBERS, P. en JAN MULDERS: Regalis gericht inzetten. Fruitteelt 17, April 2005, 10–11.

BAAB, G.: Aktuelle Erziehungsmethoden bei Birnen. Obstbau 5/88, 190–194.

BANGERTH, F.: Mutual interaction of auxin and cytokinin in regulating correlative dominance. Plant Growth Regulation 32, Kluver Academic Publishers, Dordrecht/Boston/London 2000, 205–217.

BISCHOF, H.: Das Kosmos-Buch vom Obstbaumschnitt. Franck-Kosmos-Verlag, Stuttgart 1998, 182 S.

BRUNNER, T.: Physiological fruit tree training for intensive orchards. Akademiai Kiado, Budapest 1990, 256 S.

CLAESEN, W.: De snoie van bessen. Fruitteelt-nieuws 16.1.1998, 24 -25.

CLAESEN, W.: Zoete kersenbomen snoien. Fruitteelt-nieuws 27.2.1998, 24-27.

ENTROP, A.-P.: Der Schnitt in Heidelbeer-Junganlagen. Mitt. OVR 59, 12/2004, 483–487.

ENTROP, A.-P.: Der Schnitt in Heidelbeer-Altanlagen. Mitt. OVR 60, 11/2005, 440–446.

FAUST, M.: Physiology of Temperate Fruit Trees. John Wiley & Sons, New York 1989, 338 S.

FEUCHT, W.: Die Entwicklung, Morphologie und Topographie der Blütenknospen des Pfirsichs. Dissertation Hohenheim 1955, 133 S.

FEUCHT, W.: Über die Blühwilligkeit des Fruchtholzes bei verschiedenen Birnensorten. Mitt. Klosterneuburg XI B, 1961, 57–65.

FEUCHT, W.: Das Obstgehölz. Verlag Eugen Ulmer, Stuttgart 1982, 256 S.

FRIEDRICH, G. und FISCHER, M.: Physiologische Grundlagen des Obstbaues. 3. Aufl., Verlag Eugen Ulmer, Stuttgart 2000, 512 S.

FRIEDRICH, G. und PREUSSE, H.: Ratschläge für den Obstgarten. 5. Aufl., Neumann Verlag, Radebeul 1991, 317 S.

GAUCHER, N.: Praktischer Obstbau. Paul Parey, Berlin 1903, 466 S.

GROSSMANN, G.: Schnittvarianten bei der Sauerkirschsorte 'Schattenmorelle'. Gartenbau 38/1, 1991, 32–33.

GROSSMANN, G. und Trapp, A.: Schnittmaßnahmen in intensiven Anbausystemen, Gartenbau 38/1, 1991, 29–31.

GROSSMANN, G. und WACKWITZ, W.-D.: Spalierobst. Verlag Eugen Ulmer, Stuttgart 1998, 135 S.

HANSEN, P.: Source-Sink Relations in Fruits. I. Effects of Pruning in Apple. Gartenbauwissenschaft **52** (5) 1987, 193–195.

HASSIB, M.: Zur Entwicklungsgeschichte und Topographie der Blütenknospen bei Pflaumen. Dissertation Hohenheim 1958, 76 S.

HEAD, G.C.: Seasonal changes in the amounts of white unsuberized root on pear trees on quince rootstock. J. hort. Sci. 43, 1968, 49–58.

HOLZFÖRSTER, H.: Obstgehölzschnitt. Franckh-Kosmos Verlags-GmbH, Stuttgart 2003, 152 S.

HUGENTOBLER, B.: Tafeltrauben aus dem Thurgau – ein neues Produkt mit Zukunft, Schweiz. Zeitschrift Obst- und Weinbau 10/2004, 10–12.

JÄGER, W.: Johannisbeer- und Stachelbeer-Erziehung. Obst und Garten 8/1996, 344–345.

JUNKER, M.: Untersuchungen zur alternativ/integrierten Regulierung von Blütenbildung und Fruchtbehang. Versuchsstation Bavendorf der Universität Hohenheim (unveröffentlicht) 1991– 94.

KELLERHALS, M., MÜLLER, W., BERTSCHINGER, L., DARBELLAY, C. und PFAMMATTER, W.: Obstbau. Landwirtschaftliche Lehrmittelzentrale Zollikoven 1997, 370 S.

Koopmann, K.: Grundlehren des Obstbaumschnittes. Verlag Parey, Berlin 1896.

Koschier, E.: Kann der Baumschnitt den Milbenbefall auf Apfelbäumen beeinflussen? Besseres Obst 4/1998, 7–11.

Krebs, C.: Das Güttinger-V-System – eine neue Anbauform für Tafeläpfel. Schweiz. Zeitschrift Obst- und Weinbau **124**, 1988, 179–186.

Krebs, C.: V-Systeme sind IP-konform. Besseres Obst, 10.11.1990, 4–9.

Lafer, G.: Obstbau 2000, Pflanzsysteme – Erziehungsmethoden, Trends und Entwicklungen. Besseres Obst 3/1991, 11–14.

Lafer, G.: Einflüsse verschiedener Schnittmaßnahmen auf die vegetative und generative Leistung von Apfelbäumen. Besseres Obst 8/1993, 6–9.

Lafer, G.: Steuerung durch Schnittmaßnahmen. Einflüsse verschiedener Schnittintensitäten auf Triebwachstum, Ertrag und Fruchtqualität. Besseres Obst 3/1998, 3–7.

Lafer, G.: Der lange Schnitt – eine Möglichkeit zur Beruhigung stark wachsender Bäume. Besseres Obst 2/1999, 3–7.

Lafer, G.: Der Wurzelschnitt. Eine Notmaßnahme zur Beruhigung stark wachsender Bäume. Besseres Obst 7/2000, 4–8.

Lakso, A.N., Robinson, T.L., und Pool, R.M.: Canopy microclimate effects on patterns of fruiting and fruit development in apples and grapes. I: Manipulation of Fruiting, C. J. Wright (ed.). Butterworths, London 1989.

Lakso, A.N., Corelli-Grapadelli, L., Bepete, M. und Goffinet, M. C.: Aspects of carbon supply and demand in apple fruits. Second workshop on pome fruit quality. Acta Horticulturae n° 466, 1998, 13–18.

Lenz, F.: Untersuchungen zum Blühen und Fruchten einiger Kultursorten von *Ribes rubrum* L. und *Ribes nigrum* L. Dissertation Hohenheim 1960, 116 S.

Lespinasse, J.M.: A new fruit training system: The Solen. Acta Horticulturae 243, 1989, 117–155.

Lespinasse, J.M. und Delort, J.F.: Apple tree management in vertical axis: appraisal after ten years of experiments. Acta Horticulturae 160, 1986, 139–155.

Li, S.-H., Bussi, C., Hugard, J. und Clanet, H..: Critical period of flower bud induction in peach trees associated with shoot length and bud position. Gartenbauwissenschaft **54** (2), 1989, 49–53.

Liebster, G. und Pesserl, G.: Fachausdrücke des Obstbaumschnittes – Lexikon in deutscher, Wörterbuch in englischer, französischer, italienischer und niederländischer Sprache. Mitt. Klosterneuburg 32 (1982) 47–100.

Liegel, W.: Entwicklungsgeschichtliche und physiologische Untersuchungen an einigen Kultursorten der Gattung *Rubus*, Dissertation Hohenheim 1961, 120 S.

Lineman, M.: Die Tellerkronenerziehung bei Pflaumen und Zwetschen. Obst und Garten 12/1987, 571–573.

Link, H.: Auswirkungen verschiedener Schnittmaßnahmen auf das Wachstum und Fruchten von Apfelbäumen. Erwerbsobstbau **26** (1984), 28–34.

Link, H.: Growth and cropping of apple trees as influenced by growth regulators and pruning methods. Acta Horticulturae **179**, 1986, 207–214.

Link, H.: Der Augustschnitt – seine Vorzüge und Probleme. Obst und Garten 2/1990, 61–63.

Link, H.: Influence of pruning on fruit quality and storage potentials of apples. Acta Horticulturae **326**, 1993, 29–38.

Link, H.: Regulation of growth and cropping of apple trees by cultural practices and chemical means. Acta Horticulturae **137**, 1983, 269–275.

Link, H. (Hrsg.): Lucas' Anleitung zum Obstbau. 32. Aufl., Verlag Eugen Ulmer, Stuttgart 2002, 448 S.

Lucke, R.: Die „optimale Fruchtsproßstärke" zweier Apfelsorten. Gartenbauwissenschaft **23** (1958), 477–493.

Lucke, R.: Niederstammobstbau in der Landschaft. Obst und Garten 10/1994, 392–396.

Maurer, K.J.: Schalenobst-Anbau. Verlag Eugen Ulmer, Stuttgart 1968, 102 S.

Mayr, U.: Pflanzeneigene Abwehrstoffe gegen den Schorfpilz. Obstbau Weinbau 34, Lana 1995, 232–234.

Metzner, R.: Das Schneiden der Obstbäume und Beerensträucher. 14. Aufl., Verlag Eugen Ulmer, Stuttgart 1979, 175 S.

Mika, A.: Physiological responses of fruit trees to pruning. Horticultural Reviews **8**, 1986, 337–378.

Nelgen, N.: Über Beziehungen zwischen vegetativer Entwicklung, Fruchtentwicklung und Fruchtqualität bei den Apfelsorten 'Cox Orange', 'Golden Delicious' und 'Boskoop', Dissertation Hohenheim 1982, 149 S.

Neuweiler, R.: Himbeeren – eine Nischenkultur für die Zukunft. Besseres Obst 8/1995, 9–12.

Neuweiler, R.: Brombeeranbau heute und morgen. Besseres Obst 7/1996, 3–5.

Neuweiler, R.: Johannis- und Stachelbeeren im Aufwind. Besseres Obst 1/1997, 24–28.

Ollig, W.: Johannisbeeren – Sortenabhängiger Schnitt. Obst & Garten 11/2003, 412–413.

Ollig, W.: Kulturanleitung für Tafeltrauben. DLR Rheinpfalz Neustadt 2004, Neustadter Hefte Nr. 129.

Österreicher, J., Tappeiner, P., Torggler, B., Tscholl, J. und Weis, H.: Junge Apfelanlagen planen, pflanzen, pflegen. Herausgegeben von Südtiroler Beratungsring für Obst- und Weinbau, Lana 1994, 68 S.

Rademacher, W. und Kober, R.: Efficient Use of Prohexadione-Ca in Pome Fruits. Europ. J. Hort. Sci. 68 (3) 2003, 101–107.

Ruess, F.: Wurzelschnitt. Obst und Garten 2/2001, 56–59.

Sandke, G.: Der Einfluss der Apfelfrucht auf die Entwicklung von Blütenknospen am Kurztrieb. Arch. Gartenbau, Berlin **38** (1990), 67–73.

Saumwald, R.: Walnussanbau in Kalifornien – Marktnische für den österreichischen Obstbau? Besseres Obst 3/1992, 9–11.

Schloffer, K.: Der ruhige Baum – ein kostengünstiger Baum? Besseres Obst 7/1991, 28–30.

Schmid, H.: Veredeln der Obstgehölze. 3. Aufl., Verlag Eugen Ulmer, Stuttgart 1982, 180 S.

Schmid, H.: Obstbaumwunden versorgen, pflegen, verhüten. Verlag Eugen Ulmer, Stuttgart 1992, 154 S.

Schmid, H.: Obstbaumschnitt. 8. Aufl., Verlag Eugen Ulmer, Stuttgart 2003, 202 S.

Schmidt, S.: Modellvorstellungen zum Entwicklungsrhythmus von Apfelbäumen. Arch. Gartenbau, XXI. Band, H. 7, 1973, 587–601.

Schneider, H.: Spindelerziehung bei Zwetschen. Obst und Garten 4/1990, 192–194.

Schreiber, R.: Der gesunde Marillenbaum. Besseres Obst 6/1998, 6–10.

Schulz, B. und Grossmann, G.: Obstgehölze erziehen und schneiden. Eugen Ulmer, Stuttgart 2002, 144 S.

Schwarz, G.: Sommerschnitt an Obstbäumen. Obst und Garten 7/1985, 347–351.

Shigo, A.: Die neue Baumbiologie. Thalacker Verlag, Braunschweig 1990.

Stehr, R. und Clever, M.: Kurzer oder langer Fruchtholzschnitt bei 'Elstar'. Mitt. OVR 55, 4/2000, 119–121.

Stockert, T.: Untersuchungen über die Blütenqualität beim Apfel. Dissertation Stuttgart-Hohenheim, 1996, 176 S.

Toldam-Andersen T.B. und Hansen, P.: Source-sink relations in fruits. VII. Effects of pruning in sour cherry and plum. Gartenbauwissenschaft **58** (5), 1993, 205–208.

Tromp, J., Jonkers, H. und Wertheim, S. J.: Grondslagen van de fruitteelt. Staatsuitgeverij 's-Gravenshage 1976, 356 S.

V. de Bliek, W.P.: Kritische aandachtspunten bij de snoei van peren. De Fruitteelt 3/1985, 52–53.

Van den Berg, A.: Veel veren doen produktie stijgen. De Fruitteelt **42**, 21. Okt. 1988,11–13.

Van den Ende, B.: Australisch teeltsystem geschikt voor diverse fruitsoorten. Fruitteelt **42**, 21. Okt. 2005, 12–13.

Verheij, E.W.M.: Competition in apple, as influenced by alar sprays, fruiting, pruning and tree spacing. Mededelingen Landbouwhogeschool Wageningen 1972, 54 S.

VERKAMMEN, J.: Wortelsnoie bij Boskoop. Fruitteelt-nieuws, 3 maart 1995, 6–8.

VERKAMMEN, J.: Plant- en snoiesystemen bij Conference. Deel 1: Kosten en arbeid; Deel 2: Opbrengst, maatsortering en kwaliteit; Deel 3: Snoie. Fruitteelt-nieuws 28. 2. 1997, 6–9; 28. 3. 1997, 6–9; 25. 4. 1997, 23–26.

VOGEL, T.: Neue Erziehungsform der Süßkirsche. Obstbau 10/99, 531–533.

WAGENMAKERS, P.S.: Light relations in orchard systems. Dissertation Landbouwuniversiteit Wageningen 1995, 149 S.

WAGENMAKERS, P.S.: Licht bestimmt Ertrag und Qualität. Obst und Garten 12/1997, 444–445.

WOLZ, H.: Obstbaumschnitt auf Streuobstwiesen. Erwerbsobstbau **38**, 1996, 184–187.

WÜNSCHE, J.N., LAKSO, A.N., ROBINSON, T.L., LENZ, F., und DENNING, S.S.: The basis of productivity in apple production systems: the role of light interception by different shoot types. J. Amer. Soc. Hort. Sci. 121, 1996, 886 - 893.

WÜNSCHE, J.N. und LAKSO, A.N.: The relationship between leaf area and light interception by spur and extension shoot leaves and apple orchard productivity. Hort. Science 35 (7), 2000, 1202–1206.

WURM, L.: Die Steinobstspindel. Besseres Obst 3/2000, 4–7.

WUSTENBERGHS, H.: Opkweeksystemen voor pruimen. Fruitteelt-nieuws 10/11 1995, 6–9.

ZAHN, F.G.: Höhengerechter Pflanzabstand durch stärkenbezogene Baumbehandlung. Erwerbsobstbau **36**, 1994, 213–220.

ZELLER, O.: Über die Jahresrhythmik in der Entwicklung der Blütenknospen einiger Obstsorten. Gartenbauwissenschaft **23** (5) Heft 2, 1958, 167–181.

ZELLER, O.: Entwicklungsgeschichte der Blütenknospen und Fruchtanlagen an einjährigen Langtrieben von Apfelbüschen. Z. Pflanzenzüchtung **44**, Heft 2, 1960, 175–214.

ZELLER, O.: Entwicklungsgeschichte und Morphogenese der Blütenknospen von der Quitte (*Cydonia oblonga* Mill.). Angewandte Botanik XXXIV, 2, 1960, 110–120.

Bildnachweis

Alle Farbbilder stammen vom Verfasser. Auch die Zeichnungen wurden von ihm angefertigt.

Register